"十二五"普通高等教育本科国家级规划教材

编号 2014-1-161

新编大学化学实验（三）
——仪器与参数测量

第二版

■ 扬州大学　盐城师范学院　唐山师范学院　盐城工学院
江苏科技大学　江苏理工学院　淮海工学院　泰州学院　合编
■ 刁国旺　总主编　　■ 丁元华　本册主编

化学工业出版社

·北京·

"十二五"普通高等教育本科国家级规划教材《新编大学化学实验》共包括四个分册：基础知识与仪器、基本操作、仪器与参数测量、综合与探究。

第三分册为仪器与参数测量，共 59 个实验，分为物理化学参数测量实验、物系特性实验、物质结构实验、电化学实验、色谱及其他实验共六章。本书在强化基础训练的同时，注重与科研前沿和实际应用的结合，力图做到把抽象的物理化学理论实践化、具体化，以激发学生的学习兴趣，培养其科研能力和创新能力。

《新编大学化学实验（三）——仪器与参数测量》内容广泛、实用、系统，适用于化学、化工、环境、生物、制药、材料等专业的本科生，也可供从事化学实验和科研的相关人员参考。

图书在版编目（CIP）数据

新编大学化学实验（三）——仪器与参数测量/丁元华本册主编.
2 版. —北京：化学工业出版社，2016.8（2024.7 重印）
"十二五"普通高等教育本科国家级规划教材/刁国旺总主编
ISBN 978-7-122-27421-2

Ⅰ.①新⋯　Ⅱ.①丁⋯　Ⅲ.①化学实验-高等学校-教材
Ⅳ.①O6-3

中国版本图书馆 CIP 数据核字（2016）第 141256 号

责任编辑：宋林青　李　琰　　　　　　　　　　装帧设计：史利平
责任校对：王素芹

出版发行：化学工业出版社（北京市东城区青年湖南街 13 号　邮政编码 100011）
印　　装：北京科印技术咨询服务有限公司数码印刷分部
787mm×1092mm　1/16　印张 13¼　字数 318 千字　2024 年 7 月北京第 2 版第 7 次印刷

购书咨询：010-64518888　　　　　　售后服务：010-64518899
网　　址：http://www.cip.com.cn
凡购买本书，如有缺损质量问题，本社销售中心负责调换。

定　　价：35.00 元

编写说明

　　2010 年《新编大学化学实验》第一版出版，本系列教材吸收了多所院校的实验教学改革经验，并结合教育部关于加强大学生实践能力与创新能力培养的教学改革精神，在满足教育部化学专业教学指导委员会关于化学及近化学类专业化学基础实验的基本要求的前提下，对整个大学化学实验的内容和体系进行了全方位的更新，得到同行专家的首肯。2014 年该教材先被评为江苏省重点教材，后入选"十二五"普通高等教育本科国家级规划教材。该系列教材出版以来，扬州大学、盐城师范学院、江苏师范大学、徐州工程学院和唐山师范学院等院校先后选择该书为本校相关本科专业基础化学实验教材，受到了广大师生的普遍好评。

　　经过近六年的教学实践验证，本套教材比较符合本科化学及近化学类专业基础化学实验的基本要求，因此在第二版中基本保留了原书的框架结构，只是对部分内容进行了删改或增加。修订时遵循的基本原则：一是尽量吸收近年来实验教学改革的最新成果，将现代科学发展的前沿技术融入基础化学实验教学中，为提升学生的创新能力、拓宽学生的知识视野提供了保证；二是对参编院校进行了调整，他们提供了许多优秀的实验教学方案，使本书教学内容更加丰富。编者相信，通过本次修订，本书的普适性会更强。

　　由于编者水平有限，书中难免会出现不足及疏漏之处，恳请广大师生及读者批评指正。

　　本书在修订时，得到了江苏省重点教材项目、省教改基金（重点）、扬州大学出版基金和教改项目的资助。特此感谢！

编者
2016 年 2 月

前　言

　　《新编大学化学实验（三）——仪器与参数测量》主要包括各类仪器操作和各种物理参量的测量与分析等实验。第一版自 2010 年 5 月出版以来，已在多所高校使用，并收到广大师生的好评与欢迎。随着大学化学实验学科的发展，特别是对学生实验技能和创新能力培养的要求越来越高，因此本实验教材的内容需要更新完善。本次修订，在保留第一版教材基本框架结构的基础上对部分实验进行了修订，同时新增了部分实验项目。全书仍分为六章，即物理化学参数测量实验、物系特性实验、物质结构实验、电学实验、光谱学实验、色谱及其他实验等六个方面共计 59 个实验。每个实验均包括实验目的、基本原理、仪器与试剂、实验步骤、结果与讨论、注意事项、思考题、拓展与应用、参考文献等九部分。一些实验常用的数据资料以附录形式给出，以方便读者使用。

　　第二版教材的突出特点在于"基础"二字，本着巩固、完善和提高的修订原则，实验内容力求简洁，突出了实验教学的重点，便于学生预习和独立进行实验。每个实验后设置的"注意事项"和"拓展与应用"栏目便于引导学生注意实验细节，掌握实验关键，加强对实验的思考和讨论该实验的相关问题，包括该实验所用研究方法的优缺点，同类研究方法或测试手段的介绍和实际应用等。本书在注重基础性实验、强化学生基本训练的同时，注重与科研前沿和实际应用相结合，拓宽某些经典实验的内容，增加了有关学科最新进展的实验和仪器表征与分析技能的实验，进一步激发学生的兴趣，为培养学生的科研能力和创新能力打基础。

　　教学工作是一项不断继承和发展的集体事业，本书的编写出版是各参编院校从事实验教学工作的教师共同开展实验教学改革长期积累的成果，在编写中吸取了兄弟院校的一些有益经验。本书在编写过程中得到了扬州大学郭荣教授、胡效亚教授等的关心和支持，在此一并向他们表示衷心的感谢！

　　本书由丁元华主编，严新、刘冬莲、刘微桥、陈传祥任副主编。其中实验 1.1 和实验 1.2 由阚锦晴编写；实验 1.3、实验 2.6 和实验 2.8 由江苏科技大学环境与化学工程学院集中编写；实验 1.4、实验 1.6 由刘天晴编写；实验 1.5、实验 1.12 由刘冬莲编写；实验 1.7、实验 2.1、实验 2.7 和实验 2.9 由韩杰编写；实验 1.8～1.11、实验 4.1、实验 6.8、实验 6.10、附录由丁元华编写；实验 1.13、实验 6.11 由薛怀国编写；实验 2.2、实验 2.11、实验 3.1 由陈铭编写；实验 2.3、实验 2.10 由沈明编写；实验 2.4、实验 2.5 由刁国旺编写；实验 3.2 由解菊编写；实验 3.3、实验 3.4 由菅盘铭编写；实验 4.2～4.4 由于素华编写；实验 4.5、实验 5.7、实验 6.3、实验 6.5、实验 6.9 由刘玉海编写；实验 4.6 由翟江丽编写；实验 4.7 由刘英红编写；实验 4.8 由陈旭红编写；实验 5.1 由王伟编写；实验 5.2、实验 5.9、实验 5.12 由杨晨编写；实验 5.3～5.6 由朱霞石编写；实验 5.8 由吴俊编写；实验 5.10 由王洋编写；实验 5.11 由嵇正平编写；实验 6.1、实验 6.2 由王佩玉编写；实验 6.4、实验 6.6、实验 6.7 由杨春编写。全套教材由刁国旺教授和薛怀国教授主审统稿。

　　虽然编者在本次修订过程中力求严谨和正确，但限于编者水平有限，书中的疏漏和不足之处在所难免，敬请有关专家和广大读者批评指正，以便再版时改正。

编者

2015 年 12 月于扬州大学

第一版序

关于化学实验的重要性和化学实验教学在培养创新人才中的作用，我国老一辈化学家从他们的创新实践中提出了非常精辟的论述。博鹰教授提出："化学是实验的学科，只有实验才是最高法庭。"黄子卿教授指出："在科研工作中，实验在前，理论在后，实验是最基本的。"戴安邦教授对化学实验教学的作用给予了高度的评价："为贯彻全面的化学教育，既要由化学教学传授化学知识和技术，更须通过实验训练科学方法和思维，还应培养科学精神和品德。而化学实验课是实施全面的化学教育的一种最有效的教学形式。"老一辈化学家的论述为近几十年来化学实验的改革指明了方向，并取得了丰硕的成果。

什么是创新人才？创新人才应具备的品质是：对科学的批判精神，能发现和提出重大科学问题；对科学实验有锲而不舍的忘我精神；对学科的浓厚兴趣。而学生对化学实验持三种不同态度：一类是实验的被动者，这类学生不适合从事化学方面的研究工作；一类是对实验及研究充满激情，他们可以放弃节假日，埋头于实验室工作，他们的才智在实验室中得以充分体现，他们是"创新人才"的苗子；一类是对实验既无热情也不排斥，只是把实验当成取得学分的手段，这类学生也许能成为合格的化学人才，但决不能成为创新人才。因此，对待实验室工作的态度是创新人才的"试金石"，有远见的化学教育工作者应创造机会让优秀学生脱颖而出。

近三十年来，各高校对实验教学的重视程度有所提高，并取得了系统性的认识和成果，但目前的实际情况尚不尽如人意，在人们的思想中，参加实验教学总是排在科学研究、理论教学工作之后，更不愿把精力放在教学实验的研究工作上。但是，以扬州大学刁国旺教授为首的教学集体以培养创新人才为己任，长期投入、潜心钻研、追求创新，研究出一批新实验，形成了富有特色的化学实验教学新体系，编写了新的实验教材，受到了同行的高度好评，成为江苏省人才培养模式创新实验示范区、大学化学实验课程被评为江苏省精品课程，刁国旺教授荣获江苏省教学名师，这种精神是难能可贵的。《新编大学化学实验》就是他们的最新研究成果，全书特色鲜明：(1) 全：全书收集了教学实验 214 个，囊括了基础综合探究性各类实验，可能是目前国内收编教学实验最多的化学实验教科书之一，是实验教学改革成果的结晶。(2) 新：收集的实验除了经典的基本实验外，相当多的实验是新编的，有的就是作者的科研成果转化而来，使实验训练接近最新的科学前沿。本教材也以全新的模式展现给读者。(3) 细：从实验教学出发，教材在编写时细致周到，既为学生提供了必要的提示，也为教师在安排实验教学上提供了很大的自由度。

期望《新编大学化学实验》的出版能给我国化学实验教学带来新活力、增添新气象、开创新局面，培养出更多的创新人才。

高盘良

2010 年 5 月 16 日

第一版编写说明

　　众所周知，化学是一门以实验为基础的学科，许多化学理论和定律是根据大量实验进行分析、概括、综合和总结而形成的，同时实验又为理论的完善和发展提供了依据。化学实验作为化学教学中的独立课程，作用不仅是传授化学知识，更重要的是培养学生的综合能力和科学素质。化学实验课的目的在于：使学生掌握物质变化的感性知识，掌握重要化合物的制备、分离和表征方法，加深对基本原理和基本知识的理解掌握，培养用实验方法获取新知识的能力；掌握化学实验技能，培养独立工作和独立思考的能力，培养细致观察和记录实验现象、正确处理实验数据以及准确表达实验结果、培养分析实验结果的能力和一定的组织实验、科学研究和创新的能力；培养实事求是的科学态度，准确、细致、整洁等良好的科学习惯和科学的思维方法，培养敬业、一丝不苟和团队协作的工作精神和勇于开拓的创新意识。为此，教育部化学与化工学科教学指导委员会制定了化学教学的基本内容，并对化学实验教学提出了具体要求。江苏省教育厅也要求各教学实验中心应逐渐加大综合性与设计性实验的比例，加强对学生动手能力的培养。扬州大学化学教学实验中心作为省级化学教学实验示范中心，始终注重实验教学质量，于1999年起尝试实验教学改革，于2001年在探索和实践中建立一套独特的实验教学体系，并编写了《大学化学实验讲义》（以下简称《讲义》），该《讲义》按照实验技能及技术的难易程度和实验教学的认知规律分类，分别设立基础实验、综合实验和探究实验。其中基础实验又分成基础实验一和基础实验二，分别在大学一、二年级开设，主要训练学生大学本科阶段必须掌握的基本实验技能技巧、物质的分离与提纯、常用仪器的性能及操作方法、常规物理量测量及数据处理等，了解化学实验的基本要求。在完成基础实验训练后，学生于三年级开设综合性实验。该类实验以有机合成、无机合成为主线，辅之以各种分析测量手段，一方面学生可学到新的合成技术，同时又可以利用在一、二年级掌握的基本实验技术，对合成的产品进行分离提纯、分析检测，并研究相关性质等。综合性实验一方面可帮助学生复习、强化前面已学过的知识，进一步规范实验操作技能和技巧；另一方面也可培养学生综合应用基础知识和提高解决实际问题的能力。在此基础上，开设探究性与设计性实验，该实验内容主要来自最新的实验教学改革成果，也有部分为最新的科研成果。按照设计要求，该类实验，教科书只给出实验目的与要求，学生必须通过查阅参考文献，撰写实验方案，经指导老师审查通过后独立开展实验，对于实验过程中发现的问题尽可能自行解决。该类实验完全摒弃了以往实验教学中常用的保姆式教育，放手让学生去设计、思考，独立自主地解决实际问题，使学生动手能力得到了显著提高。经过4年的教学实践证明，采用这一课程体系，综合性与设计性实验的课时数占总实验课时数可以达到40%左右。师生普遍反映该课程体系设计科学、合理，学生在基础知识、基础理论和实践技能培训方面得到全面、系统训练的同时，综合解决实际问题的能力得到进一步加强。《讲义》经4年的试用，不断完善，并于2006年与徐州师范大学联合编写了《大学化学实验》系列教材，由南京大学出版社正式出版发行。两校从2006年夏起，以本套丛书作为本校化学及近化学各专业基础化学实验的主要教材，至2010年，先后在化学、应用化学、化学工程与工艺、制药工程及高分子材料与工程等专业近4000名学生中使用，师生普遍反映良好，该教材也被评为普通高等教育"十一五"国家级规划教材和江苏省精品教材。但在实际使用过程中，也发现原教材存在诸多不足。为此，扬州大学、徐州师范大学以及盐城师范学院、盐城工学院、徐州工程学院、淮海工学院和淮阴工学院一起于 2008 年春在扬州召开了实验教学改革经验交流会及实验教材建设会议，在充分肯定《大学化学实验》教材取得成功经验的基础上，也提出了许多建设性的建议，并决定成立《新编大学化学实验》编写委员会，对《大学化学实验》教材进行改编。会议决定，《新编大学化学实验》仍沿用《大学化学实验》的编写体系，即全套共由四个分册组成，第一分册介绍实验基础知识、基本理论和基本操作以及常规仪器的使用方法等，刘巍任主编；第二分册为化学实验基本操作实验，朱霞石任主编；第三分册为仪器及参数测量类实验，丁元华任主编；第四分册为综合与探究实验，颜朝国任主编。全书由刁国旺任总主编，薛怀国、沐来龙、许兴友、张根成、邵荣、杜锡华和马卫兴等任副总主编，刁国旺、薛怀国负责全套教材的统稿工作。

本次改编时，在保留原教材编写体系的同时，根据实际教学需要，又作了以下几点调整：

（1）为反映实验教学的发展历史，同时也为适应不同学校的教学需求，适当增加了部分基础实验内容，安排了部分利用自动化程度相对较低的仪器进行测量的实验，有利于加深学生对实验测量基本原理的认识。

（2）为强化实验的可操作性，注意从科研和生产实践中选择实验内容。

（3）考虑到现代分析技术发展迅速，在仪器介绍部分，增加了现代分析技术经常使用的较先进仪器的介绍，以适应不同教学之需要，也可供相关专业人员参考。

（4）部分实验提供了多种实验方案，一方面可拓宽学生的知识视野，同时也便于不同院校根据自身的实验条件选择适合自己的教学方案。

（5）吸收了近几年实验教学改革的最新研究成果。

全套教材共收编教学实验 214 个，涉及基础化学实验教学各个分支的教学内容，各校可根据具体教学需求，自主选择相关的教学内容。

希望本套教材的出版，能为我国高等教育化学实验教学的改革添砖加瓦。

本套教材是参编院校从事基础化学实验教学工作者多年来教学经验的总结，编写过程中得到扬州大学郭荣教授、胡效亚教授等的关心和支持；北京大学高盘良教授担任本套教材的审稿工作，提出了许多建设性的意见，并欣然为本书作序，在此一并表示谢意！

本套教材由扬州大学出版基金资助。

由于编者水平有限，加之时间仓促，不足之处在所难免，恳请广大读者提出宝贵意见和建议，以便再版时修改。

编委会
2010 年 5 月

第一版前言

本书是《新编大学化学实验》丛书的第三分册，主要包括各类仪器操作和各种物理参量的测量与分析等实验。本书是在扬州大学和徐州师范大学多年来实验教学的基础上，结合仪器类基础实验在教学内容、教学方法以及教学仪器等方面的发展和变化，组织内容编写而成的，可用作综合性大学和高等师范院校化学、化工、材料、生物、冶金、食品、环境、医药等相关专业学生的仪器类及参数测量基础实验教材，也可供从事大学化学实验工作的人员参考。

本册共分为六章，即物理化学参数测量实验、物系特性实验、物质结构实验、电学实验、光谱学实验、色谱及其它实验六个方面共计 50 个实验。每个实验均包括实验目的、基本原理、仪器与试剂、实验步骤、结果与讨论、注意事项、思考题、拓展与应用、参考文献九个部分。一些实验常用的数据资料以附录形式给出，以方便使用。

本册实验内容力求简洁，突出实验教学重点，便于学生预习和独立进行实验。每个实验后设置的"注意事项"和"拓展与应用"栏目便于引导学生注意实验细节，掌握实验关键，以加强对实验的思考和讨论该实验的相关问题，包括该实验所用研究方法的优缺点，同类研究方法或测试手段的介绍和实际应用等。本书在注重基础性实验、强化学生基本训练的同时，注重与科研前沿和实际应用相结合，拓宽某些经典实验的内容，增加了有关学科最新进展的实验和仪器表征与分析技能的实验，进一步激发学生的兴趣，为培养学生的科研能力和创新能力打基础。

本册由丁元华任主编，李亮、严新、冯长君任副主编。其中实验 1.1、1.2 由阚锦晴编写；实验 1.3、1.4 由单丹编写；实验 1.5、1.6 由刘天晴编写；实验 1.7、4.1 由张为超编写；实验 1.8 由李鸣建编写；实验 1.9～1.11、附录由丁元华编写；实验 1.12、2.6 由薛怀国编写；实验 2.1 由杜本妮编写；实验 2.2 由吴继法编写；实验 2.3、2.9 由沈明编写；实验 2.4、2.5 由刁国旺编写；实验 2.7、2.8 由李亮编写；实验 2.10 由庄文昌编写；实验 3.1 由冯长君编写；实验 3.2 由解菊编写；实验 3.3、3.4 由菅盘铭编写；实验 4.2～4.4 由于素华编写；实验 4.5、4.6 由刘英红编写；实验 5.1 由严新编写；实验 5.2、5.10 由杨晨编写；实验 5.3、5.4 由高淑云编写；实验 5.5、5.6 由朱霞石编写；实验 5.7、6.6～6.8 由吴昊编写；实验 5.8 由王洋编写；实验 5.9 由嵇正平编写；实验 6.1、6.2 由王佩玉编写；实验 6.3～6.5 由杨春编写。全套教材由刁国旺教授和薛怀国教授主审统稿。

由于编者水平有限，书中的不足之处在所难免，敬请有关专家和广大读者批评指正，以便再版时修改。

编者
2010 年 5 月

目　录

第1章　物理化学参数测量实验

实验1.1　燃烧热的测定

【实验目的】

1. 掌握物质燃烧热测定的基本原理和方法。
2. 了解 G3500 氧弹量热计的原理及构造,掌握其操作技巧。
3. 掌握雷诺校正的基本原理。
4. 了解高压钢瓶安全使用常识。
5. 了解精确测量温度的方法。

【基本原理】

燃烧热是指在一定条件下 1mol 物质完全燃烧所放出的热。许多物质的燃烧热数据文献中已有报道。物质的燃烧热通常用氧弹式量热计测量(见图 1.1-1,其基本原理和使用方法详见本丛书第一分册)。利用氧弹式量热计测定物质的燃烧热可为生物化学、药物制造、环境监测、食品、燃料、建筑材料的热值提供基础研究手段,有着十分广泛的应用。

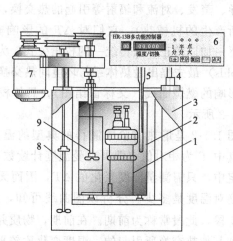
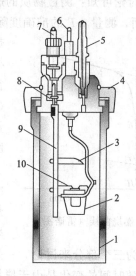

1—氧弹;2—内筒;3—外筒(恒温水夹套);
4—外筒感温器;5—内筒精密感温器;
6—控制箱;7—搅拌电机;8—外
筒搅拌器;9—内筒搅拌器

1—弹体;2—燃烧皿;3—火焰挡板;
4—氧弹盖;5—排气孔;6,9—电极;
7—进气孔;8—透气阀;10—点火丝

图 1.1-1　数显型氧弹式量热计(a)和氧弹构造简图(b)

物质在恒容条件下燃烧时体系不对外做体积功。根据热力学第一定律可知,物质的恒容燃烧热等于体系内能的变化,即:

$$Q_V = \Delta U \tag{1.1-1}$$

式中，Q_V 为恒容燃烧热；ΔU 为体系内能的变化值。

设有 n mol 被测物质置于充氧的氧弹式量热计中使其完全燃烧，燃烧时放出的热量使体系温度升高 ΔT，可由式(1.1-2)计算体系实际放出的恒容热 Q_V：

$$Q_V = C_V \Delta T \tag{1.1-2}$$

式中，C_V 为体系的恒容热容，可用已知燃烧热的标准物质进行测定。则被测物质的摩尔恒容燃烧热 $Q_{V,\mathrm{m}}$ 可用下式计算：

$$Q_{V,\mathrm{m}} = Q_V / n \tag{1.1-3}$$

由实验中测得的恒容燃烧热 Q_V 可求得恒压燃烧热 Q_p：

$$Q_p = \Delta H = \Delta U + \Delta(pV) = Q_V + p\,\Delta V \tag{1.1-4}$$

式中，ΔH 为反应的焓变；p 为反应压力；ΔV 为反应前后体积的变化。由于相同物质量的凝聚态物质与气态物质相比，凝聚态物质的体积可忽略不计，则 ΔV 可近似为反应前后气体物质的体积变化。设反应前后气态物质物质的量的变化为 Δn，并设气态物质为理想气体，则：

$$p\,\Delta V = \Delta n\, RT \tag{1.1-5}$$

$$Q_p = Q_V + \Delta n\, RT \tag{1.1-6}$$

反应热效应的数值与温度有关，燃烧热也如此。其与温度的关系为：

$$\left[\frac{\partial(\Delta H)}{\partial T} \right]_p = \Delta C_p \tag{1.1-7}$$

式中，ΔC_p 为燃烧反应产物与反应物的恒压热容差，是温度的函数。通常，温度对热效应影响不大。在较小的温度范围内，可将反应的热效应看成与温度无关的常数。

从上面的讨论可知：测量物质的燃烧热，关键是准确测量物质燃烧时引起体系的温度升高值 ΔT。然而，测量 ΔT 的准确度除了与测量温度计有关外，还与其他许多因素有关（如热传导、蒸发、对流和辐射等引起的热交换，搅拌器搅拌时所产生的机械热）。它们对 ΔT 的影响非常复杂，很难逐一加以校正并获得统一的校正公式。为此，雷诺(Renolds)最先提出量热体系与环境间热交换对温度测量值影响的燃烧曲线（又称雷诺图），具体校正方法如图 1.1-2 所示。

图 1.1-2 是量热实验中测得的典型的温度-时间曲线，其中 T 为相对值（即贝克曼温度计读数）。在燃烧热测定中，只需测量温度变化值 ΔT，因而无需知道系统的绝对温度是多少。分析该图曲线可知，此温度-时

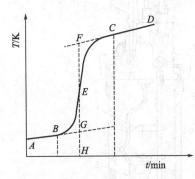

图 1.1-2　燃烧曲线（雷诺图）

间曲线可以分为三个部分来讨论，一是 AB 段，此段常称为前期。在前期，物质并没有被点火燃烧，温度随时间的变化是由于搅拌热和其他热交换所引起的，温度变化比较平缓。二是至 B 点时，物质被点火，系统温度上升比较显著，直至 C 点，BC 段称为主期。三是主期以后的 CD 段称为后期。主期之所以不能很快过渡到后期，也是由热滞后性等许多其它因素引起的。校正方法是分别作出曲线的前期和后期的切线并用虚线延长。在主期内作一垂线 FH 使其分别与前后期切线的延长线交于 G、F 点。作垂线时应注意使垂线、主期温升曲线分别与前后期切线的延长线所围成的面积 S_{BGE} 和 S_{CFE} 相等，则 F、G 两点的温差即为系统内部由于燃烧反应放出热量致使系统温度升高的数值 ΔT。

【仪器与试剂】

仪器：G3500 氧弹式量热计及其控制箱，压片机，固定扳手，镊子，$\phi 0.12mm$ 的铜-镍丝，铁钩，铜棒，万用表，不锈钢筒，电子天平。

试剂：氧气，苯甲酸（A. R.），硬脂酸（$C_{17}H_{35}COOH$，A. R.）。

【实验步骤】

1. 系统恒容热容的标定

根据式(1.1-2)，测定燃烧热时，必须知道仪器的恒容热容 C_V，由于每套系统的热容不一定相同，实验时必须事先标定。其步骤如下。

（1）制样 取约 0.8～1.0g 苯甲酸，置于洁净的压片机中压片，取出并准确称其质量 m_1。用万用表判别氧弹两点火电极是否短路。若短路，应查明故障，排除之。

（2）安装点火丝 取一根长约 15cm 的点火丝，准确称重。先将点火丝两端分别固定在两点火电极上，然后将点火丝中间绕成 5～8 圈螺旋，并使点火丝螺旋部分尽量放低至燃烧皿底部。将已准确称重的苯甲酸片置于燃烧皿中，用镊子将点火丝螺旋部分轻轻提起后紧压在苯甲酸片上。注意：点火丝不能碰触到燃烧皿，以防短路。用万用表检查两点火电极间的导通情况（10Ω 左右，如果不通，则说明点火丝未接好；如果两电极间的电阻太小，说明电极短路，无论哪种情况均应设法排除）。旋紧氧弹盖，准备充气。充气前最好再次检查两点火电极间的导通情况。

（3）充氧气 先关闭氧弹排气孔，将氧气表出气口与氧弹进气孔相连，再将氧气钢瓶总阀打开（高压钢瓶的使用见本丛书第一分册），表头高压表读数应大于 3MPa。缓慢调节减压阀螺杆使低压表读数在 1.5～2.0MPa(氧弹设计承受压力为 20.3MPa)，接通氧弹前的充气阀，缓慢打开氧弹排气孔，用氧气驱赶氧弹中的空气（30～60s），再关闭氧弹上的排气孔，继续充气约 30s，待低压表读数稳定后即可关闭氧弹前的充气阀，取下导气管，充气完毕。灌气后，再用万用表检查两点火电极间的电阻值，如果电阻太大或太小，说明电极间可能接触不良或短路，应缓缓打开氧弹排气孔排掉氧气，旋开氧弹盖，重新检查故障原因并排除，重复上述操作。

（4）点火并记录 在氧弹式量热计内筒中加入准确称重的约 3000g 自来水（原则上也应在氧弹式量热计的恒温夹套中加入水，本实验直接用空气隔热），用小铁钩将已准备好的氧弹置于内筒中，将点火器输出端分别与两点火电极相连，检查点火器各控制键是否处于正确位置。接通控制箱电源，开启搅拌器，约 5min 后温度变化较平稳时，开始记录温度的变化值（每 30s 读数一次，读取 10 组左右的温度-时间值）。按下点火开关点火，若点火成功，稍后可以看见温度迅速上升，等温度值趋于平稳后（一般为 3～5min 左右），继续读取 10 组左右的温度-时间值，然后关掉搅拌器和控制箱电源。如点火失败，应停止实验，排除故障后，重新实验。

（5）洁净和处理 从量热计中取出氧弹，擦干氧弹外壁。缓缓打开氧弹排气孔，待氧气排完后，旋开氧弹盖，观察是否燃烧完全（如有黑色粉末附着在氧弹内壁，则燃烧不完全）。如燃烧不完全，须重新测量。如果已燃烧完全，取出未燃烧的点火丝，准确测出其质量，燃烧掉的点火丝质量 m_0 为燃烧前后质量之差。实验后将氧弹内外和燃烧皿等处理干净待用。

2. 硬脂酸燃烧热的测定

取约 0.8～1.0g 硬脂酸，用上述同样的方法测定硬脂酸燃烧时的温度-时间的变化关系。

【结果与讨论】

1. 分别绘制苯甲酸及硬脂酸燃烧过程的温度-时间曲线，通过雷诺校正图求出它们在燃烧前后引起的实际温升值 ΔT_1 和 ΔT_2。

2. 仪器热容 C_V 的计算

已知苯甲酸在 25℃时的恒压比燃烧热 $Q'_p = -26465\text{kJ}\cdot\text{kg}^{-1}$，据式(1.1-6)可以求得其恒容比燃烧热 Q'_V。又已知点火丝的恒容燃烧热值为 $-3136\text{kJ}\cdot\text{kg}^{-1}$，则仪器的恒容热容 C_V 可用下式计算：

$$C_V = (-Q'_V m_1 + 3136 m_0)/\Delta T_1 \tag{1.1-8}$$

式中，m_1 和 m_0 分别为燃烧掉的苯甲酸和点火丝的质量。

3. 硬脂酸燃烧热的计算

硬脂酸燃烧时放出的热量 Q_V 可通过下式计算：

$$Q_V = -C_V \Delta T_2 + 3136 m_0 \tag{1.1-9}$$

将 Q_V 代入式(1.1-3)计算硬脂酸的摩尔恒容燃烧热 $Q_{V,m}$，再据式(1.1-6)计算硬脂酸的摩尔恒压燃烧热 $Q_{p,m}$，并与文献值比较（硬脂酸的摩尔质量为 $284\text{g}\cdot\text{mol}^{-1}$，恒压摩尔燃烧热的文献值为 $11275\text{kJ}\cdot\text{mol}^{-1}$）。

【注意事项】

1. 每次燃烧结束后，一定要擦干氧弹内部的水，否则会影响实验结果。每次整个实验做完后，不仅要擦干氧弹内部的水，氧弹外部也要擦干，以防生锈。

2. 本实验的关键之一是点火丝的安装成功与否，在点火前务必要检查氧弹两电极间的导通情况。

3. 若系统的绝热性能不好时，在雷诺校正图上可能会出现 CD 段斜率为负，这主要是由于系统内热量的散失所致。

【思考题】

1. 什么是雷诺校正？为什么要进行雷诺校正？

2. 搅拌速度对准确测量是否有影响，为什么？

3. 试述本实验中可能引入的系统误差。

4. 燃烧热测定实验中，为什么要将氧弹中的空气赶净？如果没有赶净氧弹中的空气，对实验结果有何影响，如何校正？

【拓展与应用】

1. 在燃烧热测定实验中，除采用本实验的电子贝克曼温度计测量燃烧过程中温度变化外，早期主要采用玻璃贝克曼温度计测量燃烧过程中的温度变化（见本丛书第一分册仪器部分）。对初学者，玻璃贝克曼温度计难以调节、易损坏，已逐渐被前者所代替。

2. 氧弹式量热计既可测量固态可燃物的燃烧热，也可测量液态可燃物的燃烧热。高沸点液态油类，可直接置于燃烧皿中，用棉线等引燃测定（计算时须扣除其燃烧热值）。对于低沸点可燃物，应先将其密封，以免挥发。可燃物的密封可用聚乙烯塑料袋封装（计算时亦须扣除其燃烧热值），或用小玻璃泡封装，再将引燃物置于被封装的可燃物上，将其烧裂引燃测定。

3. 氧弹式量热计测量物质燃烧热的体系已不限于有机物，已扩展到液体燃烧热、苯共振能和固体分解焓的测定等。

【参考文献】

1. 复旦大学等编. 物理化学实验. 北京：人民教育出版社，1979.

2. 阚锦晴，刁国旺. 物理化学实验中的两则改进措施. 实验室研究与探索，1991，(4)：98.

3．朱京，陈卫，金贤德等．液体燃烧热和苯共振能的测定．化学通报，1984，(3)：50．

4．刁国旺，阚锦晴，刘天晴编著．物理化学实验．北京：兵器工业出版社，1993．

5．粟智．氧弹燃烧法测定固体的分解焓．化学通报，2006，(4)：313．

实验 1.2　液体饱和蒸气压的测定——动态法

【实验目的】

1. 了解用动态法测定液体饱和蒸气压的方法和原理。
2. 了解真空装置的构造及其操作注意事项。
3. 了解压力、真空度的测量及其校正方法。
4. 掌握饱和蒸气压法测定液体气化热的基本原理和方法。

【基本原理】

在一定的温度下，液体与其蒸气达到平衡时的蒸气压力，称为这种液体在该温度下的饱和蒸气压（简称蒸气压）。

液体的饱和蒸气压 p 与温度 T 间的关系可用克劳修斯-克拉贝龙方程式表示：

$$\frac{\mathrm{d}\ln p}{\mathrm{d}T}=\frac{\Delta_\mathrm{v}H_\mathrm{m}}{RT^2} \tag{1.2-1}$$

式中，R 为气体常数；$\Delta_\mathrm{v}H_\mathrm{m}$ 为液体的摩尔气化热，通常随温度变化而变化。但若温度变化范围不大，$\Delta_\mathrm{v}H_\mathrm{m}$ 可视为与温度无关的常数，则式(1.2-1)可写成积分形式：

$$\lg p=-\frac{\Delta_\mathrm{v}H_\mathrm{m}}{2.303RT}+C \tag{1.2-2}$$

式中，C 为积分常数。以 $\lg p$ 对 $1/T$ 作图得一直线，从直线的斜率可求得 $\Delta_\mathrm{v}H_\mathrm{m}$。$T$ 为当液体饱和蒸气压 p 与其受到的外压 p_0 相等时的温度值，即沸腾温度。本实验采用动态法测定液体的饱和蒸气压 p 与温度 T 的关系曲线，并用内插法求得压力为 101325Pa 时对应的沸腾温度值 T_b，即被测液体的正常沸点。

【仪器与试剂】

仪器：WHK-1 真空系统（自制），500W 电热套，1kW 调压器，500mL 三颈烧瓶，带旋塞的尖嘴毛细管，精密温度计（50～100℃，精度为 0.1℃），普通温度计（0～100℃，精度为 1℃）。

试剂：蒸馏水，真空脂。

【实验步骤】

1. 准确读取实验时的大气压值（操作步骤见本丛书第一分册，为防止大气压的变化影响测量结果，实验过程中至少应读取三次大气压值）。

2. 按图 1.2-1 连接好仪器。将洁净干燥的三颈烧瓶 2 与冷凝管 7 相连，打开二通旋塞 8 和 11，关闭进气毛细管旋塞 6 和 9 以及抽气旋塞 10。使真空泵与大气相通，开启真空泵电源，待其运转正常后，使真空泵与真空系统相接并打开抽气旋塞 10 给测量系统减压直至真空表读数为 0.05MPa。关闭抽气旋塞 10，5min 内压力读数无变化，说明系统不漏气。若压力读数不断下降，说明系统漏气，必须设法排除。检查完毕后，关闭旋塞 10，开启旋塞 9，

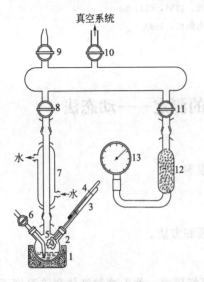

图 1.2-1　动态法液体饱和蒸气压测定装置
1—电热套；2—三颈烧瓶；3—精密温度计；
4—0~100℃普通温度计；5—纱布；6,9—
进气毛细管旋塞；7—冷凝管；8,10,11—
真空旋塞；12—干燥管；13—精密真空表

使测量系统恢复常压。

3. 不同外压下水沸腾温度的测定。向三口烧瓶中注入约占其体积 1/2 的蒸馏水，使水面距测量温度计水银球约 1~2cm，插入带旋塞的毛细管，打开冷却水。缓慢开启旋塞 10，将测量系统减压至表压为 0.08MPa 左右，关闭抽气旋塞 10，将调压器调至150~180V 左右，加热升高水温直至沸腾，适当改变调压器输出电压使水保持微沸。待压力表读数稳定后，记下标准温度计 3 的读数 $t_{观}$ 和压力值 p，以及用于露茎校正的环境温度计 4 的读数 $t_{环}$。

打开旋塞 6，使系统缓慢增压直至表压为 0.07MPa，关闭旋塞 6，同法测定该压力下的沸腾温度及压力值。同理可分别测定表压在 0.06MPa、0.04MPa、0.03MPa、0.02MPa、0.01MPa、0MPa 时的沸腾温度值。但在测量表压为 0MPa 时的沸腾温度时，必须打开旋塞 9。

为确保实验测量的准确性，所有数据均需重复测量至少一次，如果两次测量结果偏差较大，应查明原因，并再次测量，直至达到要求。

4. 测量结束后，待蒸馏水冷却后关闭冷却水，取下三颈烧瓶，洗净、烘干、备用。

5. 关闭旋塞 11，以免干燥管中的干燥剂受潮。关闭旋塞 8 和 9，使系统与大气隔开。

【结果与讨论】

1. 按要求分别对温度和压力值进行校正，并将所得数据列入表 1.2-1(温度、压力校正见本丛书第一分册)。

表 1.2-1　水的饱和蒸气压与温度的关系

大气压/mmHg	$t_{观}$/℃	$t_{环}$/℃	表压/MPa	T/K	p/MPa	lg$p$	1/T

注：1mmHg=133.322Pa。

2. 作 T-p 曲线，并用内插法求算水的正常沸点 T_b。

3. 以 lg$p$ 对 1/T 作图，再从直线的斜率求算水的平均摩尔气化热 $\Delta_v H_m$，并与文献值比较，计算测量相对误差。

4. 利用误差传递理论，分析温度、压力的测量精度对平均摩尔气化热的影响。

【注意事项】

1. 为了保证实验的测量精度，必须选用新鲜蒸馏水，不可多次重复使用。

2. 系统减压时应缓慢进行，不得使水因减压倒吸到缓冲管中。如不小心倒吸到缓冲管中，应及时清除，以免影响测量结果。

3. 标准口涂真空油脂时，只能涂下面 2/3 左右，以免沾污被测系统。

4. 开、关真空泵前，均应将其与大气接通。

【思考题】

1. 正常沸点与沸腾温度有何区别？

2. 系统放空后，有时测得的沸腾温度大于 100℃，分析可能的原因。

3. 在测量大气压下的沸腾温度时，为什么一定要打开旋塞 9？

4. 打开和关闭机械泵时，为什么总要先将其放空？

5. 简述福廷式气压计的使用注意事项。

【拓展与应用】

1. 在饱和蒸气压测定实验中，除采用本实验的机械压力计测量体系的压力外，还可采用 U 形压差计或数字压力计测量系统的压力（见本丛书第一分册仪器部分）。

2. 测定蒸气压常有三种方法。①动态法：在不同的外界压力下测定液体沸点的方法。这种方法是基于液体的蒸气压与外界压力相等时液体会沸腾，沸腾时的温度就是液体的沸点。②静态法：在一定温度下直接测定被测液体蒸气压的方法，它要求被测体系内无其他气体。③饱和气流法：在一定温度和压力下，把载气缓慢地通过待测物质，使载气被待测物质的蒸气所饱和，然后用另外的一种物质吸收载气中待测物质的蒸气，测定一定体积的载气中待测物质蒸气的质量，计算出被测液体的分压。这种方法一般适用于常温下蒸气压较低的待测物质平衡压力的测量。

3. 饱和蒸气压是液体最重要的物性之一，是液体挥发能力大小的重要标志。它广泛应用于化工过程的热力学基础研究和生产过程的控制，如化工生产中将其用于解决干燥法除去湿物料中水分的必要条件、蒸气冷凝传热过程和离心泵汽蚀及安装高度的计算问题等。

【参考文献】

1．刁国旺，阚锦晴，刘天晴编著. 物理化学实验. 北京：兵器工业出版社，1993.

2．天津大学物理化学教研室编. 物理化学：上册. 第 4 版. 北京：高等教育出版社，2003.

3．崔志娱，李竞庆，田宜灵. 一种简易蒸气压测定方法. 化学通报，1986，(11)：41.

4．吴子生，严忠编. 物理化学实验指导书. 长春：东北师范大学出版社，1995.

实验 1.3　固体物质分解压的测定——静态法

Ⅰ. 氨基甲酸铵分解压的测定

【实验目的】

1. 了解静态法测定固态物质分解压的方法和原理。

2. 掌握真空系统操作技术及压力校正方法。

3. 了解复相反应热力学参数测定的方法和原理。

【基本原理】

如果参加反应的各种物质处于不同相中，则该反应即称为复相反应。氨基甲酸铵的分解就是一种典型的复相反应。

$$NH_2COONH_4(s) \Longrightarrow 2\,NH_3(g) + CO_2(g)$$

该反应在常温下即可很快达到平衡，反应的平衡常数 $K^\ominus$ 为：

$$K^\ominus = \frac{(p_{NH_3}/p^\ominus)^2 (p_{CO_2}/p^\ominus)}{p_s/p^\ominus} \tag{1.3-1}$$

式中，p_{NH_3}、p_{CO_2} 分别为 NH_3 及 CO_2 的分压；$p^\ominus$ 为标准大气压（101.325kPa）；p_s 为固态氨基甲酸铵的平衡蒸气压（即气相中氨基甲酸铵的分压）。在通常情况下 p_s 很小，而且随温度变化不大，可视为常数。则式(1.3-1)经重排后得到一个新的常数 $K_p^\ominus$：

$$K_p^\ominus = (p_{NH_3}/p^\ominus)^2 (p_{CO_2}/p^\ominus) \tag{1.3-2}$$

$K_p^\ominus$ 即为要测的分解反应的平衡常数值。

若反应系统中未预先加入 NH_3 或 CO_2，则有：

$$p_{NH_3} = 2p_{CO_2} \tag{1.3-3}$$

又因为 $p_s \ll p_{NH_3}$ 和 $p_s \ll p_{CO_2}$，则反应系统的总压 p 可近似为 NH_3 与 CO_2 的分压之和，即：

$$p = p_{NH_3} + p_{CO_2} \tag{1.3-4}$$

联列式(1.3-3)和式(1.3-4)，可得：

$$p_{NH_3} = \frac{2}{3}p, \quad p_{CO_2} = \frac{1}{3}p \tag{1.3-5}$$

将式(1.3-5)代入式(1.3-2)可得用总压 p 表示的平衡常数：

$$K_p^\ominus = \left(\frac{2}{3}\frac{p}{p^\ominus}\right)^2 \left(\frac{1}{3}\frac{p}{p^\ominus}\right) = \frac{4}{27}\left(\frac{p}{p^\ominus}\right)^3 \tag{1.3-6}$$

实验时，测定不同温度下氨基甲酸铵的分解总压 p，再根据式(1.3-6)可求不同温度下的平衡常数 $K_p^\ominus$。从热力学基本定律可知，平衡常数与温度的关系可以下式表示：

$$\frac{d\ln K_p^\ominus}{dT} = \frac{\Delta H_m}{RT^2} \tag{1.3-7}$$

式中，R 为气体常数；T 为绝对温度；ΔH_m 为反应的热效应。若温度变化范围不大，ΔH_m 可视为常数，式(1.3-7)写成积分形式如下：

$$\ln K_p^\ominus = -\frac{\Delta H_m}{RT} + C \tag{1.3-8}$$

式中，C 为积分常数。

从式(1.3-8)可知，若以 $\ln K_p^\ominus$ 对 $1/T$ 作图可得直线，据其斜率可求得反应热效应 ΔH_m。氨基甲酸铵分解反应是吸热反应，25℃时 $\Delta H_m = 159.32\,kJ\cdot mol^{-1}$，温度对平衡常数影响较大，实验时必须控制好恒温槽的温度使其灵敏度在±0.1℃之内。

【仪器与试剂】

仪器：油封机械真空泵，真空系统，恒温装置（控温精度为±0.1℃），水银温度计（量程分别为0~50℃及0~100℃，最小刻度分别为0.1℃和1℃）。

试剂：氨基甲酸铵（新制）。

【实验步骤】

1. 实验装置图如图1.3-1所示。

2. 准确读取实验时的大气压值。

3. 在平衡管右侧小球中加入氨基甲酸铵（约占小球的一半），然后按图连接装置。

4. 检漏。检查旋塞5、6是否关闭，其余旋塞是否开启。按要求正确开启真空泵（操作方法见本丛书第一分册），待真空泵系统稳定后，缓慢开启旋塞6，使测量系统减压直至真空表9读数为0.05MPa左右，关闭旋塞6，再缓缓打开进气毛细管旋塞5，使平衡管2的U形管两边液柱相平，并在5min内保持不变，说明系统不漏气，可以进行下面的实验。否则，需查明原因，排除漏气点。

5. 接通冷却水，将恒温槽调至25℃。

6. 缓缓打开抽气旋塞6，使平衡管中有单

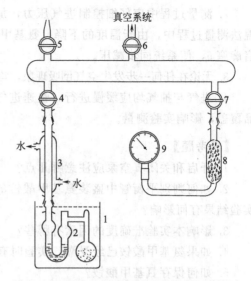

图1.3-1 静态法测定氨基甲酸铵分解压装置
1—恒温槽；2—平衡管；3—冷凝管；4~7—真空旋塞；8—干燥管；9—精密真空表

个气泡连续逸出，以赶净平衡管中样品小球内的空气。赶气约5min后，关闭旋塞6，缓缓开启进气毛细管旋塞5，使系统缓慢加压，直至平衡管两边液柱相平，并在约3min内保持不变，记下压力表读数及系统测量温度计和用于温度校正的环境温度计读数。

7. 重复步骤6，若压力表两次读数值之差在测量误差范围之内，说明空气已被赶净，可进行其他温度的测量，否则必须再次重复步骤6，直至符合上述要求。

8. 将温度调高5℃，并缓缓打开进气毛细管旋塞5，以保持平衡管内压力与系统压力平衡。待温度稳定后，使平衡管维持平衡约3min不变，即可记下有关数据。如此每隔5℃测量一次，直至50℃。

9. 为确保测量精度，每组实验数据至少测量两次。

10. 通过降温法，同法测量分解压随温度的变化关系。

【结果与讨论】

1. 按要求对所测温度进行校正，并对气压值进行温度校正。将有关数据设计成表格形式列出。

2. 计算不同温度下氨基甲酸铵的分解压及分解反应的平衡常数 $K_p^\ominus$。

3. 以 $\ln K_p^\ominus$ 对 $1/T$ 作图得一直线，根据直线的斜率计算分解反应的热效应 ΔH_m。

4. 根据误差传递理论讨论压力与温度测量精度对反应热效应测量精度的影响。将测量值与文献值进行比较，讨论影响测量准确度的可能原因。

【注意事项】

1. 固体氨基甲酸铵很不稳定，遇水很快分解，立即生成（NH_4）$_2CO_3$ 和 NH_4HCO_3，故不易保存，也无市售商品供应，一般是需要时临时制备。其制备方法是将氨气及 CO_2 气体分别通过各自的干燥塔后，再一起通入一种温度较低的液体（如无水乙醇）中使其生成氨基甲酸铵。也可将上述干燥后的气体通入干燥的塑料袋中，直接在气相中反应，生成氨基甲酸铵。其中部分黏附于袋壁上的氨基甲酸铵，只要稍加搓揉即可掉下，便于收集样品。

2. 测量过程中应仔细控制进气压力，加入过快会引起空气倒吸入样品球中，尤其在降温法测量过程中，由于温度的下降，氨基甲酸铵的分解压下降。为避免空气倒吸，应微微开启旋塞 6，使系统同步减压。

3. 无论在任何一步发生空气倒吸现象，均应重复实验步骤 6 与 7，重新赶气，直至达到要求。

4. 进气与抽气均应缓慢进行，快速进气会使平衡管中液封液体反冲入样品管中，将样品覆盖，影响实验测量。

【思考题】

1. 开启和关闭真空泵应注意哪几点？

2. 如何判别平衡管中盛装氨基甲酸铵的小球一侧中空气是否赶净？如果不赶净空气对实验结果有何影响？

3. 影响本实验准确度的因素有哪些？

4. 如果氨基甲酸铵已经受潮，实验时有何现象？

5. 如何保存氨基甲酸铵？

【拓展与应用】

1. 由于 NH_2COONH_4 易吸水，故在制备及保存时使用的容器都应保持干燥。若 NH_2COONH_4 吸水，则生成 $(NH_4)_2CO_3$ 和 NH_4HCO_3，就会给实验结果带来误差。

2. 本实验的装置与测定液体饱和蒸气压的装置相似，故本装置也可用来测定液体的饱和蒸气压。

【参考文献】

1. 刁国旺，阚锦晴，刘天晴编著. 物理化学实验. 北京：兵器工业出版社，1993.

2. 复旦大学等编. 物理化学实验. 第 2 版. 北京：高等教育出版社，1993.

3. 罗澄源等编. 物理化学实验. 第 3 版. 北京：高等教育出版社，1991.

4. 清华大学化学系物理化学教研室编. 物理化学实验. 北京：清华大学出版社，1991.

Ⅱ. 碳酸钙分解压的测定

【实验目的】

1. 学习并了解测定平衡压力的方法。

2. 了解低真空系统的操作方法。

3. 测定指定温度下碳酸钙的分解压力，从而计算出该温度下 $CaCO_3$ 固体分解反应的标准平衡常数 $K^{\ominus}$。

4. 综合各组同学在不同温度时的实验数据，作出分解压与温度的关系图（$\lg p$-$1/T$），了解温度对 $K^{\ominus}$ 的影响。

5. 计算在一定范围内的等压反应平均热效应 $\overline{\Delta_r H_m}$、等温反应的标准吉布斯函数变 $\overline{\Delta_r G_m^{\ominus}(T)}$ 及标准摩尔熵变 $\overline{\Delta_r S_m^{\ominus}(T)}$。

【基本原理】

碳酸钙（$CaCO_3$）在焊条焊药中是造渣的主要成分，纯的碳酸钙为白色固体，常温下不易分解，高温下按下式分解并产生一定的热量：

$$CaCO_3(s) \longrightarrow CaO(s) + CO_2(g)$$

该反应为多相反应，并且是可逆的，若不移走反应产物，在恒温条件下很容易达到平衡，标准平衡常数为：

$$K^{\ominus}(T) = p_{CO_2}/p^{\ominus} \qquad (1.3\text{-}9)$$

式中，p_{CO_2} 为该反应温度下 CO_2 的平衡分压，当无其他气体（局外气体）存在时，p_{CO_2} 也就是平衡系统的总压力称为分解压。因此系统达到平衡后测量其总压 p 即可求出该温度下碳酸钙分解反应的标准平衡常数 $K^{\ominus}(T)$。

已知温度对平衡常数的影响为：

$$\frac{d\ln K^{\ominus}}{dT} = \frac{\Delta_r H_m}{RT^2} \qquad (1.3\text{-}10)$$

式中，$\Delta_r H_m$ 为等压反应热效应，由式(1.3-10) 知：对吸热反应 $\Delta_r H_m > 0$，故 $\dfrac{d\ln K^{\ominus}}{dT} > 0$，亦即 $K^{\ominus}$ 随温度升高而增大。

当温度变化范围不大时，$\Delta_r H_m$ 可视为常数，由式(1.3-10) 积分得：

$$\ln K^{\ominus} = -\frac{\Delta_r H_m}{RT} + C \qquad (1.3\text{-}11)$$

通过实验测得一系列温度时的 $K^{\ominus}$ 数据，做 $\ln K^{\ominus}$-$1/T$ 图，应是一条直线。直线的斜率 $A = -\Delta_r H_m/(2.303R)$，由此可求出该温度范围内的平均等压反应热。碳酸钙的分解是吸热反应，反应的热效应相当大，所以温度对平衡常数的影响也相当大，实验测定时应严格调节反应器的温度并控制较好的恒温条件。

实验求得某些温度下的标准平衡常数 $K^{\ominus}$ 后，可按 $\Delta_r G_m^{\ominus}(T) = -RT\ln K^{\ominus}$ 计算该温度下反应的标准自由变化 $\Delta_r G_m^{\ominus}(T)$，并因：

$$\Delta_r G_m^{\ominus}(T) = \Delta_r H_m^{\ominus} - T\Delta_r S_m^{\ominus} \qquad (1.3\text{-}12)$$

求出该温度下的标准熵变 $\Delta_r S_m^{\ominus}(T)$。

【仪器与试剂】

仪器：仪器装置如图 1.3-2 所示。

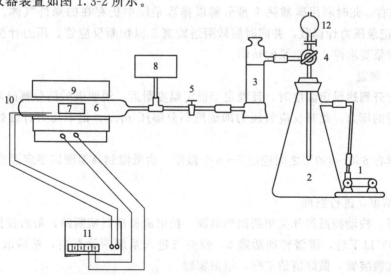

图 1.3-2　CaCO$_3$ 分解压测定装置

1—机械真空泵；2—缓冲用抽滤瓶；3—干燥塔（内装无水氯化钙为干燥剂）；4—真空三通活塞；
5—两通旋塞；6—石英反应管；7—瓷管（内装碳酸钙）；8—数字式低真空测压仪；9—管式电炉；
10—热电偶测温计；11—智能温度控制仪；12—干燥管（内装石灰）

试剂：粉状碳酸钙。

【实验步骤】

首先熟悉实验所用整套仪器装置，了解安装原则、各部分的作用和操作方法及电路线路的连接。经指导教师认可后，按下述步骤进行实验。

1. 样品的安放

称取 5g 碳酸钙试样，装入瓷管中部使其轻松地铺开，然后小心送入石英管中段，封好石英管套盖，最后用橡胶管将其与系统接通。

2. 检查漏气

检查并旋转真空旋塞通路方向使旋塞 4 既与大气又与系统相通，旋塞 5 成通路。按真空泵箭头所指方向盘动皮带轮，然后接通电源使真空泵启动。缓缓旋动旋塞 4，逐渐关闭与大气的通路，然后机械真空泵抽气，使系统最大限度的接近真空。然后依次关闭活塞 5，并旋转活塞 4，使真空泵与大气相通，再切断真空泵电源（注意：真空泵在停止工作前必须使泵的抽气口与大气连通，否则由于压力差会使泵中真空油被大气驱入系统造成事故）。记下数字式低真空测压仪上的读数，在 2min 后检查表头压力有无变化，若压力不断增加则表明系统漏气，应找出原因，消除后再检查至不漏为止。按停泵要求停下真空泵。

3. 检查线路，加热

检查管式电炉、智能温度控制仪、热电偶、电源稳压器的连接线路，并确知各仪器开关处于断路状态，调压变压器调至零位。设定智能温度控制仪的升温程序，最后按动控制器开关接通电炉加热电源。此时温度指示仪左边绿色指示灯亮。

4. 检查气密性

当温度将达到 200℃ 时，按真空泵启动规定接通真空泵电源，抽去系统余气。在开泵后将旋塞 4 再旋至与干燥管连通，然后连通旋塞 5，设定智能控温仪，使温度上升速度控制在 5℃·min⁻¹ 左右，此时利用碳酸钙少量分解以排除系统中仍存在的局外气体。在炉温到达 500℃ 以前，记录压力计读数，并同时旋转两通旋塞 5 以切断反应管、压力计至真空泵的通路。最后按停泵要求停止真空泵的转动。

5. 测压、测温

在温度上升到达设定温度时，且稳定于设定温度附近。说明碳酸钙分解已基本上达到平衡，测定此时的压力，此时反应管压力即碳酸钙分解压 p_{CO_2}，记下压力计读数，读出管内温度。

每组同学在 650~880℃ 之间选定 5~6 个温度，由低温到高温测定指定温度下的 $CaCO_3$ 的分解压。

6. 实验结束，进行整理

测定完毕，按动控温仪开关切断加热电源，按电源稳压器使断路，最后拉掉总开关。当炉温降至 400℃ 以下后，缓缓转动活塞 5，使空气进入系统消除真空，然后取出试样瓷管，整理好全部实验装置，做好清洁工作，结束实验。

【注意事项】

1. 注意勿使碳酸钙洒落在石英管壁上。
2. 实验中要保持系统的良好气密性。

【数据记录及处理】

1. 记录室温及大气压，列在数据表上方。

实验日期：_____ 年 _____ 月 _____ 日

室温 _____ ℃　　　　　　大气压 _____ mmHg

| 序号 | 炉温读数 | | $1/T$ | 压力计读数 /kPa | 分解压 /atm | $\lg p$ |
	电压/mV	$t/℃$				
1						
2						
3						

2. 记录不同温度下的低真空测压仪读数于表中。

3. 计算平衡时 CO_2 气体压力，即反应温度下的 K_p：根据文献资料 $CaCO_3$ 分解压的经验公式（近似处理）如下：

$$\ln K_p = -\frac{8920}{T} + 7.54 \tag{1.3-13}$$

精确处理公式如下：

$$\ln p_{CO_2} = -\frac{1.845 \times 10^5}{RT} - \frac{10.73}{R}\ln T - \frac{1}{2R} \times 8.36 \times 10^{-3} T + \frac{10.46 \times 10^5}{2R} \times \frac{1}{T^2} + 28.71 \tag{1.3-14}$$

4. 集中各组实验数据，作出 $CaCO_3$ 分解压与温度关系图：$\lg p_{CO_2}$ （大气压）-$1/T$ 曲线，并以下式表示：$\lg p_{CO_2} = A/T + B$，A、B 由图解法确定。

5. 计算实验温度范围内的平均 $\overline{\Delta_r H_m}$、$\overline{\Delta_r S_m}$ 及各实验温度时的 $\Delta_r G^\ominus(T)$、$\Delta_r S^\ominus(T)$。

6. 从实验数据中，求出 p_{CO_2} 等于一个大气压时的 $CaCO_3$ 分解温度。

【思考题】

1. 怎样获得低真空？本实验为什么要在真空条件下进行？

2. 碳酸钙量的多少对分解压是否有影响？

3. 从实验结果讨论实践与理论的关系，并分析实验结果为什么与经验公式不同。

4. $\Delta_r G_m^\ominus$、$\Delta_r S_m^\ominus$ 所指的标准态是什么？求反应的 $\Delta_r G_m^\ominus$ 时，$K_p^\ominus$ 应为什么？

实验 1.4　离子迁移数的测定——界面移动法

【实验目的】

1. 掌握测定离子迁移数的原理和方法，加深对离子迁移数概念的理解。

2. 采用界面移动法测定 H^+ 的迁移数，掌握其方法和技术。

3. 观察在电场作用下离子的迁移现象。

【基本原理】

电解质溶液的导电是靠溶液内的离子定向迁移和电极反应来实现的。而通过溶液的总电量 Q 就是向两极迁移的阴、阳离子所输送电量的总和。假若两种离子传递的电荷量分别为

q_+ 和 q_-,则总电量:

$$Q = q_+ + q_- = It \tag{1.4-1}$$

式中,I 为电流强度;t 为通电时间。

每种离子传递的电荷量与总电量之比,称为离子迁移数。阴、阳离子的迁移数分别为:

$$t_+ = \frac{q_+}{Q} \qquad t_- = \frac{q_-}{Q} \tag{1.4-2}$$

离子的迁移数与离子的迁移速度有关,而后者与溶液中的电位梯度有关。

测定离子迁移数对了解离子的性质具有重要意义,测定方法主要有界面移动法、希托夫法、电动势法。本实验采用界面移动法测定 HCl 溶液中 H^+ 的迁移数,其原理如图 1.4-1 所示。在一根垂直安置的有刻度的玻璃管中,装入含甲基橙指示剂的 HCl 溶液,顶部插入 Pt 丝作阴极,底部插入 Cd 棒作阳极。通电后,H^+ 向 Pt 极迁移,放出氢气,Cl^- 向 Cd 极迁移,且在底部与由 Cd 极氧化而生成的 Cd^{2+} 形成 $CdCl_2$ 溶液,逐步替代 HCl 溶液。由于 Cd^{2+} 的电迁移率小于 H^+,所以底部的 Cd^{2+} 总是跟在 H^+ 后面向上迁移。因为 $CdCl_2$ 与 HCl 对指示剂呈现不同的颜色,因此在迁移管内形成了一个鲜明的界面。下层 Cd^{2+} 层为黄色,上层 H^+ 层为红色。这个界面移动的速度即为 H^+ 迁移的平均速度。

若溶液中 H^+ 浓度为 c_{H+},实验测得时间 t 内界面从 1—1 到 2—2 移动过的相应体积为 V,则根据式(1.4-1)和式(1.4-2),H^+ 的迁移数为:

$$t_{H+} = \frac{c_{H+} V F}{It} \tag{1.4-3}$$

应该指出,由于迁移管内任一位置都是电中性的,所以当下层的 H^+ 迁移后即由 Cd^{2+} 来补充。这样,稳定界面的存在意味着 Cd^{2+} 的迁移速度与 H^+ 的迁移速度相等。即

$$\mu_{Cd^{2+}} \left(\frac{dE}{dl}\right)_{Cd^{2+}层} = \mu_{H+} \left(\frac{dE}{dl}\right)_{H+层} \tag{1.4-4}$$

式中,$\dfrac{dE}{dl}$ 为迁移管内的电位梯度,即单位长度上的电位降。

因为 Cd^{2+} 电迁移率(又称淌度)较小,即 $\mu_{Cd^{2+}} < \mu_{H+}$,所以 $\left(\dfrac{dE}{dl}\right)_{Cd^{2+}层} > \left(\dfrac{dE}{dl}\right)_{H+层}$,即在 $CdCl_2$ 溶液中电位梯度是较大的,因此若 H^+ 因扩散作用落入 $CdCl_2$ 溶液层,它不仅要比 Cd^{2+} 迁移得快,而且比界面上的 H^+ 也要快,能赶回到 HCl 层。同样若任何 Cd^{2+} 进入低电位梯度的 HCl 溶液,它就要减速,一直到它们重又落后于 H^+ 为止,这样界面在通电过程中保持清晰。同时,随着界面上移,H^+ 浓度减少,Cd^{2+} 浓度增加,迁移管内溶液电阻不断增大,整个回路的电流会逐渐下降。

通过离子迁移数的测定,用下式可求得离子的电迁移率:

$$\mu_+ = \frac{t_+ \Lambda_m}{F}, \mu_- = \frac{t_- \Lambda_m}{F} \tag{1.4-5}$$

式中,Λ_m 为一定温度下溶液的摩尔电导率,$S \cdot m^2 \cdot mol^{-1}$。

【仪器与试剂】

仪器:迁移管,Cd 电极,Pt 电极,直流稳压电源,秒表。

试剂:HCl 溶液(0.1 mol·L^{-1}),甲基橙(A.R.)。

【实验步骤】

1. 配制浓度约为 $0.1mol \cdot L^{-1}$ 的盐酸，并用标准 NaOH 溶液标定其准确浓度。配制时每升溶液中加入甲基橙少许，使溶液呈浅红色（体积比为：指示剂：酸＝5：100）。

2. 用少量含有指示剂的盐酸溶液将迁移管洗涤三次，将溶液装满迁移管，并插入 Pt 电极。

3. 按照图 1.4-2 接好线路，检查无误后，再开始实验。

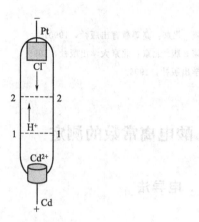
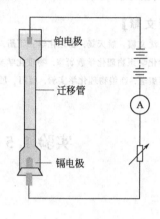

图 1.4-1　迁移管中离子迁移示意图　　　图 1.4-2　界面法测离子迁移数装置

4. 接通直流电源，控制电流在 2～3mA。当在细管中形成清晰界面时，打开秒表开始计时。界面每移动 2mm，记下相应的时间和电流读数，直到界面移动 2cm。若在实验过程中出现界面不清晰的现象应停止实验。

5. 实验结束后，将迁移管洗涤干净并在其中充满蒸馏水。

【结果与讨论】

1. 做电流强度-时间图，从界面扫过刻度所对应的时间内曲线所包围的面积，求出总电荷量 It。

2. 求出相应刻度间的体积。

3. 将体积、时间与电荷量数据列表。

4. 求迁移数，取平均值与文献值比较。

5. 讨论与解释实验中观察到的现象。

【注意事项】

1. 实验的准确性、成败关键主要取决于移动界面的清晰程度。若界面不清晰，则迁移体积测量不准，导致迁移数测量不准确。因此，实验过程中应避免桌面振动。

2. 通电后由于 $CdCl_2$ 层的形成，使电阻加大，电流会渐渐变小，因此应不断调节电流使其保持不变。

【思考题】

1. 测量某一电解质离子迁移数时，指示离子应如何选择？指示剂应如何选择？

2. 为使下层指示液的迁移速率要接近于但不能大于上层被测离子的迁移速率，应如何调整被测离子和指示离子的浓度？

3. 分析本实验中可能产生的误差，其中哪些是最主要的误差？

【拓展与应用】

测定离子迁移数除界面移动法外,还有希脱夫(Hittorf)法和电动势法。希托夫法测定离子迁移数的优点是原理简单,它是根据电解前后在两极区由于离子迁移与电极反应导致电极区溶液浓度的变化。此法适用面较广,但要配置库仑计及繁多的溶液浓度分析工作,不易得到准确的结果。电动势法则是通过测量浓差电池的电动势和计算所测离子的迁移数,该方法由于实验条件比较苛刻而不常用。

【参考文献】

1. 傅献彩,沈文霞,姚天扬. 物理化学:下册. 第4版. 北京:高等教育出版社,1990.
2. 北京大学化学系物理化学教研室. 物理化学实验. 第3版. 北京:北京大学出版社,1995.
3. 黄泰山等编著. 新编物理化学实验. 厦门:厦门大学出版社,1999.

实验 1.5　乙酸电离常数的测定

Ⅰ. 电导法

【实验目的】

1. 掌握电导测量的基本原理和方法。
2. 学会使用电导率法测定乙酸的电离平衡常数。

【基本原理】

AB 型弱电解质(如 HAc)在溶液中达到电离平衡时,其电离平衡常数($K_c^{\ominus}$)与浓度(c)、电离度(α_c)间存在如下关系:

$$K_c^{\ominus}=\frac{\frac{c}{c^{\ominus}}\alpha_c^2}{1-\alpha_c} \tag{1.5-1}$$

式中,$c^{\ominus}$ 为标准态浓度,$c^{\ominus}=1\,mol\cdot L^{-1}$。在一定温度下 $K_c^{\ominus}$ 是常数,因此通过测定 AB 型弱电解质在不同浓度时的电离度 α_c,代入式(1.5-1),可以求出 $K_c^{\ominus}$。

醋酸溶液的电离度可用电导法测定,溶液的电导用电导率仪测定。对于弱电解质,电离度 α_c 等于浓度为 c 时的摩尔电导(Λ_m)和溶液在无限稀释时的摩尔电导(Λ_m^{∞})之比,即:

$$\alpha_c=\frac{\Lambda_m}{\Lambda_m^{\infty}} \tag{1.5-2}$$

将式(1.5-2)代入式(1.5-1):

$$K_c^{\ominus}=\frac{\frac{c}{c^{\ominus}}\Lambda_m^2}{\Lambda_m^{\infty}(\Lambda_m^{\infty}-\Lambda_m)} \tag{1.5-3}$$

$$\Lambda_m=\frac{\kappa}{c} \tag{1.5-4}$$

$$\frac{\kappa}{c^{\ominus}}=K_c^{\ominus}(\Lambda_m^{\infty})^2\frac{c}{\kappa}-K_c^{\ominus}\Lambda_m^{\infty} \tag{1.5-5}$$

以 $\dfrac{\kappa}{c^{\ominus}}$ 对 $\dfrac{c}{\kappa}$ 作图应为一直线，其斜率为 $K_c^{\ominus}(\Lambda_m^{\infty})^2$，截距

为 $K_c^{\ominus}\Lambda_m^{\infty}$，根据斜率和截距可算出 $K_c^{\ominus}$ 和 Λ_m^{∞}。

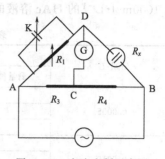

溶液电导和电导率常用交流电桥来测定，线路如图 1.5-1 所示。R_1 是一个可变电阻，R_x 为待测溶液的阻值；G 为检流计，K 是与 R_1 并联的一个可变电容，用于平衡电导电极的电容。AB 为滑线变阻器，R_3 和 R_4 分别表示 AC 段和 BC 段电阻。选适当的电阻 R_1，移动触点 C，直到检流计显示 D、C 间电流为 0，此时电桥达到平衡，则有：

图 1.5-1　交流电桥示意图

$$\frac{R_1}{R_x}=\frac{R_3}{R_4} \tag{1.5-6}$$

或

$$G=\frac{1}{R_x}=\frac{R_3}{R_1R_4}=\frac{\text{AC}}{\text{BC}}\times\frac{1}{R_1} \tag{1.5-7}$$

【仪器与试剂】

仪器：恒温装置 1 套，DDS-11A 型电导率仪，电导电极，电导池，移液管（25mL、5mL 和 1mL 各 1 支），容量瓶（50mL 5 只），250mL 烧杯 1 只，洗耳球 1 只。

试剂：$0.0100\text{mol}\cdot\text{L}^{-1}$ KCl 溶液，$0.1000\text{mol}\cdot\text{L}^{-1}$ HAc 溶液，电导水。

【实验步骤】

1. 调节恒温槽温度为 $(25\pm0.1)℃$。

2. 配制溶液：准确配制浓度为 $0.050\text{mol}\cdot\text{L}^{-1}$、$0.010\text{mol}\cdot\text{L}^{-1}$、$0.0050\text{mol}\cdot\text{L}^{-1}$、$0.0010\text{mol}\cdot\text{L}^{-1}$ 和 $0.0005\text{mol}\cdot\text{L}^{-1}$ 的 HAc 溶液。

3. 测定电导池常数（K_{cell}）：倾去电导池中的纯水（为防止电导电极干燥后吸附杂质，及干燥后的电极浸入溶液时表面不易完全浸润引起气泡，造成表面积发生变化等影响测量结果，常将电导电极浸在电导池内的纯水中）。然后用少量的 $0.0100\text{mol}\cdot\text{L}^{-1}$ KCl 溶液洗涤电导池和电导电极三次，加入 $0.0100\text{mol}\cdot\text{L}^{-1}$ KCl 溶液，使液面超过电极铂片 $1\sim2\text{cm}$，再移入 $(25\pm0.1)℃$ 恒温槽中恒温 $5\sim10\text{min}$ 后用电导仪测量（DDS-11A 型电导率仪的使用方法详见本丛书第一分册仪器部分）。测量时，将 DDS-11A 型电导率仪"高低周"挡开关置"高周"挡，把量程开关扳至 10^3 红线处，将"测量、校正"开关扳至"测量"位置，把"电极常数"旋钮调至"1.0"位置。调节"调正"器使指针指在"1.41"处（下刻度的红字读数），再把"测量""校正"开关扳至"校正"位置，并调节"电极常数"旋钮使电表指示于满度，此时"电极常数"旋钮所指示的读数即为该电极的电极常数（每一小格为 0.02）。

4. 测定乙酸溶液的电导率：倒去 KCl 溶液，用电导水充分洗净电导池及电导电极，再用少量 $0.0005\text{mol}\cdot\text{L}^{-1}$ HAc 溶液洗涤电导池和电导电极三次，将电极常数调节旋钮调到与电极常数相对应的位置上，将校正测量开关置于"校正"，调整校正调节器使表针在满刻度（注意：为了提高精度，测定时，须对仪器经常进行校正），将电极浸入 $0.0005\text{mol}\cdot\text{L}^{-1}$ HAc 溶液中，将"校正、测量"开关置于"测量"，将量程开关由大到小逐渐调节，直至所需测量范围，指针指示数乘以量程开关倍率即为被测溶液的实际电导率，数据记入表 1.5-1 中，重复测量两次一并记入表 1.5-1 中，取三次测量值的平均值作为该浓度 HAc 的电导率。同样方法，由稀到浓分别测定 $0.0010\text{mol}\cdot\text{L}^{-1}$、$0.0050\text{mol}\cdot\text{L}^{-1}$、$0.0500\text{mol}\cdot\text{L}^{-1}$ 和

0.1000mol·L^{-1}的 HAc 溶液的电导率，一并记入表 1.5-1。

表 1.5-1　25℃时不同 HAc 浓度的电导率

$c/\text{mol·L}^{-1}$	κ		$\dfrac{c}{\kappa}$	$K_c^{\ominus}$	Λ_m^{∞}
	测量值	平均值			
0.0005					
0.0010					
0.0050					
0.0100					
0.0500					
0.1000					

5. 同法测定电导水的电导率，重复测定三次。以校正电导水对溶液电导率的影响。

6. 将恒温槽温度调至 (35±0.1)℃，同法测量不同浓度 HAc 的电导率，列于表 1.5-2。

表 1.5-2　(35±0.1)℃时不同 HAc 浓度的电导率

$c/\text{mol·L}^{-1}$	κ		$\dfrac{c}{\kappa}$	$K_c^{\ominus}$	Λ_m^{∞}
	测量值	平均值			
0.0005					
0.0010					
0.0050					
0.0100					
0.0500					
0.1000					

7. 实验结束后，先关闭各仪器的电源，用蒸馏水充分冲洗电导池和电极，并将电极浸入蒸馏水中备用。

【结果与讨论】

1. 计算 $\dfrac{c}{\kappa}$ 并列于表 1.5-1 和表 1.5-2 中。

2. 以 $\dfrac{\kappa}{c^\ominus}$ 对 $\dfrac{c}{\kappa}$ 作图，根据斜率和截距计算不同温度下的 $K_c^\ominus$ 和 Λ_m^∞。

3. 计算 HAc 电离反应的活化能。

【注意事项】

1. 为了提高实验精度，实验中的一切操作都必须采用电导水。常用的电导水是用离子交换树脂来制备的。为了除去其中的 CO_2，要通入氮气几分钟。

2. 实验过程中严禁用手触及电导池内壁和电极。

3. 溶液的电导率对溶液的浓度很敏感，在测定前，一定要用被测溶液多次荡洗电导池和电极，以保证被测溶液的浓度与容量瓶中溶液的浓度一致。

4. 离子的极限摩尔电导率与温度有关，通常条件下温度每升高 1℃，电导率增加 2%～2.5%。因此测量前，溶液要充分恒温。H^+、Ac^- 的极限摩尔电导率与温度的关系为：

$$\lambda_{m,H^+}^\infty /S \cdot m^2 \cdot mol^{-1} = 349.82 \times 10^{-4}[1+0.01385(t-25)]$$

$$\lambda_{m,Ac^-}^\infty /S \cdot m^2 \cdot mol^{-1} = 40.9 \times 10^{-4}[1+0.0238(t-25)]$$

由上式可计算任何温度下 HAc 的 Λ_m^∞ 值。

【思考题】

1. 测定电解质溶液的电导，为什么一般用交流电而不用直流电？

2. 若实验过程中，电导池常数发生改变，它对 HAc 的电离常数有何影响？

3. 将实验测定的 K_c 值与文献值比较，试述误差的主要来源。

【拓展与应用】

1. 电导测定不仅可以用来测定弱电解质的电离度，还可以测定氯化银等难溶盐的溶解度和电离常数、盐的水解度等。

2. 普通蒸馏水中常含有 CO_2 等杂质，故存在一定电导率（电导率值约为 1×10^{-3} S·m^{-1}），因此实验所测的电导值是欲测电解质和电导水的总和。因此做电导实验时需要纯度较高的水，称为电导水，其电导率要求在 1×10^{-4} S·m^{-1} 以下。制备方法通常是在蒸馏水中加入少许高锰酸钾，用石英或硬质玻璃蒸馏器再蒸馏一次。

3. 铂电极镀铂黑的目的在于减少电极极化，且增加电极的表面积，使测定电导时有较高灵敏度。

【参考文献】

1．傅献彩，沈文霞，姚文扬. 物理化学：下册. 第 4 版. 北京：高等教育出版社，1990.

2．孙尔康等. 物理化学实验. 南京：南京大学出版社，1999.

3．杨百勤主编. 物理化学实验. 北京：化学工业出版社，2001.

Ⅱ. 电位滴定法

【实验目的】

1. 掌握电位分析法测定一元弱酸离解常数的方法。

2. 掌握确定电位滴定终点的方法。

3. 学会使用 ZD-2 型自动电位滴定计。

【基本原理】

用电位分析法测定弱酸离解常数 K_a，是用玻璃电极、饱和甘汞电极和待测试液组成下列原电池：

$$Ag \mid AgCl, 0.1mol \cdot L^{-1} \mid 玻璃膜 \mid 试液 \parallel KCl(饱和), Hg_2Cl_2 \mid Hg$$

溶液的 pH 由下式表示：

$$pH = pH_标 + \frac{E - E_标}{0.059} \tag{1.5-8}$$

式中，$pH_标$ 为标准缓冲溶液的 pH；E、$E_标$ 分别为以待测试液和标准缓冲溶液组成的原电池的电动势。

测定时，先用标准缓冲溶液定位，然后用 NaOH 标准溶液滴定弱酸溶液，滴定过程中溶液的 pH 值可直接在 pH 计上显示出来。

若以 pH 值对滴定体积 V、$\dfrac{\Delta pH}{\Delta V}$ 对 V 以及 $\dfrac{\Delta^2 pH}{\Delta V^2}$ 对 V 作图，可求出滴定终点，或用二级微商法算出终点体积。

根据终点体积，可计算弱酸的原始浓度，进而计算终点时弱酸盐的浓度 $c_盐$。

弱酸的 K_a 由下式计算：

$$[OH^-] = \sqrt{K_b c_盐} = \sqrt{\frac{K_w}{K_a} c_盐} \tag{1.5-9}$$

则

$$K_a = \frac{K_w c_盐}{[OH^-]^2} \tag{1.5-10}$$

【仪器与试剂】

仪器：ZD-2 型自动电位滴定计 1 套，pH 玻璃电极及饱和甘汞电极各 1 支。

试剂：$0.1000mol \cdot L^{-1}$ NaOH 标准溶液；$0.1000mol \cdot L^{-1}$ 一元弱酸，如醋酸等；$0.05mol \cdot L^{-1}$ 混合磷酸盐标准缓冲溶液（pH=6.88，20℃）；$0.05mol \cdot L^{-1}$ 邻苯二甲酸氢钾溶液（pH=4.00，20℃）。

【实验步骤】

1. 将仪器的选择开关处于 pH 挡。pH=4.00(20℃) 的标准缓冲溶液置于 100mL 小烧杯中，放入搅拌子，插入电极，开动搅拌器，进行定位。再以 pH=6.88(20℃) 的标准缓冲溶液校核，所得读数与测量温度下该缓冲溶液的标准值 pH 之差应在 ±0.05 单位之内。

2. 准确移取 25.00mL $0.1000mol \cdot L^{-1}$ 一元弱酸溶液，至一干净 50mL 烧杯中。摘去饱和甘汞电极的橡皮帽，检查内电极是否浸入饱和 KCl 溶液中，如未浸入，应补充饱和 KCl 溶液。在电极架上安装好玻璃电极及饱和甘汞电极，并使饱和甘汞电极稍低于玻璃电极，以防止烧杯底碰坏玻璃电极薄膜。烧杯置于滴定装置的搅拌器上，将电极架下移，使 pH 玻璃电极和饱和甘汞电极插入试液。由碱式滴定管逐渐滴加 $0.1000mol \cdot L^{-1}$ NaOH 标准溶液，并在搅拌的条件下读取 pH 值。刚开始滴定时 NaOH 溶液可多加一些，然后逐渐减少，接近终点时每次加 0.1mL。

3. 用二级微商法算出终点 pH 值后，可用 ZD-2 型自动电位滴定计进行自动滴定。

【结果与讨论】

1. 在坐标纸上绘制 pH-V、$\dfrac{\Delta pH}{\Delta V}$-$V$、$\dfrac{\Delta^2 pH}{\Delta V^2}$-$V$ 的曲线，并从图上找出终点体积。

2. 根据有关公式计算出终点体积 $V_{终}$ 和终点 pH 值并把它换算为 $[OH^-]$。

3. 由终点体积计算一元弱酸的原始浓度及弱酸盐的浓度 $c_{盐}$。

4. 计算弱酸的离解常数 K_a。

5. 用测得的 K_a 与文献值比较，如有差异，说明原因。

【注意事项】

1. 玻璃电极使用时必须小心，以防损坏。

2. 新的或长期未用的玻璃电极使用前应在蒸馏水或稀 HCl 中浸泡 24h。

【思考题】

1. 测定未知溶液的 pH 值时，为什么要用 pH 标准缓冲溶液进行校准?

2. 用 NaOH 溶液滴定 H_3PO_4 溶液，滴定曲线形状如何? 怎样计算 K_{a_1}、K_{a_2}、K_{a_3}?

【拓展与应用】

1. 只要溶液在滴定过程中发生 pH 变化，均可采用电位滴定法。

2. 电位滴定法不仅可以用来测定弱电解质的电离度、电离常数，还可以测定络合物的络合参数、稳定与不稳定常数等。

【参考文献】

1．张济新，孙海霖，朱明华编. 仪器分析实验. 北京：高等教育出版社，1994.

2．张剑荣，戚苓，方惠群编. 仪器分析实验. 北京：科学出版社，1999.

Ⅲ. pH 计法

【实验目的】

1. 了解弱酸电离常数的测定方法。

2. 掌握酸度计的使用方法。

3. 加深对电离平衡基本概念的认识。

4. 巩固溶液配制及容量瓶、移液管、吸量管等的使用。

【基本原理】

醋酸是弱电解质，在水溶液中存在着下列电离平衡：

$$HAc \Longrightarrow H^+ + Ac^-$$

其电离常数表达式为：

$$K_a^\ominus = \frac{[H^+][Ac^-]}{[HAc]} \tag{1.5-11}$$

设 HAc 的起始浓度为 c，如果忽略水电离所提供 H^+ 的量，则达到平衡时溶液中 $[H^+] \approx [Ac^-]$，当 $\alpha < 5\%$ 时，$[HAc] = c - [H^+] \approx c$，式(1.5-11) 可改写为：

$$K_a^\ominus = \frac{[H^+]^2}{[HAc]} \tag{1.5-12}$$

如果配制一系列的已知浓度的醋酸溶液，并用酸度计测定其 pH 值，再换算成 $[H^+]$

(实际上酸度计所测的 pH 值是反映了溶液中 H^+ 的有效浓度,即 H^+ 的活度值)。利用式 (1.5-12),可求得一系列 $K_a^{\ominus}$ 值,取其平均值,即为该测定温度下醋酸的电离常数。

【仪器与试剂】

仪器:酸度计,移液管,吸量管,洗耳球,碱式滴定管,烧杯,锥形瓶,滤纸。

试剂:醋酸溶液,0.1000mol·L^{-1}氢氧化钠标准溶液,标准缓冲溶液,酚酞。

【实验步骤】

1. 醋酸溶液浓度的标定

在 250mL 烧杯中配制 150mL、0.1mol·L^{-1} 的 HAc 溶液,其精确浓度按下面方法用标准 NaOH 溶液进行标定。

用移液管吸取 25.00mL 所配的 HAc 溶液,置于 250mL 锥形瓶中,加入 2 滴酚酞指示剂,用 NaOH 标准溶液滴定至溶液呈微红色,半分钟内不褪色即到达终点,记下消耗 NaOH 溶液的体积。平行滴定 3 次,计算 HAc 标准溶液的平均浓度。

2. pH 法测定醋酸溶液的 pH

(1) 配制不同浓度的醋酸溶液　用移液管分别取 25.00mL、5.00mL 和 2.50mL 已标定过的 HAc 溶液,放入三个洗净的 50mL 容量瓶中,用蒸馏水稀释至刻度,摇匀,计算各 HAc 溶液的浓度。

(2) 测定 HAc 溶液的 pH　将上面得到的三种精确浓度的 HAc 溶液和 HAc 标准溶液,分别倒入 4 个烧杯中,按由稀到浓的顺序,用 pH 计测定 pH 值,记录室温(测定中,电极不必用蒸馏水冲洗,只需用滤纸吸干电极上残留液或用下一个待测溶液冲洗电极便可进行溶液测定)

【结果与讨论】

将所测实验数据和处理结果填入表 1.5-3。

表 1.5-3　测定 HAc 溶液数据记录与结果

实验温度:_____　　　　　醋酸标准溶液浓度:_____ mol·L^{-1}

溶液编号	$c/\text{mol·L}^{-1}$	pH	$[H^+]$	α	$K_a^{\ominus}$
1					
2					
3					
4					
$K_a^{\ominus}$ 平均值					

【注意事项】

1. NaOH 标准溶液可以在"溶液的精确配制与标定"实验中标定好。

2. 滴定前,检查滴定管的橡皮管内和滴定管尖嘴内是否有气泡,如有需排除。

3. 酸度计测定溶液 pH 前需用标准缓冲溶液进行校准。

【思考题】

1. 实验所用烧杯、移液管(或吸量管)各用哪种 HAc 溶液润洗?容量瓶是否要用 HAc 溶液润洗?为什么?

2. 使用酸度计要注意哪些操作？

【参考文献】

1．徐家宁，门瑞芝，张寒琦. 基础化学实验（上）. 北京：高等教育出版社，2006.
2．高胜利，陈三平. 基础化学实验 1（无机化学与化学分析实验）. 北京：科学出版社，2011.

实验 1.6　原电池电动势的测定

【实验目的】

1. 掌握对消法测定电池电动势的原理及电位差计的使用方法。
2. 通过电池电动势的测量，加深对可逆电池、浓差电池、可逆电极、盐桥等基本概念的理解。
3. 了解与掌握金属电极的制备与处理技术。
4. 掌握原电池热力学函数的计算。

【基本原理】

原电池是化学能转变为电能的装置，它是由两个“半电池”组成，而每一个半电池中有一个电极和相应的电解质溶液。在电池放电反应中，正极发生还原反应，负极发生氧化反应；电池反应是电池中两个电极反应之和。电池电动势为组成该电池的两个半电池的电极电势的代数和。在恒温、恒压、可逆条件下，原电池电动势与各热力学函数的关系如下：

$$\Delta_r G_m = -ZEF \tag{1.6-1}$$

$$\Delta_r H_m = -zEF + zFT\left(\frac{\partial E}{\partial T}\right)_p \tag{1.6-2}$$

$$\Delta_r S_m = zF\left(\frac{\partial E}{\partial T}\right)_p \tag{1.6-3}$$

式中，F 为法拉第常数（96485C）；z 为原电池发生一单位进度反应时得或失电子的物质的量；E 为可逆电池的电动势。故只要在恒温、恒压下，测出可逆电池的电动势 E，即可求出原电池的各热力学函数。反之，由原电池的各热力学函数，可求出可逆电池的电动势 E 和浓度系数。

书写电池的结构图示式，必须规范。以 Cu-Zn 电池为例，电池结构的书写、电动势和电极电势的表达式为：

电池结构　　　　　$Zn|ZnSO_4(a_{Zn^{2+}}) \parallel CuSO_4(a_{Cu^{2+}})|Cu$

负极反应　　　　　$Zn \longrightarrow Zn^{2+}(a_{Zn^{2+}}) + 2e$

正极反应　　　$Cu^{2+}(a_{Cu^{2+}}) + 2e \longrightarrow Cu$

电池总反应　　$Zn + Cu^{2+}(a_{Cu^{2+}}) \longrightarrow Zn^{2+}(a_{Zn^{2+}}) + Cu$

根据能斯特方程，电池电动势与各物质活度间的关系为：

$$E = E^\ominus - \frac{RT}{zF}\ln\frac{a_{Zn^{2+}}a_{Cu}}{a_{Zn}a_{Cu^{2+}}} \tag{1.6-4}$$

式中，$E^\ominus$ 为在标准条件下溶液中锌和铜离子活度（$a_{Zn^{2+}}$ 和 $a_{Cu^{2+}}$）以及锌和铜活度均等于 1 时的电池电动势（即原电池的标准电动势）。假设 Cu、Zn 为纯固体，它们的活度为 1，则式(1.6-4) 可简化为：

$$E = E^{\ominus} - \frac{RT}{zF} \ln \frac{a_{Zn^{2+}}}{a_{Cu^{2+}}} \tag{1.6-5}$$

由于整个电池反应由两个电极反应组成，因此，电池电动势的表达式为正、负两电极电势之差。若正极的电极电势为 φ_+，负极的电极电势为 φ_-，则有：

$$E = \varphi_+ - \varphi_- \tag{1.6-6}$$

由于某电极电势的绝对值无法测定，因此必须选择某一电极作为电极电势的参考标准。现在，手册上所列的电极电势均为相对电极电势，即以标准氢电极作为参考标准（标准氢电极是氢气压力为一标准大气压、溶液中 a_{H^+} 为 1，规定其电极电势为零）。将标准氢电极与待测电极组成电池，标准氢电极为负极，所测得的电池电动势就是待测电极的电极电势。由于氢电极使用不方便，因此常用另外一些易制备、电极电势较为稳定的电极作为参比电极。常用的参比电极主要有：甘汞电极、银-氯化银电极等。这些参比电极与标准氢电极比较而得的电极电势，已精确测出。

可逆电池具有较好的重现性与稳定性。可逆电池必须具备的条件为：①电极反应必须可逆；②电池在工作（充放电）时，通过的电流必须无限小，此时电池可在接近平衡状态下工作；③电池中所进行的其他过程必须可逆。如溶液间无扩散、无液体接界电势等。因此，在制备可逆电池、测量可逆电池的电动势时，应符合上述可逆电池条件。在精确度不很高的测量中，常用正、负离子迁移数比较接近的电解质构成"盐桥"，减小液体接界电势。要达到测量工作电流零的条件，必须使电池在接近热力学平衡的条件下工作。用对消法可达到测量原电池电动势的目的，可实现测量工作电流零的条件。电位差计就是根据对消法这一原理设计而成的。电位差计测量电池电动势的原理和使用方法，详见本丛书第一分册。需注意：不能用伏特计直接测量电池的电动势，因为此伏特计在测量过程中有电流通过，使电池处于非平衡状态，测出的结果为两电极间的电势差，而不是电池电动势。

电动势的测量在物理化学研究工作中具有重要的实际意义。通过电池电动势的测量可以获得氧化还原体系的许多热力学数据，如平衡常数、电解质活度及活度系数、离解常数、溶解度、络合常数、酸碱度以及某些热力学常数改变量等。

【仪器与试剂】

仪器：恒温装置 1 套，UJ-25 型电位差计，检流计，标准电池，直流稳压电源，铜电极 2 支，锌电极 1 支，电极管 1 只，电极架。

试剂：$0.100\,mol \cdot L^{-1}$ $ZnSO_4$，$0.100\,mol \cdot L^{-1}$ $CuSO_4$，$0.0100\,mol \cdot L^{-1}$ $CuSO_4$，饱和甘汞电极 1 支，饱和 KCl 溶液。

【实验步骤】

1. 电极制备

(1) 铜电极的制备　将铜电极在 1∶3 稀硝酸中浸泡片刻，除去氧化物后，用水冲洗干净。以此电极作为负极，另一铜板作正极在镀铜液中镀铜（镀铜液组成为：每升溶液中含 $125g$ $CuSO_4 \cdot 5H_2O$，$25g$ H_2SO_4，$50mL$ 乙醇），控制电镀过程电流为 $20mA$，电镀 $20min$，得表面呈红色的 Cu 电极，洗净后放入 $0.100\,mol \cdot L^{-1}$ $CuSO_4$ 溶液中，备用。

（2）锌电极的制备 将锌电极在稀硫酸溶液中浸泡片刻，除掉锌电极上氧化层。取出后，先用自来水洗涤，再用蒸馏水淋洗，最后浸入饱和硝酸亚汞溶液中 6～10s，使锌电极表面上有一层均匀的汞齐。取出后，先用滤纸擦拭锌电极，再用蒸馏水洗净（汞有剧毒，用过的滤纸不能乱丢，应放于指定地方）。洗净后的锌电极，浸入 $0.100\,mol\cdot L^{-1}$ $ZnSO_4$ 溶液中，待用。

2. 控制恒温浴温度为（25 ± 0.1）℃。

3. 按图 1.6-1 构成如下电池：

$Zn\,|\,ZnSO_4(0.100\,mol\cdot L^{-1})\,\|\,CuSO_4(0.100\,mol\cdot L^{-1})\,|\,Cu$

将该电池置于恒温浴中，恒温 15～20min。

4. 根据电位差计测量电池电动势的原理和使用方法（详见本丛书第一分册），正确连接电位差计和测量电路。

5. 根据标准电池电动势的温度校正公式：

$$E^t = E^{20} - [39.94(t-20) + 0.929(t-20)^2 - 0.009$$
$$(t-20)^3 + 0.00006(t-20)^4] \times 10^{-6}\,V$$

计算室温下所用标准电池的电动势值。

6. 根据已计算室温下所用标准电池的电动势值，对电位差计的工作电流进行标定或核准。具体操作步骤和方法详见第一分册相关内容。

7. 测定上述铜锌电池的电动势。

8. 依步骤 2～7 的同样方法，分别构成下列各电池并测定其电池电动势：

$Zn\,|\,ZnSO_4(0.100\,mol\cdot L^{-1})\,\|\,饱和\,KCl\,溶液\,|\,Hg_2Cl_2\text{-}Hg$

$Hg_2Cl_2\text{-}Hg\,|\,饱和\,KCl\,溶液\,\|\,CuSO_4(0.100\,mol\cdot L^{-1})\,|\,Cu$

$Cu\,|\,CuSO_4(0.010\,mol\cdot L^{-1})\,\|\,CuSO_4(0.100\,mol\cdot L^{-1})\,|\,Cu$

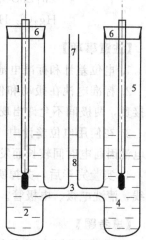

图 1.6-1 电池结构

1—锌电极；2—$ZnSO_4$ 溶液；

3—盐桥；4—$CuSO_4$ 溶液；

5—铜电极；6—橡皮塞；

7—插温度计或甘汞电极；

8—饱和 KCl 溶液

【结果与讨论】

1. 根据饱和甘汞电极的电极电势温度校正公式：

$$\varphi_{\text{甘}} = 0.2412 - 6.61 \times 10^{-4}(t-25) - 1.75 \times 10^{-6}(t-25)^2 - 9.16 \times 10^{-10}(t-25)^3$$

计算 25℃时饱和甘汞电极的电极电势：

2. 查相关数据，计算下列电池电动势的理论值：

$Zn\,|\,ZnSO_4(0.100\,mol\cdot L^{-1})\,\|\,CuSO_4(0.100\,mol\cdot L^{-1})\,|\,Cu$

$Cu\,|\,CuSO_4(0.010\,mol\cdot L^{-1})\,\|\,CuSO_4(0.100\,mol\cdot L^{-1})\,|\,Cu$

计算时所需的各物质活度系数值见表 1.6-1。将计算得到的理论值与实验值进行比较，计算两者误差值并分析产生误差的原因。

表 1.6-1 有关物质的活度系数

电解质	浓度/mol·L⁻¹	活度系数
CuSO₄	0.1000	0.16
	0.0100	0.41
ZnSO₄	0.1000	0.15

3. 根据下列电池的电动势的实验值，分别计算锌电极和铜电极的电极电势，以及它们

的标准电极电势,并与手册中查得的标准电极电势进行比较。

$$Zn|ZnSO_4(0.100mol \cdot L^{-1}) \| 饱和 KCl 溶液|Hg_2Cl_2\text{-}Hg$$

$$Hg_2Cl_2\text{-}Hg|饱和 KCl 溶液 \| CuSO_4(0.100mol \cdot L^{-1})|Cu$$

【注意事项】

1. 电位差计和标准电池的使用,需严格按照操作规程进行。

2. 标准电池在搬动和使用时,要放置平稳,不能使其倾斜和倒置。接线时,正接正、负接负,两极间不允许出现短路现象。

3. 在使用电位差计中"粗"、"细"两按键开关时,要间隙操作,不可长时间按下,以免电池因通电时间较长而发生明显的极化现象,影响测量结果。

4. 实验完毕后,关掉所有电源开关,将检流计量程旋钮调在"短路"位置。拆除所有接线,清洗电极、电极管。

【思考题】

1. 对消法测电动势的基本原理是什么?为什么不能采用伏特计或伏特表直接测定电池电动势?

2. 在测量电池电动势过程中,若检流计光点总是向一个方向偏转,可能有哪些原因?

3. 参比电极应具备什么条件?它有什么作用?盐桥有何作用?选用盐桥时,应遵循什么原则?

4. 在测量过程中,若将电池的极性接反了,会产生什么后果?

【拓展与应用】

1. 电位差计有多种类型和型号,但它们的基本原理都是对消法或补偿法。

2. 电池电动势测量属于平衡测量,在测量过程中尽可能地在可逆条件下进行,避免电极极化。为此请注意以下几点:①测量前可初步估算被测电池的电动势大小,以便在测量时能迅速找到平衡点;②要选择最优实验条件使电池处于平衡状态;③判断所测量的电动势是否达平衡电势,通常在 15min 左右的时间内,等间隔测量 3~5 个数据,若这些数据在平均值附近摆动,偏差小于±0.5mV,则可认为已达平衡。

3. 电池电动势测量除了可以测量电池的电动势、评价电池质量好坏外,还可测量液界电势、电解质活度及其活度系数、平衡常数等,可设计相关实验。

【参考文献】

1. 孙尔康,徐维清,邱金恒编. 物理化学实验. 南京:南京大学出版社,1998.

2. 刁国旺,阚锦晴,刘天晴编著. 物理化学实验. 北京:兵器工业出版社,1993.

3. 杨文治主编. 物理化学实验技术. 北京:北京大学出版社,1992.

4. 清华大学化学系物理化学教研室编. 物理化学实验. 北京:清华大学出版社,1991.

实验 1.7 电解质溶液活度系数的测定

【实验目的】

1. 掌握用电动势法测定不同浓度电解质溶液平均离子活度系数的基本原理和方法。

2. 学会锌电极和 Ag/AgCl 电极的制备与处理。

【基本原理】

实验测定一电池在不同电解质浓度时的电动势 E，再由能斯特方程和德拜-休克尔（Debye-Hückel）极限公式并利用外推法确定电池的标准电动势 $E^{\ominus}$，进而可求算该电解质溶液的平均离子活度系数 $\gamma_{\pm}$ 及平均离子活度 $\alpha_{\pm}$。

以电池：$Zn(s) \mid ZnCl_2(b) \mid AgCl(s) \mid Ag$ 为例说明用电动势法测定电解质溶液平均离子活度系数的基本原理。电池反应为：

$$Zn + 2AgCl(s) \longrightarrow 2Ag(s) + Zn^{2+}(b) + 2Cl^-(b)$$

该电池的电动势可根据能斯特方程计算：

$$E = (\varphi_+^{\ominus} - \varphi_-^{\ominus}) - \frac{RT}{2F}\ln\left(\frac{a_{Zn^{2+}} a_{Cl^-}^2 a_{Ag}^2}{a_{Zn} a_{AgCl}^2}\right) = E^{\ominus} - \frac{RT}{2F}\ln\left(\frac{a_{Zn^{2+}} a_{Cl^-}^2 a_{Ag}^2}{a_{Zn} a_{AgCl}^2}\right) \tag{1.7-1}$$

由于纯固体物质的活度等于 1，上式为：

$$E = E^{\ominus} - \frac{RT}{2F}\ln(a_{Zn^{2+}} a_{Cl^-}^2) \tag{1.7-2}$$

式中，$E^{\ominus}$ 为电池的标准电动势；$a_{Zn^{2+}}$ 和 a_{Cl^-} 为 Zn^{2+} 和 Cl^- 的活度。由于电解质溶液中不存在单独的正离子或负离子，所以目前没有任何严格的实验方法可以直接测得单个离子的活度和活度系数。为此采用电解质的离子平均活度 $a_{\pm}$。平均活度 $a_{\pm}$ 与平均活度系数 $\gamma_{\pm}$、平均质量摩尔浓度 $b_{\pm}$ 之间的关系为：

$$a_{Zn^+} a_{Cl^-}^2 = a_{\pm}^3 = \left(\frac{b_{\pm}}{b^{\ominus}}\right)^3 \gamma_{\pm}^3 \tag{1.7-3}$$

将式(1.7-3) 代入式(1.7-2) 得，

$$E = E^{\ominus} - \frac{3RT}{2F}\ln\left(\frac{b_{\pm}}{b^{\ominus}}\right) - \frac{3RT}{2F}\ln\gamma_{\pm} \tag{1.7-4}$$

或

$$E + \frac{3RT}{2F}\ln\left(\frac{b_{\pm}}{b^{\ominus}}\right) = E^{\ominus} - \frac{3RT}{2F}\ln\gamma_{\pm} \tag{1.7-5}$$

根据 Debye-Hückel 极限公式，

$$\ln\gamma_{\pm} = -A \mid Z_+ Z_- \mid \sqrt{I} \tag{1.7-6}$$

对 2-1 型电解质，$I = 3b$，$Z_+ = 2$，$\mid Z_- \mid = 1$，在稀溶液范围内，$\ln\gamma_{\pm}$ 与 $\sqrt{b}$ 之间呈直线关系，即：

$$\ln\gamma_{\pm} = -A'\sqrt{b} \tag{1.7-7}$$

将式(1.7-7) 代入式(1.7-5) 得，

$$E + \frac{3RT}{2F}\ln\left(\frac{b_{\pm}}{b^{\ominus}}\right) = E^{\ominus} + \frac{3RTA'}{2F}\sqrt{b} \tag{1.7-8}$$

当实验温度为 298.15K 时，式(1.7-8) 可改写为：

$$E + 0.08869\lg\left(\frac{b_{\pm}}{b^{\ominus}}\right) = E^{\ominus} + A''\sqrt{b} \tag{1.7-9}$$

即 $E + 0.08869\lg\left(\frac{b_{\pm}}{b^{\ominus}}\right)$ 与 $\sqrt{b}$ 呈直线关系，将直线外推至 $b \rightarrow 0$，则所得截距为 $E^{\ominus}$ 值（见图 1.7-1）。

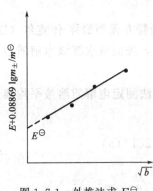

图 1.7-1　外推法求 $E^{\ominus}$

仍以上述电池为例，根据式(1.7-5)，得：

$$\ln\gamma_{\pm} = \frac{2F}{3RT}\left\{E^{\ominus} - \left[E + \frac{3RT}{2F}\ln\left(\frac{b_{\pm}}{b^{\ominus}}\right)\right]\right\} \quad (1.7\text{-}10)$$

298.15K 时，式(1.7-10) 可改写为：

$$\lg\gamma_{\pm} = \frac{E^{\ominus} - \left[E + 0.08869\lg\left(\dfrac{b_{\pm}}{b^{\ominus}}\right)\right]}{0.08869} \quad (1.7\text{-}11)$$

若能测得不同浓度 $ZnCl_2$ 溶液的电池电动势 E，并由标准电池电动势 $E^{\ominus}$，可算得相应浓度下 $ZnCl_2$ 溶液的离子平均活度系数 $\gamma_{\pm}$。

【仪器与试剂】

仪器：恒温装置 1 套，UJ-25 型电势差计 1 台，检流计 1 台，标准电池 1 只，直流稳压电源 1 台，电池装置，铂丝或铂片电极 2 支，银丝电极 1 支，滤纸，金相砂纸，250mL 容量瓶 1 只，100mL 容量瓶 5 只，1mL、5mL 和 10mL 移液管各 1 支，250mL 和 400mL 烧杯各 1 只。

试剂：$ZnCl_2$(A.R.)，锌片，饱和硝酸亚汞溶液，稀硝酸（约 $6mol \cdot L^{-1}$），稀硫酸（约 $3mol \cdot L^{-1}$），HCl 溶液（$0.1mol \cdot L^{-1}$），无氰镀银溶液。

【操作步骤】

1. 将恒温水槽温度控制为 $(25.0 \pm 0.1)℃$。

2. $ZnCl_2$ 溶液的配制

用二次蒸馏水配制浓度为 $1.0mol \cdot L^{-1}$ 的 $ZnCl_2$ 标准溶液 250mL。分别取 0.5mL、1.0mL、2.0mL、5.0mL、10.0mL 的上述配制好的 $ZnCl_2$ 标准溶液于 100mL 容量瓶中，加二次蒸馏水稀释到刻度，根据 $ZnCl_2$ 标准溶液的浓度，计算出相应溶液的浓度。

3. 电极制备

(1) 锌电极　将锌电极浸入稀硫酸几秒钟除去表面氧化物，再用蒸馏水淋洗，然后浸入饱和硝酸亚汞溶液几秒钟，取出用滤纸摩擦，直至表面发亮，使之汞齐化，再用蒸馏水冲洗干净。把处理好的电极放入盛有 $ZnCl_2$ 溶液的小烧杯内，备用。

(2) Ag/AgCl 电极　待镀电极铂丝先用硝酸清洗，然后以它作为阴极；把经金相砂纸打磨后的银丝电极作为阳极，在镀银溶液中进行镀银。电流密度 $5mA \cdot cm^{-2}$，通电 40min 左右即可。所成银电极置于蒸馏水中清洗。然后在 $0.1mol \cdot L^{-1}$ HCl 溶液中，以它作阳极，另一铂丝电极作阴极，在 $5mA \cdot cm^{-2}$ 下氯化 40min 左右。所得电极呈紫褐色。再用蒸馏水冲洗干净，备用。

4. 电动势的测定

将配制的 $ZnCl_2$ 标准溶液，按由稀到浓的次序分别装入电池管恒温。组装锌电极和 Ag/AgCl 电极，用 UJ-25 型高电势直流电势差计分别测定在 25℃时电池的电动势 E（测量方法见实验 1.6）。

5. 实验结束后，将电池、电极等冲洗干净，其他仪器复原，检流计短路放置。

【结果与讨论】

不同浓度 $ZnCl_2$ 时测得的电池电动势及其数据处理见表 1.7-1。

表 1.7-1 不同浓度 $ZnCl_2$ 时测得的电池电动势及其数据处理

实验温度：_____ 大气压：_____

$ZnCl_2$浓度 $b/\text{mol·kg}^{-1}$	E/V	$b_\pm$	$E+0.08869\lg\dfrac{b_\pm}{b^\ominus}$	$\sqrt{b}$	$\gamma_\pm$	$a_\pm$	a_{ZnCl_2}

1. 以 $E+0.08869\lg\dfrac{b_\pm}{b^\ominus}$ 为纵坐标，$\sqrt{b}$ 为横坐标作图，并用外推法求出 $E^\ominus$，并由此计算锌电极的 $\varphi^\ominus_{Zn^{2+}/Zn}$，与实验值相比较。

2. 应用式(1.7-7) 计算上列 5 个不同浓度 $ZnCl_2$ 溶液的 $\gamma_\pm$，并与文献值比较；然后再计算相应溶液的平均离子活度 $a_\pm$ 和 $ZnCl_2$ 的活度 a_{ZnCl_2}。

【注意事项】

1. 锌电极汞齐化时，由于汞有剧毒，用过的滤纸不要随便乱扔，应放入回收瓶水中。

2. $Ag/AgCl$ 电极需要在棕色瓶中存放，以免 $AgCl$ 长期见光分解。

3. 在配制 $ZnCl_2$ 溶液时，由于 $ZnCl_2$ 很容易水解，可加入少量的稀 H_2SO_4 溶液避免溶液出现浑浊。

【思考题】

1. 在饱和锌汞齐中，锌的活度是多少？饱和锌汞齐电极的电极电势与锌电极的电极电势之间有何关系？

2. 为什么本实验电池的锌电极和 $Ag/AgCl$ 电极不通过盐桥而直接浸入 $ZnCl_2$ 溶液组成电池？

3. 影响本实验测定结果的主要因素有哪些？分析 $E^\ominus$ 的理论值与实验值出现误差的原因。

【拓展与应用】

1. 在配制 $ZnCl_2$ 溶液时，若加入稀 HCl 溶液避免水解现象的发生，那么在计算 $b_\pm$ 时，应将所加 HCl 中的 Cl^- 浓度，一并计入 b_{Cl^-} 中。此时，可用 $E+0.08869\lg b_\pm$ 对 $\sqrt{b_\pm}$ 作图，外推而求出 $E^\ominus$。

2. 本实验也可以用来测 1-1 价型电解质溶液的活度系数。例如将氢电极与 $Ag/AgCl$ 电极组装成下列电池：$Pt|H_2(p)|HCl(b)|AgCl(s)|Ag$，配制不同浓度的稀 HCl，分别测定电池的电动势，以 $E+0.1183\lg b$ 为纵坐标，$\sqrt{b}$ 为横坐标作图，外推求出 $E^\ominus$，进而求得相应浓度下 HCl 溶液的离子平均活度系数 $\gamma_\pm$。

【参考文献】

1. 傅献彩，沈文霞，姚天扬. 物理化学：下册. 第 4 版. 北京：高等教育出版社，1990.

2. 陈芳主编. 物理化学实验. 武汉：武汉大学出版社，2013.

3. 东北师范大学等校编. 物理化学实验. 第 2 版. 北京：高等教育出版社，1989.

4. 刁国旺主编. 大学化学实验. 第 3 分册. 南京：南京大学出版社，2006.

5. 杨文治主编. 物理化学实验技术. 北京：北京大学出版社，1992.

6．http://home.htu.cn/jingpinkecheng/wlhx/lesson/lesson9_9.html.

实验 1.8　溶液表面吸附量的测定

【实验目的】

1. 了解溶液表面吸附量的物理意义及其测定原理。
2. 掌握一种测定表面张力的方法——最大气泡法。
3. 了解弯曲液面的附加压力与液面弯曲度、溶液表面张力之间的关系。
4. 学会计算乙醇水溶液的表面张力、表面吸附量及乙醇分子的横截面积。

【基本原理】

物体表面分子和内部分子所处的境遇不同，表面层分子受到向内的拉力，所以液体表面都有自动缩小的趋势。如果把一个分子由内部迁移到表面，而增大表面积就需要对抗拉力而做功，使液体的表面积增加，同时也增加了表面分子的位能，这个位能就是表面自由能。在温度、压力和组成恒定时，可逆地使表面增加 dA 所需对体系做的功，叫表面功。可以表示为：

$$-\delta w' = dG = \gamma dA \tag{1.8-1}$$

式中，$\delta w'$ 为环境所消耗的功；dA 是液体所增加的表面积；dG 是液体所增加的自由能；γ 为比例常数，反映液体表面自动缩小趋势的能力。

显然 γ 在数值上等于当 T、p 和组成恒定的条件下增加单位表面积时所必须对体系做的可逆非膨胀功，也可以说是每增加单位表面积时体系自由能的增加值。环境对体系做的表面功转变为表面层分子比内部分子多余的自由能。因此，γ 称为比表面自由能，其单位是 J·m^{-2}。此单位可化为牛顿每米（N·m^{-1}），据此可把 γ 看作是作用于液体表面任一单位长度线上、且垂直于该线并与液面相切的力，它导致液体表面积的缩小，此力称为表面张力。表面张力是液体的重要特性之一，与所处的温度、压力、浓度以及共存的另一相的组成有关。在一定条件下温度越高表面张力越小。

根据能量最低原理，任何体系都力求处在最低能量的稳定状态。对于纯液体来讲，表面层组成和内部组成是相同的，纯液体降低体系表面张力的唯一途径是尽可能缩小其表面积。对于溶液则由于溶质会影响表面张力，因此可以调节溶质在表面层的浓度来降低表面张力。溶质使溶液的表面张力降低时，表面层中溶质的浓度应比溶液内部来得大。反之，溶质使溶剂的表面张力升高时，它在表面层中的浓度比在内部的浓度来得低，这种表面浓度与溶液内部浓度不同的现象叫"溶液的表面吸附"。显然，在指定温度和压力下，溶液表面吸附量与溶液的表面张力及溶液的浓度有关。1878 年，Gibbs 用热力学的方法推导出它们之间的数量关系式：

$$\Gamma = -\frac{c}{RT}\left(\frac{d\gamma}{dc}\right)_T \tag{1.8-2}$$

式中，Γ 为溶液在表面层中的吸附量，即表面超量，mol·m^{-2}；γ 为溶液的表面张力，J·m^{-2}；T 为热力学温度；c 为溶液浓度，mol·L^{-1}；R 为气体摩尔常数。当 $\left(\dfrac{d\gamma}{dc}\right)_T < 0$ 时，$\Gamma > 0$，称为正吸附；反之，当 $\left(\dfrac{d\gamma}{dc}\right)_T > 0$ 时，$\Gamma < 0$，称为负吸附。前者表明加入溶质使液

体表面张力下降，此类溶质称为表面活性物质；后者表明加入溶质使液体表面张力升高，此类溶质称为非表面活性物质。因此，从 Gibbs 关系式可看出，只要测出不同浓度溶液的表面张力，以 γ 对 c 作图，在 γ-c 图的曲线上作不同浓度的切线，把切线的斜率代入 Gibbs 吸附公式，即可求出不同浓度时气-液界面上的吸附量 Γ。

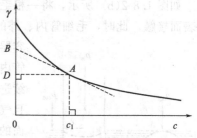

图 1.8-1　表面张力随浓度的变化关系曲线

例如，图 1.8-1 为溶液表面张力随溶质浓度的变化曲线，若要求出溶质浓度为 c_1 时溶液的表面吸附量 Γ_1，可在浓度轴 c_1 点作浓度轴的垂线，该垂线与 γ-c 关系曲线相交于 A 点，则曲线在 A 点处切线 AB 的斜率即为 $\mathrm{d}\gamma/\mathrm{d}c$，由图 1.8-1 可知，$AD$ 为纵轴的垂线，则有 $\mathrm{d}\gamma/\mathrm{d}c = DB/AD$。又因为 $AD = c_1$，则得到 $c_1(\mathrm{d}\gamma/\mathrm{d}c) = DB$，代入到式(1.8-2)中即可求出浓度为 c_1 时溶液的表面吸附量。

对于溶液表面吸附，也可以采用 Langmuir 理想吸附模型描述表面吸附量 Γ 与溶液浓度 c 之间的关系，即：

$$\theta = \frac{\Gamma}{\Gamma_\infty} = \frac{kc}{1+kc} \tag{1.8-3}$$

式中，θ 为溶质分子对溶液表面的覆盖百分率；Γ_∞ 为溶液的最大吸附量，对于给定的体系，一定条件下 Γ_∞ 是常数；k 为吸附常数。可以将式 (1.8-3) 重排为直线形式：

$$\frac{c}{\Gamma} = \frac{c}{\Gamma_\infty} + \frac{1}{k\Gamma_\infty} \tag{1.8-4}$$

以 c/Γ 对 c 作图可得到一条直线，根据直线的截距 $1/k\Gamma_\infty$ 和斜率 $1/\Gamma_\infty$ 可以求得最大吸附量 Γ_∞ 和吸附常数 k。

最大吸附量 $\Gamma_\infty(\mathrm{mol \cdot m^{-2}})$ 的物理意义为溶液表面上紧密地排满一单层溶质分子时，单位面积内包含的溶质的量。因此，求出最大吸附量 Γ_∞ 后，可以利用下式计算得到每个溶质分子占据的表面积 A：

$$A = \frac{1}{\Gamma_\infty N_A} \tag{1.8-5}$$

式中，N_A 为 Avogadro 常数。

由以上的分析可以看出，要测定溶液的表面吸附量 Γ，需要测定不同浓度溶液的表面张力 γ，下面将对溶液表面张力的测定原理进行介绍。

溶液表面张力的测定方法有许多种，如滴重法、滴体积法、吊环法、最大气泡法等。本实验将采用最大气泡法进行测定。其基本原理如下。

如图 1.8-2(a) 所示，液体中有一个半径为 r 的气泡，该气泡被液体所包围，气泡内的压力为 p_{in}，气泡外的压力为 p_{out}。当气泡内外压力达到平衡时，有

$$p_{in} = p_{out} + \Delta p \tag{1.8-6}$$

式中，Δp 为弯曲气泡壁产生的附加压力。Δp 与液体表面张力 γ、气泡面的曲率半径 r 之间的关系可用 Laplace 方程进行描述：

$$\Delta p = \frac{2\gamma}{r} \tag{1.8-7}$$

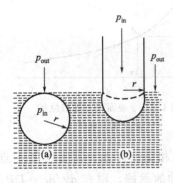

图 1.8-2 溶液中的气泡（a）和毛细管中气泡的生长（b）

如图 1.8-2(b) 所示，将一根毛细管插入装有待测液体的容器中，使其下端口正好与液体表面接触，此时，毛细管内、外的压力 p_{in} 和 p_{out} 都为大气压 p_0。若采取某种减压措施使容器中的气压减小，即减小图 1.8-2(b) 中的 p_{out}，则毛细管内的大气会将毛细管中的液柱向下压，随着减压过程的连续进行，p_{out} 连续减小，则会在毛细管的下端形成一个气泡，且气泡会随着 p_{out} 的减小而不断地增大（这个过程是气泡表面的曲率半径 r 不断减小的过程），直到气泡的半径与毛细管的半径相等。此时若 p_{out} 继续减小，则气泡会从毛细管下端口逸出，逸出后的气泡将外部气体带入容器中，使 p_{out} 有所上升，液柱又回到毛细管中。若保持减压过程继续进行，则随后将会重复气泡的形成和生长过程。在气泡生长过程中，若气泡内、外压力是接近平衡的（即气泡内、外的压力相差一个微小量），则式(1.8-6)成立，当气泡达到最大时（亦即气泡的半径达到最小），气泡内、外的压力差 Δp 达到最大。

$$\Delta p_{max} = p_{in} - p_{out(min)} = p_0 - p_{out(min)} = \frac{2\gamma}{r_{min}} \tag{1.8-8}$$

式(1.8-8)中的最小半径 r_{min} 对于给定的毛细管来说是一个常数，因此，只要在实验中测出最大压力差 Δp_{max}，即可由式(1.8-8)计算出待测液体的表面张力 γ。为了避免测量式(1.8-8)中的 r_{min} 以及校正其他因素引起的误差，可以采用标准物质进行标定。

假设标准物质的表面张力为 γ_s，用该标准物质测得的最大压力差为 $\Delta p_{max(s)}$，在一定的温度和压力条件下，γ_s 和 $\Delta p_{max(s)}$ 均为常数。然后用同一根毛细管测得待测样品的最大压力差为 $\Delta p_{max(x)}$，被测样品的表面张力为 γ_x，则有式(1.8-9)和式(1.8-10)成立。

$$\gamma_x = \frac{r_{min}}{2} \Delta p_{max(x)} \tag{1.8-9}$$

$$\gamma_s = \frac{r_{min}}{2} \Delta p_{max(s)} \tag{1.8-10}$$

比较式(1.8-9)和式(1.8-10)可以得到被测定样品的表面张力为：

$$\gamma_x = \frac{\Delta p_{max(x)}}{\Delta p_{max(s)}} \gamma_s = K \Delta p_{max(x)} \tag{1.8-11}$$

式中，K 称为仪器常数。

实验时，先测量已经准确知道表面张力 γ_s 的液体（如纯水）在气泡逸出前后的最大压力差 $\Delta p_{max(s)}$，代入式(1.8-11)求出 K 值，再测量被测液体在气泡逸出前后的最大压力差 $\Delta p_{max(x)}$，根据式(1.8-11)即可求得被测液体的表面张力 γ_x。

【仪器与试剂】

仪器：超级恒温槽，张力管，毛细管，滴液抽气瓶，数字式微压差计，烧杯，阿贝折光仪。

试剂：95％乙醇。

【实验步骤】

1. 调节超级恒温槽温度至 (25±0.1)℃。

2. 仔细洗净张力管、毛细管，并将其干燥。按图 1.8-3 装配仪器，滴液抽气瓶中加 3/4

体积水，毛细管垂直插入张力管，并将张力管固定于恒温槽中。

3. 测定仪器常数

用滴管从张力管另一侧的小支管中滴加入蒸馏水，当水面接近毛细管端面时，应逐滴沿管壁缓慢加入，并避免振动，同时密切注视毛细管。当水面刚与毛细管端面接触时，毛细管中会突然升起一段液柱，立即停止加液，然后盖上支管盖并将张力管与滴液抽气瓶连接。恒温 10min 后，调节微压差计，使之读数为零。微微打开滴液抽气瓶下方的旋塞，使滴液抽气瓶中的水慢慢流出，系统

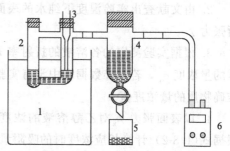

图 1.8-3　表面张力测定仪
1—恒温浴槽；2—张力管；3—毛细管；
4—滴液抽气瓶；5—烧杯；
6—数字式微压差计

逐渐减压，观察毛细管，可以看到管中液柱逐渐下降，产生气泡，直到气泡从毛细管下端口逸出。调整滴液抽气瓶下方的旋塞，使毛细管尖端每隔一定时间（一般以 3～5s 为宜）逸出一个气泡，记下气泡逸出时微压差计显示的最大值，即为 $\Delta p_{\max(s)}$。从热力学数据表中查出水的 γ_s，将 γ_s 和 $\Delta p_{\max(s)}$ 代入式(1.8-11)，求出 K。

4. 用 95% 的乙醇配制质量分数分别为 5%、8%、12%、16%、18%、20%、25%、30%、35%、40%、50% 左右的乙醇水溶液，置于试剂瓶中备用。

5. 开启张力管，用滴管吸干张力管中的水，然后加入适量 5% 乙醇溶液，从毛细管中鼓气以充分搅拌溶液，并用该溶液洗涤毛细管内壁及滴管 2～3 次，最后使张力管内溶液液面正好与毛细管下端面相切，盖好张力管管盖，再将张力管与滴液抽气瓶密封连接，恒温 10min 以后按步骤 3 操作记录 $\Delta p_{\max(x)}$。读数完毕，开启张力管，用荡洗过的滴管吸取少量张力管中的溶液，在通以恒温循环水的阿贝折光仪上准确测量溶液在恒定温度下的折射率 η_D。为提高测量准确度，需测量三次，取平均值作为测量结果。

6. 测量完毕后，吸干张力管中的溶液并吹干毛细管中的溶液。

7. 按步骤 5 和 6，同法测量 8%、12%、16%、18%、20%、25%、30%、35%、40% 和 50% 各组分乙醇溶液的 $\Delta p_{\max(x)}$ 和折射率 η_D。

8. 实验结束后，将张力管、毛细管洗净，浸入蒸馏水中备用。

【结果与讨论】

1. 用表格列出实验数据。

室内气压：_____　　$\rho_{无水乙醇}$（配制时）：_____　　测定温度：_____

乙醇浓度		$\Delta p_{\max(x)}$/kPa				$K/\text{N·m}^{-2}$	$\gamma/\text{N·m}^{-1}$	$\Gamma/\text{mol·m}^{-2}$
mL·L^{-1}	mol·L^{-1}	1	2	3	平均			

2. 由文献查出实验温度下纯水的表面张力 γ_s，并由式（1.8-11）计算出各乙醇溶液的表面张力 γ_x。

3. 根据实验测定的各溶液的折射率 η_D 值，利用标准数据，查出相应乙醇溶液的准确物质的量浓度 c_x，若标准数据表中没有实验测得的 η_D 值，则可以使用内插法得到相应溶液的准确物质的量浓度值。

4. 以表面张力 γ_x 对乙醇溶液的浓度 c_x 作图得到一条曲线，在曲线上任取 7～8 个点，根据式（1.8-2）计算相应浓度时的吸附量 Γ_x。

5. 以 c_x / Γ_x 对 c_x 作图，从直线的斜率和截距可求得饱和吸附量 Γ_∞ 和吸附常数 k。再由式（1.8-5）计算饱和吸附时每个乙醇分子所占据的面积 A。

【注意事项】

1. 杂质及污垢对表面张力的影响极大，所以本实验对张力管及毛细管的洗涤要求极严。如果毛细管洗涤不干净，不仅影响表面张力值，而且会使气泡不能有规律地单个连续逸出。要么就是一个气泡也没有，要么就是两个甚至更多个同时逸出，严重影响测量的进行，甚至造成实验的失败。

2. 毛细管插入溶液的深度直接影响测量结果的准确性，因为溶液的静压力会增加对气泡壁的压力。为了减少静压力的影响，应尽可能减少毛细管的插入深度，使插入深度 $\Delta h \rightarrow 0$。

3. 毛细管一定要保持垂直，管口刚好与液面相切。

4. 温度对表面张力的影响较大，实验时最好在恒温下进行。如果无恒温条件，则在测量时必须密切注视温度的变化。

5. 在数字式微压差计上，应读出气泡单个逸出时的最大压力差。

6. 若在测量时微压差计难以调节到零点，可记录其初始值，实验测量结果只要减去此值，即为 Δp_{max}。

【思考题】

1. 简述本实验的成败关键。如果在实验时，滴液抽气瓶中水的流出速度过快，或毛细管不洁净，会产生何种现象？

2. 实验中为什么采用逐步滴加溶液的方法来确定液面与毛细管管口相切？为什么要求从毛细管中逸出的气泡必须均匀而间断，如何控制出泡速度？

3. 本实验中为什么要读取最大压力差？

4. 分析实验中可能出现的误差。

【拓展与应用】

表面活性剂在日化、化工、生物、材料、环境等领域广泛用作去污剂、乳化剂、润湿剂以及气泡剂等。它们的主要作用发生在界面上，由于基于这些物质形成的膜结构具有仿生结构特征，因此，在仿生学研究中常用作膜模拟模型。

【参考文献】

1. 孙尔康，徐维清，邱金恒编. 物理化学实验. 南京：南京大学出版社，1998.

2. 吴子生，严忠编著. 物理化学实验指导书. 长春：东北师范大学出版社，1995.

3. 清华大学化学系物理化学实验编写组. 物理化学实验. 北京：清华大学出版社，1991.

4. 刁国旺，薛怀国等编. 大学化学实验：基础化学实验二. 南京：南京大学出版社，2006.

实验 1.9　凝固点降低法测定分子量

【实验目的】

1. 掌握以溶液凝固点降低法测定分子量的方法。
2. 通过实验进一步理解稀溶液的依数性质。
3. 掌握贝克曼温度计的使用。

【基本原理】

凝固点降低法测定摩尔质量，不仅是一种比较简便和准确的测量溶质摩尔质量的方法，而且在溶液热力学研究和实际应用上都具有重要的意义。

含非挥发性溶质的二组分稀溶液的凝固点低于纯溶剂的凝固点，这是稀溶液依数性的一种表现。当指定了溶剂的种类和数量后，凝固点降低值取决于所含溶质分子的数目，即溶剂的凝固点降低值与溶液的浓度成正比：

$$\Delta T_f = T_f^* - T_f = K_f b_B \tag{1.9-1}$$

这就是稀溶液的凝固点降低公式。

式中，T_f^* 为纯溶剂的凝固点；T_f 为溶液的凝固点；K_f 为溶剂的质量摩尔凝固点降低常数，简称凝固点降低常数，$K \cdot kg \cdot mol^{-1}$，它与所用溶剂的特性有关；$b_B$ 为溶液的质量摩尔浓度，$mol \cdot kg^{-1}$。如果稀溶液是由质量为 m_B 的溶质溶于质量为 m_A 的溶剂中而形成，则 b_B 可表示为：

$$b_B = \frac{m_B}{M_B m_A} \tag{1.9-2}$$

故式 (1.9-1) 可改为：

$$M_B = K_f \frac{m_B}{\Delta T_f m_A} \tag{1.9-3}$$

式中，M_B 为溶质 B 的摩尔质量 $kg \cdot mol^{-1}$；m_B 和 m_A 分别为溶质和溶剂的质量，kg。如已知溶剂的 K_f 值，则可通过实验测出 ΔT_f 值，利用上式可求出溶质的摩尔质量。

显而易见，全部实验操作归结为凝固点的精确测量。所谓凝固点是指在一定条件下，固液两相平衡共存的温度。理论上，只要两相平衡就可达到这个温度。但实际上，只有固相充分分散到溶剂中，也就是固液两相充分接触时，平衡才能达到。一般通过绘制步冷曲线的方法来测定出凝固点。

纯溶剂的凝固点是液相和固相共存的平衡温度。若将纯溶剂逐步冷却，理论上其步冷曲线应如图 1.9-1A 所示。但在实际过程当中将纯溶剂逐渐冷却时，由于新相形成需要一定能量，结晶并不析出，而容易发生过冷现象，即降温至过冷析出固体时放出的热量使体系温度回升到平衡温度，如图 1.9-1B 所示。对于纯溶剂来说，一定的压力下，凝固点是固定的，直至全部溶液凝固后才会下降。相对恒定的温度定义为凝固点。溶液的凝固点是溶液的液相和溶剂的固相共存的平衡温度，除与温度有关外，溶液的凝固点还与溶液的浓度有关。当溶液温度回升后，由于不断析出溶液的固体，所以溶液的浓度逐渐增大，因而剩余溶液与溶剂固体

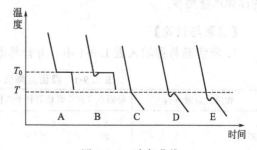

图 1.9-1　冷却曲线

的平衡温度也在逐渐下降。因此，凝固点不是一个恒定值，如图 1.9-1C 所示。在实际过程中，通常发生稍有过冷现象而出现如图 1.9-1D 的步冷曲线。如果过冷严重，凝固的溶剂过多，溶液的温度变化过大，会出现如图 1.9-1E 所示的形状，这将会影响分子量的测定结果。因此在实验中要控制适当的过冷程度，一般可通过控制制冷剂的温度、搅拌的速度等方法来控制。

【仪器与试剂】

仪器：凝固点测定装置，贝克曼温度计，普通温度计（0～40℃，1/10 刻度），烧杯（800mL），移液管（25mL），分析天平，放大镜。

试剂：环己烷（A.R.），萘（A.R.），碎冰。

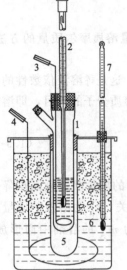

图 1.9-2　凝固点测定装置
1—冷冻管；2—贝克曼温
度计；3，4—搅拌棒；
5—外套管；6—冰水
浴；7—温度计

【实验步骤】

1. 安装实验仪器

在冰浴槽中加入碎冰-水混合物，调节水温在 3.5℃ 左右。调节贝克曼温度计，使它在环己烷凝固点时，为 3.5℃ 左右。如图 1.9-2 所示将实验装置安装好。

2. 纯溶剂凝固点的测定

首先测定纯溶剂的近似凝固点。移取 25mL 环己烷注入冷冻管并浸在冰水浴中，不断搅拌环己烷使之逐渐冷却。当有固体析出时，停止搅拌，取出，擦去冷冻管外的水，迅速移到作为空气浴的外套管中，再放入冰水浴中，缓慢搅拌环己烷，同时观察温度计读数。当温度稳定后，记下读数，即为环己烷的近似凝固点。

精确测定纯溶剂的凝固点。取出冷冻管，温热之，使环己烷结晶完全融化，再次将冷冻管插到冰水浴中，缓慢搅拌，使之冷却，并观察温度计读数。当环己烷温度降至高于近似凝固点 0.5℃ 时，取出冷冻管，擦去水，迅速移至外套中，再放入冰水浴中，停止搅拌，待温度达到低于凝固点 0.3℃ 时，应急速搅拌以防止过冷超过 0.5℃，促使大量环己烷晶体析出。因环己烷晶体的析出，体系温度开始回升，此时应改为缓慢搅拌，一直到温度达到最高点（最终平衡温度），用放大镜读出温度计读数即为环己烷的凝固点。重复测量三次，误差在 0.005℃ 以内。

3. 溶液凝固点的测定

在上述溶剂中加入 0.065g 左右的片状萘（如果萘为粉状，应压片后精确称量再进行实验），使其溶解后按照上述方法测定近似凝固点，再精确测定之。然后再加入第二片萘重复测其凝固点。溶液的凝固点是取过冷后温度回升所达到的最高温度。在测定的过程中，析出的晶体尽量要少。

【结果与讨论】

1. 将实验数据填入表 1.9-1 中，并计算萘的摩尔质量。

表 1.9-1　凝固点降低法测定摩尔质量的数据表

物质的质量 m/g	凝固点 T_f/K 测量值和平均值		凝固点降低值 ΔT_f	摩尔质量/kg·mol^{-1}
环己烷	1	$T_f^* =$		
	2			
	3			

物质的质量 m/g		凝固点 T_f/K 测量值和平均值		凝固点降低值 ΔT_f	摩尔质量/kg·mol^{-1}
萘	第一次	1 2 3	$T_1=$	ΔT_1	$M_1=$
	第二次	1 2 3	$T_2=$	ΔT_2	$M_2=$
萘摩尔质量平均值					$\overline{M}=$

2. 与萘摩尔质量的标准值比较，计算相对误差。

【注意事项】

1. 搅拌速度的控制是做好本实验的关键，每次测定应按要求的速度搅拌，但不可以使溶液溅到器壁上，并且测纯溶剂与溶液凝固点时搅拌条件要完全一致。

2. 纯水过冷约 0.7～1℃（视搅拌快慢），为了减少过冷度，而加入少量晶种，每次加入晶种大小应尽量一致。

3. 结晶必须完全融化后再进行下一次实验。

4. 贝克曼温度计是贵重的精密仪器，且容易损坏，实验前要了解它的性能及使用方法（详见本丛书第一分册）。在使用过程中，勿让水银柱与顶端水银槽中的水银相连。

【思考题】

1. 为什么要使用外套管？

2. 在冷却的过程中，凝固点管内的液体存在哪些热交换？它们对凝固点的测量有什么影响？

3. 本实验误差的主要影响因素是什么？根据误差来源判断哪一种影响因素是最主要的？

4. 如果在测定溶液凝固点时过冷严重，将会怎样影响分子量的测定结果？

5. 加入溶剂中溶质的量应如何确定？加入量过多或过少将产生何影响？

【拓展与应用】

1. 在凝固点降低法测定摩尔质量时，通常采用贝克曼温度计来测量温度，以冰水作为冷浴，手动搅拌。由于手动搅拌不可能很均匀，无法做出标准的步冷曲线，所以对凝固点无法校正。只能测得过冷回升后的最高点作为凝固点，使结果系统偏小。要精确测量，可用磁力搅拌器恒定搅拌速度来设计仪器装置从而测出标准步冷曲线。再以所测摩尔质量为纵坐标，以溶液浓度为横坐标，外推至溶液浓度为零时，可得到比较准确的摩尔质量数值。

2. 本实验的成败关键是控制搅拌速度和过冷程度。理论上，对于纯溶剂体系在恒压条件下只要两相平衡共存即可达到平衡温度。但实际上，只有固相充分分散到液相中（固液两相的接触面相当大时）平衡才能达到。当内套管置于空气管中，温度不断降低达到凝固点后，由于固相是逐渐析出的，此时若凝固热放出速率小于冰水浴的吸热速率，则体系温度将继续降低，产生过冷现象。这时应控制过冷程度，采取突然搅拌的方式，使瞬间析出的大量微小结晶可与液相充分接触，从而可测得固液两相共存的平衡温度。为判断过冷程度，实验中先测量近似凝固点。为使过冷条件下体系析出大量晶体，实验中规定了搅拌方式。对于两组分的溶液体系，由于凝固的溶剂量多少将直接影响溶液的浓度，因此，在实验中控制搅拌速度和过冷程度至关重要。

3. 凝固点降低法的应用。凝固点降低法测量的是溶质的摩尔质量。如果溶质在溶液中有解离、缔合、溶剂化和形成配合物等情况时,不能简单地应用公式(1.9-3)计算溶质的摩尔质量。因此,溶液凝固点降低法可用于溶液热力学性质的研究,例如电解质的电离度、溶质的缔合度、溶剂的活度与活度系数等。此外,由于杂质导致物质的凝固点降低,这一方法可用于判断物质的纯度。

4. 除了凝固点法测定物质的摩尔质量外,还有其他方法:①沸点升高法;②蒸气蒸馏法;③气体密度天平法;④渗透压法等。此外,利用质谱等现代技术也可测定物质的摩尔质量。

【参考文献】

1. 复旦大学编. 物理化学实验. 第 2 版. 北京:高等教育出版社,1993.
2. 孙尔康,徐维清,邱金恒编. 物理化学实验. 南京:南京大学出版社,1998.
3. 东北师范大学等编. 物理化学实验. 第 2 版. 北京:高等教育出版社,1989.
4. 贺德华,麻英,张连庆编. 基础物理化学实验. 北京:高等教育出版社,2008.

实验 1.10   溶解焓的测定

【实验目的】

1. 掌握以电热补偿法测定 KNO_3 积分溶解焓的原理和方法。
2. 以作图法求 KNO_3 的积分稀释焓。

【基本原理】

物质溶解过程的热效应称为溶解焓,溶解焓可以分为积分溶解焓和微分溶解焓两种。在定温定压条件下把 1mol 溶质溶解在 n_0 摩尔的溶剂中时所产生的热效应称为摩尔积分溶解焓,以 $\Delta_{sol}H_m$ 表示。由于过程中溶液的浓度逐渐改变,因此积分溶解焓也称变浓溶解焓。微分溶解焓系指在定温条件下把 1mol 溶质溶解在无限量的某一定浓度的溶液中时所产生的热效应,以 $\left(\dfrac{\partial \Delta_{sol}H}{\partial n_B}\right)_{T,p,n_A}$ 表示。这种热效应也可视为定温定压条件下在定量的该浓度的溶液中加入 dn 摩尔溶质时所产生的热效应 dH,两者之间的比值。由于过程中溶液的浓度实际上可视为不变,因此也称为定浓溶解焓。

把溶剂加到溶液中,使之冲淡,其热效应称为稀释焓。稀释焓也分为积分稀释和微分稀释焓两种,通常都以对含有 1mol 溶质溶液的稀释热而言。积分稀释热系指在定温定压下把含 1mol 溶质及 n_0 摩尔溶剂的溶液稀释到含溶剂为 n_{02} 时的热效应。微分稀释焓则指在含 1mol 溶质及 n_{01} 摩尔溶剂的无限量溶液中加入 1mol 溶剂的热效应,以 $\left(\dfrac{\partial \Delta_{sol}H}{\partial n_A}\right)_{T,p,n_B}$ 表示。

积分溶解焓可以由实验直接测定,微分溶解焓则可根据图形计算得到,如图 1.10-1 所示。

图 1.10-1 中,AF 与 BG 分别为将 1mol 溶质溶于 n_{01} 及 n_{02}(mol)溶剂时的积分溶解焓 $\Delta_{sol}H_m$;BE 表示在含有 1mol 溶质的溶液中加入溶剂使溶剂量由 n_{01}(mol)变到 n_{02}(mol)过程中的积分稀释焓 $\Delta_{dil}H_m$。

$$\Delta_{dil}H_m = \Delta_{sol}H_m(n_{02}) - \Delta_{sol}H_m(n_{01}) \quad (1.10\text{-}1)$$

曲线在 A 点的斜率等于该浓度溶液的微分稀释焓。

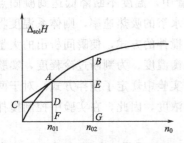

图 1.10-1   溶解焓和稀释焓示意图

$$\left(\frac{\partial \Delta_{sol} H}{\partial n_A}\right)_{T,p,n_B} = \frac{AD}{DC} \tag{1.10-2}$$

在绝热容器中测定热效应的方法有两种：

① 先测出量热系统的热容 C，再根据反应过程中测得温度变化 ΔT，由 ΔT 和 C 之积求出热效应之值。

② 对于吸热反应，可以先测出体系的起始温度 T_0，在溶解过程中温度随反应进行而降低，再用电热法使体系温度恢复到起始温度，根据所消耗电能求出热效应 Q。

$$Q = I^2 Rt = IVt \tag{1.10-3}$$

式中，I 为通过电阻丝加热器的电流强度，A；V 为电阻丝的两端所加的电压，V；t 为通电时间，s。这种方法称为电热补偿法。

本实验采用后一种方法测定 KNO_3 在水中的积分溶解焓，然后作 $\Delta_{sol} H$-n_0 图，计算其他热效应。

【仪器与试剂】

仪器：杜瓦瓶量热器1只，电磁搅拌器1台，精密温度计1支，直流稳压器1台，直流伏特计1只，直流安培表1只，滑线电阻1只，停表1块，称量瓶8只，毛笔1支。

试剂：KNO_3（A. R.）。

【实验步骤】

1. 取 KNO_3 约26g置于研钵中磨细，放入烘箱在110℃下烘 1.5～2h，然后取出放入干燥器中待用。

2. 将8个称量瓶编号，并依次加入约2.5g，1.5g，2.5g，2.5g，3.5g，4g，4g，4.5g KNO_3，称量准确至毫克。称量完毕，仍将称量瓶放入干燥器中待用。

3. 在台秤上称取216.2g的蒸馏水注入杜瓦瓶中，按图1.10-2装置安装量热器。

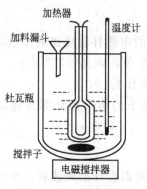

图 1.10-2　实验装置

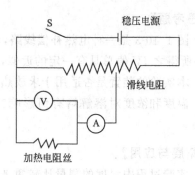

图 1.10-3　电热补偿线路

4. 按图1.10-3接好线路，接通电源，调节滑线电阻，使 IV 等于 2.2V·A 左右,保持电流和电压稳定。开启搅拌器，当水温慢慢上升到比室温高出 0.5℃后，读取并记录准确温度，立即将已称好的第一份 KNO_3 从加料漏斗中加入量热器中，并同时按动秒表计时（漏斗要干燥，用毛笔将残留在漏斗上的 KNO_3 全部掸入量热器，然后用塞子塞住加料口）。读取电流电压值并记录（在实验过程中应随时注意电流和电压之值有否改变，若有微小变化，应随时调整）。加入 KNO_3 后，溶液温度会很快下降，然后慢慢上升，直到温度上升到原温度时，记录时间（切勿按停秒表）；然后加入第二份样品，按照上述操作，继续测定，直至把八份样品全部加完为止（测定必须连续进行，不能脱节）。

5. 称量空的称量瓶，算出各次所加入的 KNO_3 的准确质量。

6. 测定完毕后，切断电源，将溶液倒入回收瓶中，如果 KNO_3 没有溶解完全，则应重新实验。将所用杜瓦瓶量热器冲洗干净。

【结果与讨论】

1. 计算水和加入 KNO_3 物质的量。

2. 计算每次加入 KNO_3 后的总质量 m_{KNO_3} 和通电的总时间。

3. 根据 $Q=IVt$ 计算各次溶解过程的热效应。

4. 将上述所算各数据分别换算，求出当把 1mol KNO_3 溶于 n_0（mol）水中时的摩尔积分溶解焓 $\Delta_{sol}H_m$。

$$\Delta_{sol}H_m = \frac{\Delta_{sol}H}{n_{KNO_3}} = \frac{Kt}{\left(\dfrac{m}{M}\right)_{KNO_3}} = \frac{101.1Kt}{m_{KNO_3}} \tag{1.10-4}$$

$$n_0 = \frac{n_{H_2O}}{n_{KNO_3}} \tag{1.10-5}$$

5. 将以上数据列表作图，并从图中求得 $n_0=80$，100，200，300 和 400 处的积分溶解焓。

6. 计算 n_0 从 80→100，100→200，200→300，300→400 的积分稀释焓。

【注意事项】

1. 实验过程中切勿把秒表按停读数，直到最后方可停表。

2. 固体 KNO_3 易吸水，故称量与加样时动作应迅速。固体 KNO_3 在实验前务必研磨成粉状，并在 110℃ 烘干。

3. 量热器绝热性能与盖上各孔隙密封程度有关，实验过程中要注意盖好，减少热损失。

【思考题】

1. 图 1.10-3 是一种电热补偿线路，你还能设计其他的电热补偿线路吗？但不论采用何种线路所得之 IV 值总是有一定的近似，若要精确知道 IV 值，则又如何测定？

2. 本实验的装置是否适用于求放热反应的热效应？为什么？

3. 温度和浓度对溶解焓有何影响？如何从实验温度下的溶解热计算其他温度下的溶解热？

【拓展与应用】

1. 实验过程中温度的测量比较重要。本实验采用精密温度计准确读数，也可采用热敏电阻测温系统，或贝克曼温度计准确测量。

2. 用简易量热计除测定溶解热外，还可测定中和热、生成热、混合热、比热等。实验方法基本相同，但需根据实际需要，重新设计合适的样品管或反应池。

3. 放热过程的测量。对于放热过程，则可在量热计中装一冷却管，放热过程后，通入冷水将溶液温度复原，然后再标定仪器常数。

【参考文献】

1. 复旦大学编. 物理化学实验. 第 2 版. 北京：高等教育出版社，1993.

2. 孙尔康，徐维清，邱金恒编. 物理化学实验. 南京：南京大学出版社，1998.

3．东北师范大学等编．物理化学实验．第 2 版．北京：高等教育出版社，1989．

4．贺德华，麻英，张连庆编．基础物理化学实验．北京：高等教育出版社，2008．

实验 1.11　电导法测定难溶盐的溶解度

【实验目的】

1. 掌握电导率仪的原理和使用方法。
2. 学会用电导法测定难溶盐的溶解度。

【基本原理】

1. 电导（G）和电导率（κ）

电解质溶液导电能力的大小，常以电阻的倒数表示，即电导：

$$G = \frac{1}{R} \tag{1.11-1}$$

式中，G 为电导，S 或 Ω^{-1}。

金属导体的电阻与其长度（l）成正比，与其截面积（A）成反比，即：

$$R = \rho\left(\frac{l}{A}\right) \tag{1.11-2}$$

ρ 为电阻率或比电阻。根据电导与电阻的关系，则有：

$$G = \kappa\left(\frac{A}{l}\right) \tag{1.11-3}$$

κ 称为电导率或比电导（$\kappa = 1/\rho$），它相当于两个电极相距 1m，截面积为 $1m^2$ 导体的电导，其单位是 $S \cdot m^{-1}$。

2. 摩尔电导

电解质溶液的浓度不同，则其电导亦不同。将 1mol 电解质全部置于相距为 1m 的两个电极之间，溶液的电导称之为摩尔电导，以 Λ_m 表示。如溶液的浓度以 c 表示，则摩尔电导可以表示为：

$$\Lambda_m = \frac{\kappa}{c} \tag{1.11-4}$$

式中，Λ_m 的单位是 $S \cdot m^2 \cdot mol^{-1}$；$c$ 的单位是 $mol \cdot m^{-3}$。Λ_m 的数值常通过溶液的电导率 κ，经式(1.11-4)计算得到。而 κ 与电导 G 有下列关系，由式(1.11-3) 可知：

$$\kappa = G\left(\frac{l}{A}\right) \quad \text{或} \quad \kappa = \frac{1}{R} \times \frac{l}{A} \tag{1.11-5}$$

对于一定的电导电极，l/A 是常数，称为电导池常数（K_{cell}）。K_{cell} 可通过测定已知电导率的电解质溶液（或电阻）来确定。

溶液的电导常用惠斯顿电桥来测定，线路如图 1.11-1 所示。R_1 是一个可变电阻，R_x 为待测溶液的阻值；G 为检流计，K 是与 R_1 并联的一个可变电容，用于平衡电导电极的电容。AB 为滑线变阻器，R_3 和 R_4 分别表示 AC 段和 BC 段电阻。选适当的电阻 R_1，移动触点 C，直到检流计显示 D、

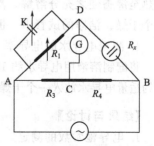

图 1.11-1　惠斯顿电桥示意图

C 间电流为 0，此时电桥达到平衡，则有：

$$\frac{R_1}{R_x} = \frac{R_3}{R_4} \tag{1.11-6}$$

R_x 的倒数即为该溶液的电导：

$$G = \frac{1}{R_x} = \frac{R_3}{R_1 R_4} = \frac{AC}{BC} \times \frac{1}{R_1} \tag{1.11-7}$$

3. 硫酸铅的溶解度

本实验测定硫酸铅的溶解度。直接用电导率仪测定硫酸铅饱和溶液的电导率（$\kappa_{溶液}$）和配制溶液用水的电导率（$\kappa_{水}$）。因溶液很稀，水也有一定的电导，必须从溶液的电导率（$\kappa_{溶液}$）中减去水的电导率（$\kappa_{水}$），即为：

$$\kappa_{硫酸铅} = \kappa_{溶液} - \kappa_{水} \tag{1.11-8}$$

根据式(1.11-4)得到：

$$\Lambda_m(PbSO_4) = \frac{\kappa_{PbSO_4}}{1000c} \tag{1.11-9}$$

式中，c 是难溶盐的饱和溶液的浓度，$mol \cdot L^{-1}$。由于溶液很稀，$\Lambda_m \approx \Lambda_m^{\infty}$。因此：

$$c = \frac{\kappa_{PbSO_4}}{1000\Lambda_m^{\infty}(PbSO_4)} \tag{1.11-10}$$

硫酸铅的极限摩尔电导 $\Lambda_m^{\infty}(PbSO_4)$ 可以根据 $\Lambda_m^{\infty}\left(\frac{1}{2}Pb^{2+}\right)$ 与 $\Lambda_m^{\infty}\left(\frac{1}{2}SO_4^{2-}\right)$ 数值求得。由于温度对溶液的电导有影响，本实验应在恒温条件下测定。

【仪器与试剂】

仪器：恒温槽，电导率仪，电炉 1 个，锥形瓶 2 只，试管 3 支，电导电极。

试剂：电导水配制 $0.02mol \cdot L^{-1}$ 标准 KCl 溶液，$PbSO_4$（A.R.）。

【实验步骤】

1. 调节恒温槽温度至 $(25 \pm 0.1)℃$。

2. 测定电导池常数

用少量 $0.02mol \cdot L^{-1}$ 标准 KCl 溶液洗涤电导电极两次，将电极插入盛有适量 $0.02mol \cdot L^{-1}$ KCl 溶液的试管中，电极应完全浸入溶液中。将试管放入恒温槽内，恒温后测定其电导池常数。

3. 测定硫酸铅溶液的电导率

将约 0.5g 固体硫酸铅放入 200mL 锥形瓶中，加入约 100mL 电导水，摇动并加热至沸腾。倒掉上层清液，以除去可溶性杂质，按同法重复操作两次、再加入约 100mL 电导水，加热至沸腾使之充分溶解。然后放在恒温槽中，恒温 20min 使固体沉淀，将上层清液倒入一个干燥、洁净的试管中，恒温后测其电导率，然后换溶液再测两次，求其平均值。

4. 测定电导水的电导率

将配制溶液用电导水约 100mL 放入 200mL 锥形瓶中，摇动并加热至沸腾，赶出 CO_2 后，取约适量电导水放入一个干燥、洁净的试管中，待恒温后，测定其电导率三次，求其平均值。

【结果与讨论】

1. 电导池常数的测定

电导池常数的测定见表 1.11-1。

表 1.11-1　电导池常数的测定

测量次数	电导池常数/m^{-1}	平均值
1		
2		
3		

KCl 溶液浓度＿＿＿＿＿＿＿＿，KCl 溶液的电导率＿＿＿＿＿＿＿＿。

2. 电导水的电导率

电导水的电导率测量数据见表 1.11-2。

表 1.11-2　电导水的电导率测量数据

测量次数	电导率/S·m^{-1}	平均值
1		
2		
3		

3. 硫酸铅溶解度的测定

硫酸铅溶解度的测定数据见表 1.11-3。

表 1.11-3　硫酸铅溶液溶解度测定数据

测量次数	$\kappa_{溶液}$/S·m^{-1}	κ_{PbSO_4}/S·m^{-1}	$\Lambda_m^\infty(PbSO_4)$/S·m^2·mol^{-1}	$c(PbSO_4)$/mol·L^{-1}
1				
2				
3				

溶解度的平均值：　　　　　　　　　　溶度积 $K_{sp}=$

注：已知 298.2K：$\Lambda_m^\infty\left(\dfrac{1}{2}Pb^{2+}\right)=71\times10^{-4}$S·m^2·mol^{-1}，$\Lambda_m^\infty\left(\dfrac{1}{2}SO_4^{2-}\right)=79.8\times10^{-4}$S·m^2·mol^{-1}。

【注意事项】

1. 本实验配制溶液时均须用电导水配制。

2. 本实验应在恒温条件下进行。电导与温度有关，通常温度升高 1℃电导平均增加 1.9%，即 $G_t=G_{25}\left[1+\dfrac{1.3}{100}(t-25)\right]$。

3. 电导池不用时，应把两铂黑电极浸在蒸馏水中，以免干燥致使表面发生改变。

【思考题】

1. 本实验是否可以用直流电桥？为什么？

2. 为什么要测定电导水的电导率？

3. 电导电极上镀铂黑的作用是什么？使用时应注意哪些问题？

4. 查一下文献上 PbSO$_4$ 的溶解度，和实验值比较，计算相对误差。误差的主要来源是什么？

【拓展与应用】

1. 普通蒸馏水中常含有 CO$_2$ 等杂质，故存在一定电导。因此实验所测的电导值是欲测电解质和电导水的总和。因此做电导实验时需要纯度较高的水，称为电导水。其制备方法通常是在蒸馏水中加入少许高锰酸钾，用石英或硬质玻璃蒸馏器再蒸馏一次。

2. 铂电极镀铂黑的目的在于减少电极极化，且增加电极的表面积，使测定电导时有较高灵敏度。

3. 电导测定不仅可以用来测定硫酸铅、硫酸钡、氯化银、碘酸银等难溶盐的溶解度，还可以测定弱电解质的电离度和电离常数、盐的水解度等，以及用于电导滴定。

【参考文献】

1. 复旦大学编. 物理化学实验. 第2版. 北京：高等教育出版社，1993.

2. 孙尔康，徐维清，邱金恒编. 物理化学实验. 南京：南京大学出版社，1998.

3. 东北师范大学等编. 物理化学实验. 第2版. 北京：高等教育出版社，1989.

实验 1.12 可见分光光度法测定碘酸铜的溶度积常数

【实验目的】

1. 了解分光光度法测定溶度积常数的原理和方法。
2. 学习分光光度计的使用方法和工作曲线的绘制。
3. 测定碘酸铜的溶度积常数。
4. 巩固吸量管、容量瓶等的使用操作。

【基本原理】

碘酸铜是难溶性强电解质。在其水溶液中，已溶解的 Cu^{2+} 和 IO_3^- 与未溶解的固体 $Cu(IO_3)_2$ 之间，在一定温度下存在下列平衡：

$$Cu(IO_3)_2(s) \rightleftharpoons Cu^{2+} + 2IO_3^-$$

平衡时的溶液是饱和溶液，在一定温度下，碘酸铜的饱和溶液中 $[Cu^{2+}]$ 和 $[IO_3^-]^2$ 的乘积为一个常数：

$$K_{sp}^{\ominus} = [Cu^{2+}][IO_3^-]^2 \qquad (1.12-1)$$

式中，$[Cu^{2+}]$ 和 $[IO_3^-]$ 为平衡浓度（更确切地说应该是活度，但由于难溶性强电解质的溶解度很小，离子强度也很小，可以用浓度代替活度）。

在碘酸铜的饱和溶液中，$[IO_3^-] = 2[Cu^{2+}]$，代入式(1.12-1)，则：

$$K_{sp}^{\ominus} = [Cu^{2+}][IO_3^-]^2 = 4[Cu^{2+}]^3 \qquad (1.12-2)$$

$K_{sp}^{\ominus}$ 就是溶度积常数。温度恒定时，$K_{sp}^{\ominus}$ 为常数，不随 $[Cu^{2+}]$ 或 $[IO_3^-]$ 的变化而改变。如果在一定温度下将 $Cu(IO_3)_2$ 饱和溶液中的 $[Cu^{2+}]$ 测定出来，便可由式(1.12-2)计算出 $Cu(IO_3)_2$ 的 $K_{sp}^{\ominus}$ 值。

本实验是用硫酸铜和碘酸钾作用制备碘酸铜饱和溶液，然后利用饱和溶液中的 Cu^{2+} 与过量 $NH_3 \cdot H_2O$ 作用生成深蓝色的配离子 $[Cu(NH_3)_4]^{2+}$，这种配离子对波长 610nm 的光具有强吸收，而且在一定浓度下，它对光的吸收程度（用吸光度 A 表示）与溶液浓度成正比。因此，由分光光度计测得碘酸铜饱和溶液中 Cu^{2+} 与 $NH_3 \cdot H_2O$ 作用后生成的 $[Cu(NH_3)_4]^{2+}$ 溶液的吸光度，利用工作曲线并通过计算就能确定饱和溶液中的 $[Cu^{2+}]$。

利用平衡时 $[Cu^{2+}]$ 与 $[IO_3^-]$ 关系，就能求出碘酸铜的溶度积 $K_{sp}^{\ominus}$。

【仪器与试剂】

仪器：分光光度计，容量瓶（50mL），吸量管（2mL），移液管（25mL），量筒（10mL），锥形瓶，长颈漏斗，烧杯，滤纸。

试剂：$0.1000\,mol\cdot L^{-1}$ $CuSO_4$，1∶1 $NH_3\cdot H_2O$，$Cu(IO_3)_2$。

【实验步骤】

1. $Cu(IO_3)_2$ 饱和溶液的制备

用量筒取 $0.2\,mol\cdot L^{-1}$ $CuSO_4$ 溶液 20mL 和 $0.4\,mol\cdot L^{-1}$ KIO_3 溶液 20mL 置于烧杯中，搅拌后静止，使之慢慢析出淡蓝色沉淀（若沉淀析出过慢，可在 70℃ 将溶液加热约 30min，静置至室温）。弃去上层清液，将 $Cu(IO_3)_2$ 沉淀用蒸馏水洗至无 SO_4^{2-}，减压过滤，烘干待用。

取 1.5g $Cu(IO_3)_2$ 固体放入锥形瓶中，加入 80mL 蒸馏水，在磁力加热搅拌器上边搅拌、边加热至 343～353K，并持续 15min，冷却，静置 2～3h。用干燥的长颈漏斗用干的双层滤纸将饱和溶液收集于干燥的烧杯中。

2. 工作曲线的绘制

分别吸取 0.40mL、0.80mL、1.20mL、1.60mL 和 2.00mL 浓度为 $0.1000\,mol\cdot L^{-1}$ $CuSO_4$ 溶液于 5 个 50mL 容量瓶中，各加入 4mL 的 1∶1 $NH_3\cdot H_2O$，用蒸馏水稀释至刻度，摇匀。

以蒸馏水作参比液，选用 1cm 比色皿，选择入射光波长为 610nm，用分光光度计分别测定各溶液的吸光度。以吸光度 A 为纵坐标，相应 Cu^{2+} 浓度为横坐标，绘制工作曲线。

3. $Cu(IO_3)_2$ 饱和溶液中 Cu^{2+} 浓度的测定

吸取 25.00mL 过滤后的 $Cu(IO_3)_2$ 饱和溶液于 50mL 容量瓶中，加入 4mL 的 1∶1 $NH_3\cdot H_2O$，摇匀，用水稀释至刻度，再摇匀。按上述测工作曲线同样条件测定溶液的吸光度。根据工作曲线求出 $Cu(IO_3)_2$ 饱和溶液中的 Cu^{2+} 浓度。

【结果与讨论】

1. 绘制工作曲线

不同浓度 Cu^{2+} 标准溶液的吸光度列于表 1.12-1。

表 1.12-1　不同浓度 Cu^{2+} 标准溶液的吸光度

编号	1	2	3	4	5	待测液1	待测液2	待测液3
$V(CuSO_4)/mL$	0.40	0.80	1.20	1.60	2.00	25.00	25.00	25.00
$c(Cu^{2+})/mol\cdot L^{-1}$								
吸光度 A								

2. 根据 $Cu(IO_3)_2$ 饱和溶液的吸光度，通过工作曲线求出饱和溶液中 Cu^{2+} 的浓度，计算 $K_{sp}^{\ominus}$。

【注意事项】

1. 实验室用新制备的 $Cu(IO_3)_2$ 固体配饱和溶液时，需多次洗涤至无 Cu^{2+}。
2. 比色皿中溶液不要倒太多，距离上边缘 1cm，外壁擦干。
3. 制得饱和溶液时以干的双层滤纸过滤。

【思考题】

1. 除用光度法测定外，还有哪些方法可以测定 $Cu(IO_3)_2$ 的溶度积常数？
2. 实验室用新制备的 $Cu(IO_3)_2$ 固体配饱和溶液时，多次洗涤的作用是什么？

3. 使用分光光度计需要注意哪些操作?

【参考文献】

1. 武汉大学化学系编. 无机化学实验. 武汉:武汉大学出版社, 1997.
2. 徐家宁, 门瑞芝, 张寒琦编. 基础化学实验(上). 北京:高等教育出版社, 2006.

实验 1.13 黏度法测定高聚物分子量

【实验目的】

1. 掌握黏度法测定聚合物相对分子质量的基本原理与方法。
2. 掌握乌氏黏度计测定黏度的原理及其使用方法。
3. 用乌氏黏度计测定聚乙烯醇溶液的特性黏度,计算其黏均分子量。

【基本原理】

在高聚物结构与性能的研究中,分子量是一个不可缺少的重要数据。因为它不仅反映了高聚物分子的大小,并且直接关系到高聚物的性能。但与一般的无机物或低分子的有机物不同,高聚物多是相对分子质量不等的混合物,故实验测定某一高聚物的分子量实际为分子量的平均值,称为平均分子量。高聚物相对分子质量的测定方法很多,如凝胶色谱法、端基分析法、渗透压法、光散射法、黏度法等。在这些方法中,黏度法设备简单,操作方便,并有较很好的实验精度,是常用的方法之一。

黏度是液体流动时内摩擦力大小的反映。纯溶剂黏度反映了溶剂分子间的内摩擦力效应,聚合物溶液的黏度则是体系中溶剂分子间、溶质分子间及它们相互间内摩擦效应之总和。因此通常聚合物溶液的黏度(η)大于纯溶剂黏度(η_0),即 $\eta > \eta_0$。为了比较这两种黏度,引入增比黏度的概念,以 η_{sp} 表示:

$$\eta_{sp} = \frac{\eta - \eta_0}{\eta_0} = \eta_r - 1 \tag{1.13-1}$$

式中,η_r 为溶液黏度与纯溶剂黏度的比值,称为相对黏度。η_{sp} 意味着已扣除了溶剂分子间内摩擦效应,反映了溶剂分子与高聚物分子间、高聚物分子相互间的内摩擦效应,其值随高聚物浓度而变。η_r 和 η_{sp} 均为无量纲的量。为了便于比较,将单位浓度下所显示出的增比浓度,即 η_{sp}/c 称为比浓黏度;而 $\ln \eta_r / c$ 称为比浓对数黏度。

Huggins(1941 年) 和 Kraemer(1938 年) 分别找出 η_{sp}/c 以及 $\ln \eta_r / c$ 与溶液浓度的关系:

$$\eta_{sp}/c = [\eta] + K'[\eta]^2 c \tag{1.13-2}$$

$$\ln \eta_r / c = [\eta] + K''[\eta]^2 c \tag{1.13-3}$$

实验发现:对同一高聚物,两直线方程外推所得截距 $[\eta]$ 交于一点;常数 K' 为正值,K'' 一般为负值,且两者之差约为 0.5;$[\eta]$ 值是与高聚物摩尔质量有关的量,称之为高聚物溶液的特征黏度。显然,特征黏度是指高聚物浓度 c 趋向 0 时高聚物溶液的比浓黏度或比浓对数黏度,即:

$$[\eta] = \lim_{c \to 0} \eta_{sp}/c \tag{1.13-4}$$

或

$$[\eta] = \lim_{c \to 0} \eta_r / c \tag{1.13-5}$$

可见，$[\eta]$ 反映了在无限稀溶液中，溶剂分子与高聚物分子间的内摩擦效应，它不仅与溶剂的性质，而且与高聚物分子的形态和大小有关。$[\eta]$ 的单位是浓度的倒数，它的数值随溶液浓度的表示法不同而异。

当聚合物、溶剂和温度确定以后，$[\eta]$ 的数值只与高聚物平均分子量 M_η 有关，常用于描述高聚物分子量与特征黏度关系的是 Mark Houwink 经验公式：

$$[\eta] = K M_\eta^\alpha \tag{1.13-6}$$

式中，M_η 是黏均分子量；K、α 为与温度、高聚物及溶剂性质有关的常数。K 值对温度较敏感，α 值主要取决于高聚物分子线团在溶剂中的舒展程度。在良性溶剂中，高聚物分子呈线性伸展，与溶剂摩擦机会增加，α 值变大；反之，在不良溶剂中，α 值小。α 值一般在 $0.5 \sim 1$，而 K、α 的具体数值只能通过诸如渗透压、光散射等绝对方法确定，现将常用的几种高聚物-溶剂体系在给定温度下的数值列于表 1.13-1 中。

表 1.13-1　一些高聚物-溶剂体系的 K、α 值

高聚物	溶剂	T/K	$K \times 10^4$	α
聚乙烯醇	水	298.2	2.0	0.76
	水	303.2	6.66	0.64
聚苯乙烯	苯	293.2	1.23	0.72
	甲苯	298.2	3.70	0.62
聚甲基丙烯酸甲酯	苯	298.2	0.38	0.79

由此可见，高聚物分子量的测定最后归结为溶液黏度的测定。

液体黏度的测定方法有三类：落球法、转筒法和毛细管法。前两种适用于中高黏度体系的测定，毛细管法适用于较低黏度体系的测定。本实验采用毛细管法，其测量原理如下。

当液体在重力作用下流经毛细管黏度计时，根据 Poiseuille 近似公式：

$$\eta = \frac{\pi h g R^4 \rho t}{8 V l} \tag{1.13-7}$$

式中，η 是液体的黏度；ρ 是液体的密度；l 和 R 分别是毛细管长度和半径；t 是体积为 V 的液体流经毛细管的时间；h 是液体流过毛细管液体的平均液柱高度；g 是重力加速度。

对某一指定毛细管黏度计，其 R、h、l 和 V 均为定值，则式(1.13-7)可改写为：

$$\eta = K \rho t \tag{1.13-8}$$

式中，K 为一常数。通常是在稀溶液中测定高聚物的黏度，故溶液的密度与溶剂的密度近似相等，则溶液的相对黏度可表示为：

$$\eta_r = \frac{\eta}{\eta_0} = \frac{K \rho t}{K \rho_0 t_0} \approx \frac{t}{t_0} \tag{1.13-9}$$

式中，t 和 t_0 分别为溶液和纯溶剂的流出时间。实验中，只要测出不同浓度下高聚物的相对黏度 η_r，即可求得 η_{sp} 和 $\ln \eta_r / c$，再作 η_{sp}/c 对 c 图和 $\ln \eta_r / c$ 对 c 图，外推至 $c = 0$ 时可得 $[\eta]$（如图 1.13-1 所示）。在已知 K、α 值条件下，可由式(1.13-6)计算出高聚物的黏均分子量。

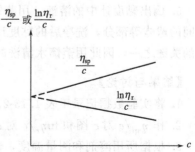

图 1.13-1　外推法求 $[\eta]$ 值

【仪器与试剂】

仪器：恒温装置 1 套（要求温度波动不大于±0.1℃），乌氏黏度计，移液管（5mL 和 10mL 各 2 支），洗耳球 1 个，秒表（精度为 0.01s）1 只，容量瓶（100mL），烧杯（100mL），3 号砂芯漏斗 1 只，具塞锥形瓶（100mL）1 只，乳胶管 2 根，弹簧夹 1 只，铁架台，天平。

试剂：聚乙烯醇（A.R.），正丁醇（A.R.），无水乙醇（A.R.）。

【实验步骤】

1. 聚乙烯醇溶液的配制。准确称取聚乙烯醇 0.500g 于烧杯中，加 60mL 蒸馏水，稍加热使之溶解，冷却至室温，转移至 100mL 容量瓶中，加入 0.25~0.3mL 正丁醇（起消泡作用），加水稀释至 100mL。如溶液浑浊则用 3 号砂芯漏斗过滤（因溶解、过滤较慢，这一工作可由实验室预先完成）。

2. 调节恒温浴温度为（25±0.1）℃，在洗净、烘干的乌氏黏度计 A、B 管（图 1.13-2）上各套一段乳胶管，然后，将黏度计固定在恒温槽中。黏度计固定的要求是：水面完全浸没 G 球，黏度计的毛细管部分要垂直。将上述配好的聚乙烯醇溶液置于恒温浴中恒温。

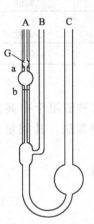

图 1.13-2　乌氏黏度计

3. 纯溶剂流出时间的测定。在 100mL 溶剂（水）加入 0.25~0.3mL 正丁醇，置于恒温浴中恒温。用移液管取 10mL 已恒温的溶剂，由图 1.13-2 所示的乌氏黏度计的 C 管中注入黏度计内，再恒温 10min 后，将 B 管的乳胶管用弹簧夹夹紧，用洗耳球由 A 管吸液体上升到 G 球（注意：不要过快，以免液体吸入洗耳球！）。撤去洗耳球后，立即松开 B 管的弹簧夹，G 球内液体在重力作用下流经毛细管，记录液面通过 a 到 b 标线所需要的时间 t_0。重复测量三次，取其平均值（注意：任意两次测量的结果相差不得超过 0.30s）。

4. 溶液流出时间的测定：在上述 10mL 溶剂中加入已知浓度的聚乙烯醇溶液 10mL，加入后用洗耳球从 B 管轻轻鼓气以使黏度计中的液体混合均匀。用弹簧夹夹紧 B 管的乳胶管，用洗耳球通过 A 管吸取液体至 G 球并使之流下，以洗涤 A 管，反复数次，以保证黏度计中各处溶液的浓度均匀。恒温 10min 后按照步骤 3 所述方法，测定该溶液的流出时间 t_1。在黏度计中再分别加入 5mL、5mL、10mL 和 10mL 含有消泡剂的蒸馏水，混合均匀后，溶液浓度变为 c_2、c_3、c_4、c_5。每次加入溶剂后恒温 10min，同法测定稀释后的不同浓度聚合物溶液的流出时间 t_2、t_3、t_4 和 t_5。

5. 倒出黏度计中的溶液，用蒸馏水清洗黏度计，尤其要注意洗净黏度计毛细管及刻度之间的球体等部分，洗净后的黏度计置于烘箱中烘干备用。黏度计是否清洁，是决定实验成功的关键之一，因此用蒸馏水清洗的次数需要 5 次以上。

【结果与讨论】

1. 将实验数据记录于表 1.13-2。

2. 作 η_{sp}/c 对 c 图和 $\ln\eta_r/c$ 对 c 图，将两条直线外推至 $c=0$，求出 $[\eta]$ 值。

3. 根据所用溶剂和测量温度，选择合适的 K 和 α，再由公式（1.13-6）计算出聚乙烯醇的黏均分子量。

表 1.13-2　黏度法测定分子量实验数据

实验恒温温度：＿＿＿＿＿　　　　大气压力：＿＿＿＿＿＿

项　目		流出时间 t/s			η_r	η_{sp}	$\dfrac{\eta_{sp}}{c_i}$	$\ln\eta_r$	$\dfrac{\ln\eta_r}{c_i}$
		测量值		平均值					
		1	2	3					
溶剂									
溶液	$c_1=c_0/2$								
	$c_2=2c_0/5$								
	$c_3=c_0/3$								
	$c_4=c_0/4$								
	$c_5=c_0/5$								

【注意事项】

1. 所用黏度计必须洁净。微量的灰尘、油污等会造成毛细管局部堵塞，影响溶液在毛细管中的流速，这会导致较大误差；在 A、B 管上所套的两段乳胶管，应事先用稀碱液煮沸，以除去管内的油蜡，胶管内不应该有脏物，以免杂质微粒掉入管内；如毛细管壁上挂有水珠，需用洗液浸泡后洗涤。

2. 实验完毕，黏度计内壁必须彻底洗净，以免高聚物在毛细管中形成薄膜，洗净后可用蒸馏水浸泡、倒置晾干或置于烘箱烘干。

3. 测定液体流出时间时，必须保持黏度计的毛细管垂直，否则会影响结果的准确性。

4. 高聚物在溶剂中溶解缓慢，配制溶液时必须保证其完全溶解，否则会影响溶液起始浓度，而导致结果偏低。如配制的溶液浑浊，则需要用 3 号砂芯漏斗过滤，并在计算溶液浓度时扣除所过滤的不溶物质量。

5. 三管黏度计易折断，一般只拿较粗的 C 管。若三管"一把抓"，不小心稍用力便很容易折断。

6. 若 η_{sp}/c 对 c 和 $\ln\eta_r/c$ 对 c 作图的线性关系不好，则可能的原因有：被测溶液中有杂质微粒发生局部堵塞使液体流出时间测量不准确；溶液混合不均匀；溶液未达到恒温便开始测量；恒温水浴的温度波动较大；测量流出时间时观察刻度与时间记录不协调而出现测量误差等。

【思考题】

1. 测量时黏度计放置未垂直会对测定结果有什么影响？

2. 乌氏黏度计中的支管 B 有什么作用？除去支管 B 是否仍可以测量黏度？

3. 黏度计中毛细管的粗细对实验结果有何影响？

4. 评价黏度法测定高聚物相对分子质量的优缺点，分析本实验成败的关键，提出本实验改进的意见和措施。

【拓展与应用】

1. 聚合物分子量是一种统计平均的分子量，随着测量方法的变化，其统计平均意义不同，从而得到数均分子量 M_n、重均分子量 M_w、黏均分子量 M_η、Z 均分子量 M_Z 等。且各种方法所适合的分子量测量范围也不相同。表 1.13-3 列出了几种分子量测量方法及其适用范围。

表 1.13-3　几种分子量测量的方法和范围

测定方法	分子量表示种类	测定分子量范围
端基分析法	数均分子量	$M_n < 3 \times 10^4$
沸点升高、凝固点降低法	数均分子量	$M_n < 3 \times 10^4$
渗透压法	数均分子量	$M_n = 10^4 \sim 10^6$
光散射法	重均分子量	$M_w = 10^4 \sim 10^7$
凝胶色谱法	数均或重均分子量	M_n 或 $M_w = 10^3 \sim 5 \times 10^6$

2. 由黏度法测高聚物分子量，最基本的测量数据是流出时间和溶液浓度，因此溶液浓度、溶剂以及黏度计的选择是非常重要的。

(1) 黏度计的选择　最常用的毛细管黏度计有两种：一种是双管黏度计（又称奥氏黏度计）；另一种是三管黏度计（也称乌氏黏度计）。三管黏度计的优点之一是适用于测定不同浓度溶液的黏度，因为这种黏度计可以在其中连续改变溶剂和溶质的相对含量来改变黏度计中溶液的浓度。在选用乌氏黏度计时，要注意毛细管的粗细，一般要求溶剂流出时间在 100~130s。

(2) 溶液浓度的选择　随着溶液浓度的增加，聚合物分子链之间的距离逐渐缩短，因而分子链间作用力增大。当溶液浓度超过一定限度时，高聚物溶液的 η_{sp}/c 或 $\ln\eta_r/c$ 与 c 的关系不成线性。通常选择 $\eta_r = 1.2 \sim 2.0$ 的浓度范围为宜。

(3) 溶剂的选择　高聚物的溶剂有良溶剂和不良溶剂两种。在良溶剂中，高分子线团伸展，链的末端距增大，链段密度减小，溶液的 $[\eta]$ 值较大。在不良溶剂中则相反，并且溶解较为困难。在选择溶剂时，要注意考虑溶解度、沸点、毒性、分解性和回收等方面的因素。

3. 在采用乌氏黏度计测量聚乙烯醇溶液黏度时，存在以下缺陷：①聚乙烯醇是一种较易起泡的物质，给实验操作带来困难，使实验结果产生误差较大；②当在黏度计中加入溶液的量超过一定体积容积时液柱高度会发生变化，产生水压差，给实验操作带来不便；③乌氏黏度计易折断、难清洗。改进的方法有：将乌氏黏度计改为单管黏度计，可避免水压差以及聚乙烯醇易产生气泡的现象；选用不易起泡的聚合物，如壳聚糖。

【参考文献】

1. 刁国旺，朱霞石等编著. 大学化学实验·基础实验一.南京：南京大学出版社，2006.
2. 刁国旺，阚锦晴，刘天晴编著. 物理化学实验. 北京：兵器工业出版社，1993.
3. 杨百勤等，物理化学实验. 北京：化学工业出版社，2001.
4. 陈立班，杨淑英. 比密粘度和特性粘度的计算与改正. 物理化学学报，1991，7：524.
5. 孙尔康，徐维清，邱金恒编. 物理化学实验. 南京：南京大学出版社，1999.

第 2 章　物系特性实验

实验 2.1　恒温槽的安装与调试

【实验目的】

1. 熟悉恒温槽的构造、原理及其应用。

2. 了解恒温槽的安装和调试技术。

3. 了解评判恒温槽控温品性的基本方法，掌握恒温槽灵敏度曲线测定的实验技巧。

【基本原理】

许多物理化学参量都与温度有关。所以在测量时，通常要求在某设定温度下进行。能维持温度恒定的装置称为恒温装置（如恒温槽）。大部分物理化学实验均要求在恒温槽中进行。故恒温槽的安装、调试和使用是物理化学实验教学中要求学生必须掌握的实验技术之一。

图 2.1-1 是一种典型的恒温槽装置，由以下几个部分组成。

（1）浴槽　浴槽可根据不同的实验要求选择合适质料的槽体。其形状、大小也视实际需要而定。一般选择 10 L 或者 20 L 的圆形玻璃缸作为容器。如果设定温度与室温差距较大时，则应对整个缸体保温，以减少热量传递，提高恒温精度。

（2）加热器或制冷器　如果设定温度值高于环境温度，通常选用加热器；反之，若设定温度低于环境温度，则须选择合适的制冷器。加热器或制冷器功率的大小直接影响恒温槽的控温品性。图2.1-2是几种典型的控温灵敏度曲线，其中（a）、

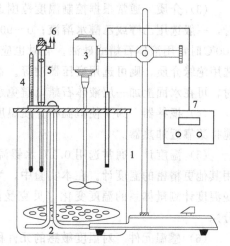

图 2.1-1　恒温槽装置图
1—浴槽；2—加热器；3—搅拌器；4—温度计；
5—感温元件（接触温度计）；6—接温度控制器；7—接数字贝克曼温度计

（b）表示加热功率适中的情况，（c）、（d）则是在加热功率过大和过小时测得的曲线。

显然图 2.1-2(a) 的控温品性优于（b），通常用控温灵敏度来衡量恒温槽控温品性的好坏。对于具有如图 2.1-2(a)、(b) 所示控温曲线的恒温槽，其灵敏度 t_E 可用下式计算：

$$t_E = \pm \frac{1}{2}(t_{max} - t_{min}) \qquad (2.1\text{-}1)$$

式中，t_{max}、t_{min} 是恒温槽控温曲线上的最高点与最低点的温度值；t_E 描述了实际温度与设定温度间的最大偏离值，因而可用 t_E 描述恒温槽的恒温精度。然而对于形如图 2.1-2

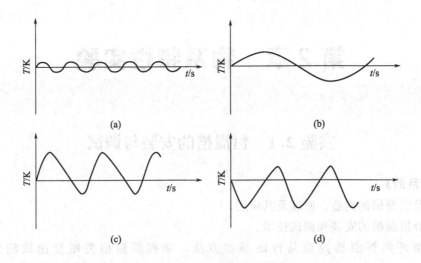

图 2.1-2　几种典型的控温曲线

(c)、(d) 所示控温曲线的恒温槽，由于控温曲线的不对称性，用式(2.1-1) 计算"t_E"是无意义的。

(3) 介质　通常根据控制温度范围选择不同类型的恒温介质。如控制温度在$-60\sim30℃$时，一般选用乙醇或乙醇水溶液；$0\sim90℃$时用水；$80\sim160℃$时用甘油或甘油水溶液；$70\sim200℃$时常用液体石蜡或硅油。有时也应实验具体要求选择合适的恒温介质，如实验中要求选用绝缘介质，则可选用变压器油等。本实验采用水作为工作介质，如果恒温在 50 ℃以上时，可在水面上加一层液体石蜡，避免水分蒸发。

(4) 搅拌器　为了使恒温槽介质温度均匀，视需要选择不同的搅拌器。搅拌时应尽量使搅拌桨靠近加热器。

(5) 温度计　通常选用 0.1℃ 水银温度计准确测量系统的温度。有时应实验之需也可选用其他更精密的温度计。在本实验中，为精确测量恒温槽的温度波动性，选用高精度的贝克曼温度计测量体系的温度变化（贝克曼温度计构造及使用方法详见本丛书第一分册仪器部分）。

(6) 感温元件　对温度敏感的元件称为感温元件，它是温度控制器的感温探头。温度控制器接受来自感温探头的输入信号，从而控制加热器的工作与否。感温元件有许多种，原则上凡是对温度敏感的器件均可作感温元件。常用的感温元件有热电偶、热敏电阻、水银导电表等。本实验选用水银导电表作为感温元件。

(7) 温度控制器　如前所述，它依据感温元件发送的信号来控制加热器的"通"与"断"，从而达到控制温度的目的（温度控制器的工作原理、安装及种类详见本丛书第一分册仪器部分）。

【仪器与试剂】
仪器：圆形玻璃缸，电动搅拌器，1kW 加热器，温度计（$0\sim50℃$，分度 0.1℃ 及 $0\sim100℃$，分度 1℃），SWC-2 数字贝克曼温度计，水银导电表，温度控制器，停表。

【实验步骤】
1. 按图 2.1-1 安装好仪器，并在玻璃槽中加入洁净的水至槽口约 5cm 处。

2. 接通电源，选择合适的搅拌速度，电压调至 200V 左右，再将水银导电表螺杆上的标铁之上表面调至比设定温度值（如 25℃）低 0.5℃ 左右的位置。此时温度控制器加热灯亮，表明加热器正在加热，观察水银温度计读数，系统温度不断缓缓上升。与此同时，水银导电表中水银柱不断升高，以致在某一时刻该水银柱与触针相连而使导电表两接线柱导通，温度控制器加热指示灯熄灭，停止加热灯亮，表明加热器已停止加热，仔细观察温度计读数。如果读数超过设定温度值，可将触针稍向下旋一点；若实际温度低于设定温度可将触针向上旋，至加热指示灯发光。如此反复调节，直至在设定温度时加热指示灯和停止加热指示灯刚好交替亮熄为止。

3. 适当调节温度控制器输出电压（亦即改变加热器加热功率），使温度控制器上加热指示灯和停止加热指示灯的亮、熄间隙时间间隔大致相等，记录加热电压和电流，并由此计算加热功率，该值即为此温度时的最佳加热功率。

4. 在上述温度下，将数字贝克曼温度计置温差测量，量程置于待测温度不超过 10℃ 之位置，再将其温度探头置于恒温槽中测量温度计的附近。

5. 每隔一定时间（如 20~30s）记录一次贝克曼温度计读数，并注意在加热器的一次通断周期中至少记录 6~7 个温度值，以便于作图。连续测量 5 个周期即可。

6. 同法测量该温度下比最佳加热功率小一倍和大一倍的控温曲线。

7. 将设定温度分别提高和降低 10℃，重复上述测量过程。

【结果与讨论】

1. 将测量数据以表格形式表示。

2. 以温度为纵轴，时间为横轴，作出各不同温度最佳加热功率时的控温曲线，该曲线的对称点所对应的温度即为设定温度值，并以此点为横轴（时间轴）位置，求作其他加热功率时的控温曲线。

3. 计算不同温度时恒温槽的控温灵敏度。

4. 讨论恒温槽控温精度的影响因素。

【注意事项】

1. 恒温槽控温曲线除了用贝克曼温度计逐点测量外，亦可用热电偶测量，再配上高精度的记录仪，即可自动记录控温曲线。

2. 恒温槽的控温精度除了与加热功率、搅拌效率、介质及浴槽形状、结构等因素有关外，还与设计安装者自身的工作经验有关。在实际设计中总是不断总结经验，逐步加以完善。

3. 恒温槽的控温精度除了与加热功率、搅拌效率、介质及浴槽形状、结构等因素有关外，还与设计安装者自身的工作经验有关。在实际设计中总是不断总结经验，逐步加以完善。

【思考题】

1. 如何设计一套控制温度低于环境温度的恒温装置？

2. 什么是恒温槽加热器的最佳功率，如何确定最佳加热功率的控温曲线？

3. 对于具有如图 2.1-2 中（c）和（d）所示曲线，是否仍可用式(2.1-1)计算 t_E 以衡量恒温槽的控温精度？为什么？图 2.1-2(c)、(d) 曲线对设定温度的偏差如何？

4. 调试时，若温度控制器绿灯（加热通）一直亮着，温度却无法达到设定值，分析可能的原因。

【参考文献】

1. 广西师范大学等五校合编. 物理化学实验. 桂林：广西师范大学出版社，1987.

2. 刁国旺，阚锦晴，刘天晴编著. 物理化学实验. 北京：兵器工业出版社，1993.

3. 贺德华，麻英，张连庆编著. 基础物理化学实验. 北京：高等教育出版社，2008.

4. http://www.scuec.edu.cn/jwc/jp/wulihuaxue/pp/menu.html.

5. http://202.192.168.54/wulihuaxue/wuhuashiyan/index.html.

实验 2.2　双液系气-液平衡相图的绘制

【实验目的】

1. 掌握相律公式和相图的基本概念。绘制在标准压力下环己烷-异丙醇双液系的气-液平衡相图，并找出恒沸混合物的组成及恒沸点的温度。

2. 了解用沸点仪测量液体沸点的方法。

3. 了解阿贝折光仪的测量原理和使用方法。

【基本原理】

在常温下，任意两种液体混合而成的体系称为双液系。若两种液体能按任意比例互相溶解，则称为完全互溶的双液系；若只能在一定比例范围内互相溶解，则称为部分互溶双液系。液体的沸点是指液体的蒸气压与外界大气压相等时的温度。对于双液系，沸点不仅与外压有关，而且还与双液系的组成有关。表示溶液沸点和气相、液相组成关系的图称为双液系气-液平衡相图（即 $T\text{-}x$ 相图），它表明了溶液沸点与平衡共存的气、液相组成之间的关系。

在恒压下，完全互溶双液系的沸点-组成图大致可分为以下三类。

第 I 类：溶液沸点介于两个纯组分沸点之间，其沸点-组成图如图 2.2-1(a) 所示，图中纵轴是温度（沸点）T，横轴是液体 B 的摩尔分数 x_B，位于下方的曲线为液相线，位于上方的曲线是气相线。液相线以下区域为液相，气相线以上为气相，梭形区内则为气液两相共存。对应于同一沸点温度的两曲线上的两个点，即为互相平衡的气相点和液相点。例如：图 2.2-1 中对应于温度 T_1 的气相点为 g，液相点为 l，这时的气相组成就是 g 点的横轴读数 $x_B(g)$，液相组成是 l 点的横轴读数 $x_B(l)$。从图中可以看出，同一温度时 $x_B(g)$ 恒小于 $x_B(l)$，所以气相中 A 的含量恒大于液相中 A 的含量，因此可通过将 A、B 两组分组成的溶液进行反复精馏，气相馏分为 A 组分，液相馏分则为 B 组分，从而可达到 A、B 两组分完全分离的目的。

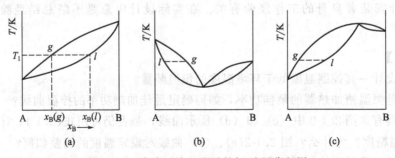

图 2.2-1　完全互溶双液系的气-液平衡相图

第Ⅱ类：溶液具有最低恒沸点，其沸点-组成图如图 2.2-1(b) 所示。

第Ⅲ类：溶液具有最高恒沸点，其 T-x 图如图 2.2-1(c) 所示。

后两类相图的特点是出现了极小值［图 2.2-1(b)］或极大值［图 2.2-1(c)］，亦即在恒压条件下，对应组成的 A、B 两组分混合溶液沸点最低［如图 2.2-1(b) 最低点］或最高［如图 2.2-1(c) 的最高点］，相图中出现极值的温度称为恒沸点，恒沸点时平衡共存的气相组成和液相组成完全相同，其整个蒸馏过程溶液的沸点会保持恒定，处于恒沸点的溶液称为恒沸混合物。因此具有这两类相图特征的 A、B 两组分混合溶液不能用精馏的方法将 A 和 B 同时分离，而只能得到一种纯组分和恒沸混合物。此外，外压不同时，同一双液系的相图也不完全相同，且恒沸点和恒沸混合物的组成随外压而改变。

根据相律公式，在一定的压力下，对于二组分体系，在气、液两相共存区域中，条件自由度 $f^* = 1$，即 $f^* = C - \Phi + 1$（独立组分数 $C = 2$，相数 $\Phi = 2$）。一旦设定某个变量，则其他两个变量必有相应的确定值。在 T-x 相图上，有温度、气相组成和液相组成三个变量。但因只有一个自由度，若体系的温度一定，则气、液两相的组成也确定。当总组成确定时，由杠杆原理则可知，两相的相对量也一定。反之，若在一定的实验装置中，利用回流的方法，使气相和液相的相对量一定，则体系温度也恒定。待两相平衡后，取出两相的样品，用物理方法或化学方法分析两相组成，即可给出该温度下气、液两相平衡组成的坐标点。改变体系的总组成，再如上法找出另一对坐标点。这样测得若干对坐标点后，分别按气相点和液相点连接成气相线和液相线，即可得 T-x 平衡相图。

本实验采用回流冷凝法测定环己烷-异丙醇体系在不同组成时的沸点。沸点的定义虽然简单而明确，但却不易测定其沸点，原因在于沸腾时液相常易产生过热现象，气相又易出现分馏效应。实际所用沸点仪的种类很多，但基本设计思想均不外乎防止过热现象与分馏效应等引起误差的主要因素发生作用。本实验采用图 2.2-2 所示的沸点仪，它是一只带有回流冷凝管的长颈圆底烧瓶 1，冷凝管底部带有一球形小室 2，用以收集冷凝下来的气相样品，液相样品则通过烧瓶上的支管 6 抽取，图中 8 是一根电热丝，直接浸没在溶液中加热溶液，这样可以减少溶液沸腾时的过热现象，同时防止暴沸产生。温度计的安装位置是：使水银球的一半浸在液面下，一半露在蒸气中，并在水银球外围套一支小玻管 7，这样，溶液沸腾时在气泡的带动下，使气流不断地喷向水银球而自玻管上端溢出；另外，小玻管 7 还可以减少周围环境（如风或其他热源的辐射）对温度计

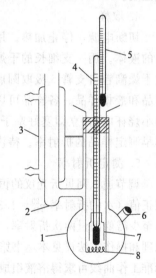

图 2.2-2　沸点仪

1—圆底烧瓶；2—小球；3—冷凝管；4—测量温度计；5—环境温度计；6—支管；7—小玻管；8—电热丝

读数可能引起的波动，由此测得的温度能较好地反映气、液两相的平衡温度。

组成分析可采用折射率的测定方法。由于环己烷和异丙醇的折射率相差比较大，因此可用阿贝折射仪测定不同组成试样的气相和液相的折射率，再从折射率-组成工作曲线上求得两相的组成，从而绘制出 T-x 图。

【仪器与试剂】

仪器：沸点仪，阿贝折光仪，超级恒温槽，1kV 调压变压器，0～5A 交流电表，温度

计 50～100℃（最小分度 0.1℃）1 支，温度计 0～100℃（最小分度 1℃）1 支，50mL 烧杯 1 只，250mL 烧杯 1 只。

试剂：环己烷（A.R.），异丙醇（A.R.），丙酮（A.R.），重蒸馏水，冰。

【实验步骤】

1. 安装沸点仪

将干燥的沸点仪按图 2.2-3 安装好。检查带有温度计的木塞是否塞紧，加热用的电热丝应靠近圆底烧瓶 1 底部的中心，温度计水银球的位置应在支管 6 之下而稍高于电热丝。

2. 配制溶液

粗略配制 10％、30％、45％、55％、65％、80％、95％等摩尔百分组成的环己烷-异丙醇溶液。

3. 测定沸点

将一配制好的样品注入沸点仪中，液体量应盖过加热丝并处在温度计水银球的中部。旋开冷凝水，接通电源，调节变压器电压，使电流表指示约为 1A(不能过高，否则会烧断加热丝)。当液体沸腾、温度稳定后（一般在沸腾后 10～15min 可达平衡），记下沸腾温度及环境温度。

4. 取样

切断电源，停止加热。用 250mL 烧杯，内盛冷水，套在沸点仪底部以冷却圆底烧瓶 1 内的液体。用一支细长的干燥滴管，自冷凝管口伸入小球 2，吸取其中全部冷凝液。用另一支干燥滴管自支管 6 吸取圆底烧瓶 1 内的溶液约 1mL。上述两试样分别代表平衡时的气相样品和液相样品。各样品可以分别贮放在事先准备好的干燥取样管中（取样管插在盛有冰水的小烧杯内），立即塞好塞子，以防挥发。在样品的转移过程中，动作应迅速而仔细，并应尽早测定样品的折射率。待沸点仪内的溶液冷却后，将其自支管 6 倒向指定的试剂瓶。

5. 测定折射率

调节通入阿贝折光仪的恒温水温度为（20.0±0.1）℃。用重蒸馏水测定阿贝折光仪的读数校正值（水的折射率 $\eta_D^{20}=1.33299$），然后分别测定平衡时的气、液相样品的折射率。每一样品至少需要测量两次折射率，并取其平均值作为所测样品在该温度时的折射率（阿贝折光仪的原理和操作方法详见本丛书第一分册仪器部分），根据所得折射率值和基于表 2.2-1 数据所作标准工作曲线可求得溶液组成。

重复步骤 3～5，分别测定环己烷和异丙醇的沸点，以及各溶液的沸点和平衡时气相、液相的组成。

6. 记录大气压力

实验前后记录大气压力，取其平均值作为实验时的大气压。

【结果与讨论】

1. 按表 2.2-1 数据，用坐标纸绘出 η_D^{20} 与异丙醇摩尔分数组成的标准工作曲线。

表 2.2-1　20℃ 时异丙醇折射率随浓度的关系

$x_{异丙醇}$/%	0	0.1066	0.1704	0.2000	0.2834	0.3203	0.3714
η_D^{20}	1.4263	1.4210	1.4181	1.4168	1.4130	1.4113	1.4090
$x_{异丙醇}$/%	0.4040	0.4604	0.5000	0.6000	0.8000	1.0000	
η_D^{20}	1.4077	1.4050	1.4029	1.3983	1.3882	1.3773	

2. 根据所测气相和液相样品的折射率（折射率已校正），从折射率-组成的标准工作曲线上查得气、液组成。

3. 溶液的沸点与大气压有关。应用楚顿规则及克劳修斯-克拉贝龙方程可得溶液沸点随大气压改变的近似校正式：

$$\Delta T = \frac{RT_{沸}}{21} \times \frac{\Delta p}{p} = \frac{T_{沸}}{10} \times \frac{101325 - p}{101325} \tag{2.2-1}$$

式中，ΔT 是沸点因大气压变动而改变的校正值；$T_{沸}$ 是溶液的沸点（热力学温度）；p 是测定沸点时的大气压力，Pa。由此可求得标准压力下溶液的正常沸点为：

$$T_{正常} = T_{沸} + \Delta T \tag{2.2-2}$$

另外，由于温度计的水银柱未全部浸入待测温度的体系内，故须进行露茎校正（参阅本丛书第一分册）。经以上两项校正后，得到校正后的溶液沸点。

4. 将由标准工作曲线查得的溶液组成及校正后的沸点列表，绘制出常压下环己烷-异丙醇气-液平衡相图，并根据相图确定该体系的最低恒沸点及恒沸混合物的组成。

【注意事项】

1. 沸点仪中未装入溶液之前绝对不能通电加热，如果没有溶液，通电加热丝后沸点仪会炸裂。若电热丝的螺旋部分未浸没溶液中，则通电加热时易酿成火灾。

2. 一定要在停止通电加热之后，方可取样进行分析。

3. 沸点仪中蒸气的分馏作用会影响气相的平衡组成，使得气相样品的组成与气-液平衡时气相的组成产生偏差，因此要减少气相的分馏作用。本实验所用的沸点仪是将平衡的蒸气冷凝在小球 2 内（见图 2.2-3），在容器中的溶液不会溅入小球 2 的前提下，尽量缩短小球 2 与原溶液的距离，以达到减少气相的分馏作用，同时，在保持溶液沸腾的前提下，将小球 2 内的冷凝液倾入圆底烧瓶 1 内几次。

4. 测定折射率时，动作要迅速，尤其是测定气相组分，以避免样品中易挥发组分损失，确保数据准确。每次取样量不宜过多，取样管一定要干燥，不能留有上次的残液，气相部分的样品要取干净。

5. 使用阿贝折光仪时，棱镜上不能触及硬物（滴管头），每次加样前，必须先将折光仪的棱镜面洗净，可用数滴挥发性溶剂（如丙酮）淋洗，再用擦镜纸轻轻吸去残留在镜面上的溶剂。在使用完毕后，也必须将阿贝折光率的镜面处理干净。

6. 加热时要防止暴沸，必要时可加入少量碎磁片作为沸石，但不可在过热液中加沸石。

【思考题】

1. 沸点仪（图 2.2-2）中的小球体积过大或过小对测量有何影响？

2. 若在测定时，存在过热或分馏现象，将使测得的相图图形产生什么变化？

3. 按所绘制相图，讨论环己烷-异丙醇溶液精馏时的分离情况。

4. 如何判定体系气-液相已达平衡？

5. 试设计其他方法用以测定气-液两相组成，并比较其优缺点。

6. 根据本实验设计一组实验测定水-正丙醇二组分体系的气液平衡相图。

【拓展与应用】

恒压下双液系沸点-组成的测定和绘制，对工业生产具有重要的指导意义。只有掌握了气-液相图，才有可能利用蒸馏方法来使液体混合物有效分馏。例如，化工生产中两组分或多组分液液有机体系的组分分离，常利用沸点-组成图通过蒸馏或精馏方法实施对组分的分离。对能形成最高恒沸点的体系如 $HCl-H_2O$ 体系，其常温常压下的恒沸混合物可以作为标准酸使用。

【参考文献】

1．刁国旺，阚锦晴，刘天晴编著. 物理化学实验. 北京：兵器工业出版社，1993.

2．傅献彩，沈文霞，姚天扬编. 物理化学：上册. 第4版. 北京：高等教育出版社，1990.

3．陈龙武等. 对液相平衡实验改进的讨论. 教材通讯，1990；1：35.

4．吴俊生等. 用沸点仪测定气液相平衡数据的研究. 高校化学工程学报，1991；5：24.

5．J. Timmermans. The Physico-Chemical Constants of Binary Systems. New York：Wiley-Interscience，1959/1960，1/2：37.

6．周书天. 关于二元溶液对 Raoult 定律偏差的讨论. 化学通报，1987；7：36.

7．http：//www. chem. whu. edu. cn/files/syzx/f/10486_2_f_3/jcwhsy/

8．http：//kcjs. yznu. cn/wlhx/article. asp？id=674.

9．http：//202.192.168.54/wulihuaxue/wuhuashiyan/index. html.

10．罗鸣，石士考，张雪英编. 物理化学实验. 北京：化学工业出版社，2012.

11．张秀华编. 物理化学实验. 哈尔滨：哈尔滨工程大学出版社，2015.

实验 2.3　三组分液-液体系相图的绘制

【实验目的】

1. 熟悉相律，掌握用三角形坐标法表示三组分体系相状态的方法。
2. 用溶解度法作出具有一对共轭溶液的正戊醇-乙酸-水体系的相图。

【基本原理】

相图是表示体系处于相平衡状态的几何图形，测绘相图是热力学实验的重要组成部分。对于三组分体系，组分数 $C=3$，当体系处于恒温恒压条件时，根据相律，体系的条件自由度 f^{**} 为：

$$f^{**}=3-\Phi \tag{2.3-1}$$

式中，Φ 为体系的相数。体系相数最小（$\Phi_{min}=1$）时，其自由度最大，即 $f^{**}_{max}=3-1=2$，说明浓度变量数最多为2。因此，在等温等压条件下，可用平面图表示三组分体系的状态和组成间的关系——三组分相图，常用等边三角形坐标表示。

如图 2.3-1 所示，等边三角形顶点分别代表三种纯物质 A、B 和 C，落在 AB、BC 和 CA 三条边上的体系分别由 A 与 B、B 与 C 和 C 与 A 的二组分体系所组成，三角形内任何一点都表示三组分体系的组成。将三角形的每一条边分为 100 等份，通过三角形内任何一点 O 引平行于各边的直线并与底边相交，根据几何学原理，三条线段之和 $a+b+c=AB=BC=CA=100\%$，其 O 点的组成可由 a、b、c 来表示。通常组分的含量按逆时针的方向读取，即 O 点所代表的三个组分的组成（%）分别为 $x_A(\%)=a'=a$、$x_B(\%)=b'=b$ 和 $x_C(\%)=c'=c$。如果已知三组分中任何两个组成（%），只需作两条平行线，其交点就是被测体系的组成点。

常温常压下，正戊醇和水几乎不互溶，两者混合后会很快分层，而乙酸和正戊醇及乙酸和水都是互溶的，于正戊醇-水体系中加入乙酸则可提高正戊醇与水的互溶程度。如图 2.3-2 所示，随着乙酸的加入，正戊醇与水的互溶度增加，所以图中曲线以下区域为两相共存区，以上部分为单相区。由于乙酸在正戊醇层和水层中的非等量分配，因而代表平衡共存的两层溶液（亦称共轭溶液）浓度的 a、b 两点的连线（亦即连接线）一般不与底边平行。若三组分体系的总组成（如图 2.3-2 中的 c 点）落在 a、b 两点的连线上，则平衡共存两相的组成均由 a、b 两点来表示，只是两个共轭相的相对量不等而已。

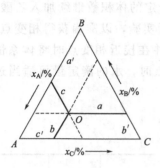

图 2.3-1　三角坐标

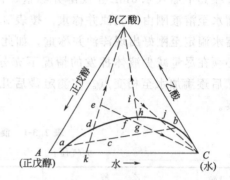

图 2.3-2　滴定路线图

现有一个正戊醇-水的二组分体系，其组成为 k，此时为两相共存。向其中逐渐加入乙酸，则体系总组成沿 kB 线向 B 变化，而正戊醇-水的比例保持不变，在曲线以下区域内体系为互不相溶的两相，将溶液振荡时体系呈现浑浊状态。继续滴加乙酸直到曲线上的 d 点时，体系将由两相区进入单相区，溶液将由浑浊转为清澈，d 点即滴定时的相变点。继续加乙酸至 e 点，体系仍为单相，若向该体系中滴加水，则体系总组成将沿 eC 线向 C 变化（此时乙酸-正戊醇比例保持不变），直到曲线上的 f 点，体系又由单相区进入两相区，溶液则从清澈变为浑浊。继续滴加水至 g 点仍处于两相，若此时再向体系中加入乙酸至 h 点，体系则又由两相区进入单相区，溶液又由浑变清。如此反复进行，可获得 d、f、h、j……相变点，将它们连接起来，可得正戊醇-乙酸-水三组分体系单相区与两相区的分界曲线，亦即恒温恒压下正戊醇-乙酸-水三组分体系相图。

若按三组分相图中曲线以下区域总组成配制溶液（如图 2.3-3 中 p_1 点），体系将分成两层，平衡共存的两相组成点（如图 2.3-3 中 k_1 和 n_1 点）的连线即为连接线（如 k_1n_1 线）。如果通过实验绘制出的连接线正好通过预先配制体系的总组成点，则说明实验得到了较好的结果。否则需分析误差产生的原因并予以解决。

三组分体系相图的绘制是理解三种组分间互溶程

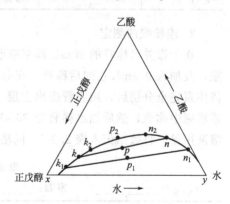

图 2.3-3　连接线的测定

度的基础实验方法，通过相图绘制对了解组分间的相互作用、模拟工业生产中的实用配方和进行石油化工产品的萃取分离等都有很大帮助。

【仪器与试剂】

仪器：恒温装置 1 套，电子天平 1 台，50mL 酸、碱滴定管各 1 支，1mL 刻度移液管 1 支，5mL 刻度移液管 2 支，20mL 具塞锥形瓶 1 只，100mL 具塞锥形瓶 2 只，100mL 烧杯 1

个，洗瓶 1 个，滴管 2 支，吸水纸。

试剂：NaOH(A.R.)，酚酞指示剂，正戊醇（A.R.），乙酸（A.R.），蒸馏水。

【实验步骤】

1. 相分界线的测定

连接并控制恒温槽温度为（25±0.1）℃。称量已烘干的 100mL 具塞锥形瓶，先用刻度移液管在其中加入 4.0mL 正戊醇并称重，再用移液管加入 0.35mL 乙酸并称重，然后滴加蒸馏水至溶液刚由清变浊并称重。按表 2.3-1 所给定的体积数继续加入乙酸并称重，再用蒸馏水滴定至刚好出现浑浊并称重，如此反复进行实验，以准确获得相变点。注意：滴定时必须在尽量减少液体挥发的情况下充分振荡，并在接近相变点时将体系恒温至少5min，然后逐滴加水至相变点。在测定最后几个相变点时，水的滴定量可适当过量以便肉眼观察。

表 2.3-1　滴定数据表

室温：＿＿＿＿＿＿　　　　大气压：＿＿＿＿＿＿

编号	正戊醇 /mL	乙　酸			水			$w_{正}/\%$	$w_{乙}/\%$	$w_{水}/\%$
		加入量/mL	质量/g	体系状态	加入量/mL	质量/g	现象			
1	4.0	0.35		澄清			清变浑			
2		0.45		澄清			清变浑			
3		0.55		澄清			清变浑			
4		0.70		澄清			清变浑			
5		1.20		澄清			清变浑			
6		1.60		澄清			清变浑			
7		2.50		澄清			清变浑			
8		5.30		澄清			清变浑			

2. 连接线的测定

在干燥并已称重的 20mL 具塞锥形瓶中加入 5.0mL 正戊醇后称重，加入 5.0mL 水后称重，及加入 0.5mL 乙酸后称重。充分振摇后置恒温槽中恒温至少 30min，其间再振摇几次。待体系完全分层后，用滴管吸出上层（即醇层）2～3mL 于已称重的 100mL 另一干燥具塞锥形瓶中称重，然后加水稀释至 20mL 左右，用标准 NaOH 溶液滴定至终点，记下 NaOH 溶液用量。将数据记入表 2.3-2。同法对下层进行操作。

表 2.3-2　连接线测定数据

$c_{NaOH}=$＿＿＿＿＿＿　　室温：＿＿＿＿＿＿　　　　大气压：＿＿＿＿＿＿

溶　　液		质量/g	V_{NaOH}/mL	乙酸含量 $w/\%$
总组成	上层			
	下层			

【结果与讨论】

1. 根据表 2.3-2 中相变点时溶液中各组分的质量，求出相变点时各组分的质量分数，所得结果绘于三角坐标中。将各点连成平滑曲线，并用虚线将曲线外延到含正戊醇 89.0%、水 11.0%

（水在正戊醇中的饱和溶液）及含水 97.8%、正戊醇 2.2%（正戊醇在水中的饱和溶液）两点。

2. 在三角坐标上定出醇层的组成点（如图 2.3-3 中的 k、k_1 或 k_2 等）和水层的组成点（如图 2.3-3 中的 n、n_1 或 n_2 等）后，连接共轭两相点即得到连接线（如图 2.3-3 中的 kn、k_1n_1 或 k_2n_2 线）。标出原始体系总组成点（如图 2.3-3 中的 p、p_1 或 p_2 等点），其总组成点应当位于相应的连接线上。

【注意事项】

1. 三液系相图还可采用另外两种测绘方法：一种是在两相区内以任一比例将此三种液体混合，置于一定温度下使之平衡，然后分析互成平衡的两共轭相组成，在三角坐标上标出并连成线。这一方法较为繁杂，且药品用量较大。另一种方法是用记录滴定体积确定相变点，其过程与本实验操作步骤相似，不同之处是需用液体的密度进行换算，以确定相变点各组分的质量分数。

2. 因所测体系含有水的成分，故用于盛放三组分体系的玻璃器皿均需干燥。

3. 在滴加水的过程中需一滴一滴地加入（体系中乙酸含量较少时特别要注意慢滴），且需不停地摇动锥形瓶，由于分散的小"油珠"颗粒能散射光线，所以体系会呈现浑浊状态，若在 2～3min 内仍不消失，即到达相变点。乙酸含量较多时，开始滴加水的速度可以快些，接近终点时则要逐滴加入。

4. 在实验过程中注意防止或尽可能减少正戊醇和乙酸的挥发，测定连接线时取样要迅速。吸取水层溶液时可采用慢吹气的方法插入移液管。

5. 若用水滴定超过相变点，可以用乙酸回滴至由浑变清来确定相变点，但需记住称重并记录各组分的实际用量。

【思考题】

1. 试用相律分析三组分相图中各点、线、面的相数和自由度。

2. 连接线交于曲线上的两点（如图 2.3-3 中的 k_1 和 n_1 两点）代表什么？为什么连接线与底边不平行？

3. 用乙酸或水滴定至清、浑浊变化以后，为什么需要加入过剩量？其过剩量的多少对结果有何影响？

4. 当体系溶解度曲线和体系总组成点确定后，为何只需分析醇层中的乙酸含量即可绘制连接线？

5. 如果滴定过程中有一次清浊转变时的现象不明显或相变点判断失误（滴定过量），是否需要立即倒掉溶液重新开始实验？

【拓展与应用】

人们在防治病虫害过程中，常需考虑药剂的有效成分、药剂对植物叶的润湿效果、药剂的稳定性和成本，以及如何减少药剂对环境的污染等问题，研制合适的农药微乳剂则是解决上述问题的较好方法。在研制过程中，一般采用绘制三组分相图的方法来寻找体系在一定温度范围的相行为，如先绘制表面活性剂-油-水体系相图，然后以农药的油溶液代替油绘制拟三组分相图，这样就可以方便地获得合适相状态的农药微乳剂体系。

【参考文献】

1. 刁国旺，阚锦晴，刘天晴编著. 物理化学实验. 北京：兵器工业出版社，1993.

2. 孙尔康，徐维清，邱金恒编. 物理化学实验. 南京：南京大学出版社，1999.

3. 傅献彩，沈文霞，姚天扬，侯文华编. 物理化学：上册. 第5版. 北京：高等教育出版社，2005.

实验 2.4　热电偶的制作及其标定

【实验目的】

1. 了解热电偶温度计的工作原理及其应用。
2. 掌握热电偶温度计的制作及标定方法。
3. 初步掌握步冷曲线的测量方法。

【基本原理】

当两种不同的物质（如金属 M_1 与 M_2）相互接触时，如图 2.4-1 所示，在接触界面上会产生电子交换。如果两种金属的电子逸出功不同（活泼性较强的金属，其电子逸出功较小），则电子逸出功较小的那种金属如金属 M_1 的电子更易跑到电子逸出功较大的那种金属如金属 M_2 上，因此在单位时间内越过界面由 M_1 进入 M_2 的电子数多于由 M_2 进入 M_1 的

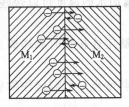

电子数，以致在一定时间内，M_2 得到了多余的电子带负电；相应地，M_1 则由于失去较多的电子而留下与 M_2 上过剩电子数相当的空穴而带同样数目的正电荷，表现为正、负电荷分别在 M_1 和 M_2 一侧靠近界面处累积，从而在界面上形成一个界面电场。界面电场的方向是从过剩电子的 M_2 一方指向缺乏电子的 M_1 的另一方。由于电子在电场中是从低场强方向移向高场强方向的，因此界面电场的形成阻碍了电子自 M_1 进入 M_2。开始时，由于界面两侧过剩电荷不多，因此界面电场较小，但随过剩电荷数的增加而增加，界面电场越来越强，对电子自 M_1 进入 M_2 的阻力也会逐渐加大，以致

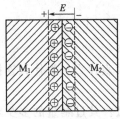

图 2.4-1　接触电势
产生示意图

最终在一定的条件下，电子从 M_1 进入 M_2 的速率与从 M_2 进入 M_1 的速率相等，达到动态平衡，此时 M_2 上的过剩电子数以及 M_1 上的空穴数将不再增加，界面电场也随之达到稳定值。这种由两种不同的物质相互接触而在界面上产生的电势就称为界面电势或界面接触电势。

很显然，界面接触电势的大小与两种金属的电子逸出功之间的差别密切相关。两种金属的电子逸出功相差越大，其界面接触电势就越大，反之亦然。金属电子逸出功的大小与温度有关，改变温度，也会改变界面接触电势，热电偶温度计正是基于这一原理设计而成的。其设计思路是：将两种不同的金属有机地焊接在一起，测量不同温度下的界面接触电势，并根据界面接触电势与温度间的关系换算成温度值，就形成了一个测温热电偶温度计。图 2.4-2（a）是一种典型的单端热电偶温度计示意图，其中 1、2 分别为镍铬丝和考铜丝，为两种不同的合金；3 为两种合金的焊接点，形成良好的接触界面，即温度敏感点；4 是铜导线，5 为高阻毫伏表。测量时，将焊接点 3 置于待测体系中，从毫伏表读数可推知体系的温度值。

在单端热电偶测量回路中，热电偶镍铬丝 1 与考铜丝 2 分别与铜导线通过两个接点 a 和 b 相连，在该接点处亦会产生界面电势，由于组成 a、b 两个连接点的金属材料不同，因此 a、b 两点的界面电势也不相同，故毫伏表实际读数应为 3 个接触点界面电势的代数和。这显然会给测量带来一定的误差，而且随着 a、b 接点处温度（通常是环境温度）的变化，这

种误差亦会发生变化。所以单端热电偶只在测量精度
要求不太高的情况下使用，实验室常用的马福炉就选
用单端热电偶作温度测量与控制元件。在精确测量中
必须选用如图 2.4-2(b) 所示的双端热电偶温度计。
该温度计由两个单端热电偶温度计串联而成。在双端
热电偶温度计中，铜导线与同种金属相连形成两个连
接点 a 与 a′，若两个连接点的温度相同（由于 a 与 a′
两个连接点常置于同一环境中，这一条件常常是可以
满足的），则在测量回路中 a 与 a′ 两个连接点处产生
的界面电势大小相等、方向相反，以致相互抵消。因
此，测量回路中的界面电势仅仅是两个焊接点界面电

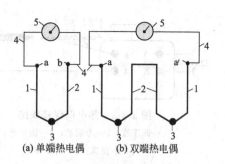

图 2.4-2 热电偶温度计
1—镍铬丝；2—考铜丝；3—焊接
点；4—铜导线；5—高阻毫伏表

势的代数和。测量温度时，总是将其中一端（称冷端）置于冰水浴中，另一端（称热端）置
于待测体系中，并使热端与高阻毫伏表的正接线柱相连，冷端与负接线柱相连。当毫伏表读
数为正时，说明体系温度高于 0℃；反之若毫伏表读数为负，说明体系温度低于 0℃。由于
在两个焊接点中有一端（冷端）温度已经固定，则热电偶的实际热电势仅仅是热端温度的函
数，这就为精确测量温度提供了可能。

附录 3 中列出了一些常用热电偶温度计的热电势与温度的函数关系。实际使用的热电
偶，由于诸多方面的原因，其热电势与温度的关系可能与这些标准值有一定的差别。因此在
精确测量中，通常需要对热电偶进行标定。标定的方法是用热电偶温度计测量一些纯物质的
相变点，以相变点的温度对热电势作图即可得该热电偶的工作曲线（或校正曲线）。通过工
作曲线，可查得在不同热电势时所对应的实际温度值。

【仪器与试剂】

仪器：调压器，加热保温电炉，双掷开关，杜瓦瓶，记录仪，水银温度计，酒精灯，防
护眼镜，钢丝钳，硬质试管。

试剂：苯甲酸（A.R.），锡粒（A.R.），铅粒（A.R.），硼砂，硅油，镍铬丝，考铜丝，
碳棒。

【实验步骤】

1. 双端热电偶的焊接

分别取一根长约 1m 的镍铬丝与考铜丝，将两根金属丝的一端均匀地绞合在一起，用钢
丝钳剪去较长的一端，使两根金属丝端面相平，便于焊接。在考铜丝上穿上小瓷珠，将另一
端同法也绞合在一起。焊接前先将绞合端在酒精灯上微热，迅速插入硼砂中，使胶合头上蘸
以少许硼砂，再在酒精灯焰上加热，使硼砂熔融并裹住绞合头，以免在电弧焊接时使金属在
高温下与空气接触发生氧化。

图 2.4-3 为焊接用仪器接线图，其中调压器输入端接 220V 电源线（通常标注为 A 和 X
接线柱，A 接相线，X 接零线。实际焊接前，禁止接通电源），将待焊接的热电偶绞合端接
入调压器的输出端（通常标注为 a 和 x 接线柱，其中 a 为相线，x 为零线）a 接线柱，另取
一根导线，一端接入 x 接线柱，另一端接上一端已经打磨成尖端的碳棒，用钢丝钳（检查绝
缘层是否完好）夹住碳棒，调压器调至 20～30V，插上调压器电源（回路通电时，不得碰触
回路中任何导电部分，如热电偶金属丝、石墨棒等，以免造成触电事故），调节石墨电极尖

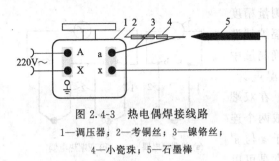

图 2.4-3　热电偶焊接线路

1—调压器；2—考铜丝；3—镍铬丝；

4—小瓷珠；5—石墨棒

端与热电偶绞合端间的间隙至刚好产生电弧为止(不要与金属丝绞合端直接接触)，利用电弧使绞合端熔融成球状即可，焊接完毕，应立即切断电源。同法，焊接另一端。焊接完毕后，用钢丝钳仔细去掉硼砂。

2. 退火

热电偶焊接点是在高温下形成的，因此，新焊接的热电偶焊接点内部存在内应力、金相结构也不均匀等不足之处，会导致热电偶在使用过程中产生不稳定的温差电势，重复性不好。所以用于精确温度测量的热电偶均需进行严格的退火处理，即先将热电偶升高温度，再使其慢慢冷却，直至常温。

3. 热电偶温度计的校正

在两根硬质玻璃试管中，分别加入约 40g 的纯 Sn 粒、纯 Pb 粒，并覆盖少许硅油，以防止金属在升温时氧化。再在另一根玻璃试管中加入 5g 左右的分析纯苯甲酸。另取三支硬质小玻管，加入少量硅油后分别置于上述盛有样品的试管中，用于插入待标定热电偶。

将盛装苯甲酸的试管置于如图 2.4-4 所示加热保温电炉中，热电偶温度计的热端插入其中的小玻管中(注意插到底部)。冷端插入冰水浴中加有少量硅油的小玻管中，按如图 2.4-4 所示连接好线路，双掷开关置 a，接通加热炉电源，将调压器电压适当调高，使温度缓慢上升，直至苯甲酸完全熔化，停止加热(双掷开关断开)。开启记录仪记录热电势与时间的关系曲线，即步冷曲线(数字记录仪使用方法见本丛书第一分册)。样品冷却过程中，应利用小玻璃管轻轻搅拌标准物质，以防止产生过冷现象，尤其当热电势变化趋缓时，更要小心搅拌。搅拌过程中注意不要碰触热电偶，并确保其固定在小玻璃管底部。为准确测量样品温度，应使小玻璃管处于样品中部。当发现热电势保持不变，说明样品已开始凝固，可停止搅拌，但应保持小玻璃管位置不变，直至热电势开始明显下降为止。

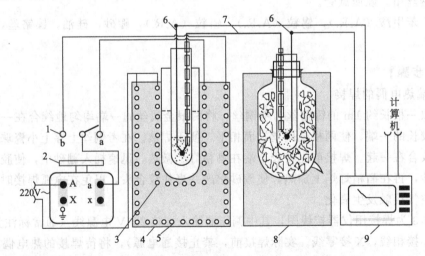

图 2.4-4　热电偶定点校正装置图

1—双掷开关；2—调压器；3—内加热丝；4—加热保温电炉；5—外加热丝；

6—镍铬丝；7—考铜丝；8—冰水浴；9—记录仪

同样方法测量 Pb、Sn 体系的步冷曲线。由于 Pb、Sn 的熔点比较高，因此直接冷却，其冷却速度可能过快，以致步冷曲线上平台不明显，为此，可将双掷开放置 b，接通加热电源，适当调节保温电压（50V 左右），可减慢冷却速度，改善步冷曲线形状，便于准确测量。

　　将热电偶热端插入一盛有少量硅油的小玻管中，置于盛有蒸馏水的小烧杯中。再将烧杯放在电炉上加热至水沸腾，用上述记录仪记录水沸腾时的热电势值。同时将一支 50～100℃ 的标准水银温度计与热电偶小玻管并列插在一起，记下温度计的读数值，从而得到沸腾温度下热电偶的热电势。

　　实验结束后，保留制备的热电偶，以便后续实验使用。

【结果与讨论】

　　1. 用作图软件将所测数据以热电势对时间作图，分别得苯甲酸、Sn、Pb 冷却时的步冷曲线。从步冷曲线上读取平台出现时对应的热电势值，记入表 2.4-1 中，并根据文献查找各标准物质的相变温度，完成表 2.4-1。水的相变温度由水银温度计读取（可能与文献值有偏差，想一想，为什么?），对应的热电势值由记录仪读取。

表 2.4-1　不同物质相变温度与热电势对照表

测量样品	相变温度/℃	热电势/mV	测量样品	相变温度/℃	热电势/mV
Pb			苯甲酸		
Sn			H_2O①		

① 相变温度以温度计读数为准。

　　2. 将热电势与对应相变温度作图得一平滑曲线，该曲线即为热电偶的校正曲线，亦称工作曲线。

　　3. 本套教材附录中列有同型号热电偶的热电势-温度标准值，取相同温度区间的数值作图，比较标准曲线与实验中制备的热电偶工作曲线的异同点，讨论产生这些差异的可能原因。

【注意事项】

　　1. 用电安全是本实验的关键，首先应按照仪器接线图准确接线，通电前，必须先经实验指导老师检查、确认。同时应注意热电偶的摆放位置，绝对禁止在通电时人体碰触热电偶。

　　2. 在标定和使用热电偶时，其热端所在的位置对热电势影响很大，应尽量使热端处在能反映体系温度的那一点上。这一点与其他类型的温度计的使用要求是一致的。

　　3. 本实验中待测物质冷却时应注意搅拌，以防出现过冷现象。搅拌时注意幅度要小，尽量不要使大小玻璃管相互碰撞。同时要注意使热电偶始终处于小玻管底部。搅拌可在平台出现时停止。

　　4. 由于液态金属的密度比较大，金属熔化后，小玻管很容易浮于表面，影响温度的准确测量，严重时会使实验失败。实验时应注意固定小玻管的位置，使其始终处于待测物质的中部。

　　5. 更低温度下的热电偶校正参见参考文献 2。

【思考题】

　　1. 为什么要采用电弧法焊接热电偶？新焊接的热电偶为什么要进行退火处理？

　　2. 热电偶温度计的测量范围很广，但受其温度系数的影响，其测量精度往往不高。如何提高热电偶的测量精度?

3. 为什么要进行热电偶校正?常用的校正方法有哪些?简述其原理。能否用文献中所列数据作热电偶的工作曲线,为什么?

4. 简述热电势产生的机理及其用于温度测量的理论依据。

5. 举例说明热电偶的应用。

【拓展与应用】

1. 随着用途和测量精度的要求不同,可以采用多种不同材质的热电阻丝制备不同型号的热电偶。表 2.4-2 列出了常见热电偶的型号、电阻丝的组成及实用温度等。

表 2.4-2 常见热电偶一览表

热电偶名称	类型	正极材料	负极材料	测温区间	适用范围
铂铑 10-铂	S	90%铂-10%铑 铂铑合金	纯铂	≤1300℃(长期) ≤1600℃(短期)	氧化性和 惰性气氛
铂铑 13-铂	R	87%铂-13%铑 铂铑合金	纯铂	≤1300℃(长期) ≤1600℃(短期)	氧化性和 惰性气氛
铂铑 30-铂铑 6	B	70%铂-30%铑 铂铑合金	94%铂-6%铑 铂铑合金	≤1600℃(长期) ≤1800℃(短期)	氧化性和惰性 气氛和真空(短期)
镍铬-镍硅	K	90%镍-10%铬 镍铬合金	97%镍-3%硅 镍硅合金	-200~1300℃	氧化性和惰性气氛
镍铬硅-镍硅	N	84%镍-14.2%铬- 1.4%硅镍铬硅合金	95.5%镍-4.4%硅- 0.1%镁镍硅镁合金	-200~1300℃	氧化性和惰性气氛
镍铬-铜镍 (铜-康铜)	E	90%镍-10%铬 镍铬合金	55%铜-45%镍-少量 (锰,钴,铁)铜镍合金	-200~900℃	氧化性和惰性气氛
铁-铜镍 (铁-康铜)	J	纯铁	55%铜-45%镍-少量 (锰,钴,铁)铜镍合金	-200~1200℃ 0~750℃(通常)	真空,氧化,还原 和惰性气氛
铜-铜镍 (铜-铜镍)	T	纯铜	55%铜-45%镍-少量 (锰,钴,铁)铜镍合金	-200~350℃ -200~0℃(通常)	高温下抗氧化性能差

2. 为了提高热电偶的温度系数,增加温度的测量精度,可以将几根热电偶串联起来使用,这就是热电堆。新型的氧弹量热计已经用热电堆取代了贝克曼温度计。

【参考文献】

1. 刁国旺,阚锦晴,刘天晴编著. 物理化学实验. 北京:兵器工业出版社,1993.

2. [苏] L. I. 安特罗波夫著. 理论电化学. 吴仲达等译. 北京:高等教育出版社,1982.

3. 黄泰山等编著. 新编物理化学实验. 厦门:厦门大学出版社,1999.

实验 2.5 二组分金属相图的绘制

【实验目的】

1. 掌握步冷曲线的测定方法和原理及其在相图测定中的应用。

2. 初步掌握热分析法测绘金属相图的基本原理和方法,了解低共熔点的物理含义及其确定方法。

3. 了解相图在物质提纯与纯度分析中的应用。

【基本原理】

相图又称为状态图，描述在一定条件且体系处于平衡态下，物质性质，如温度、压力、组成等之间的关系。利用相图可描述给定条件下，体系由哪些相所构成，各相的组成又是什么等。为便于分析，在相图中，常将表示体系总组成的点称为"物系点"，表示某一相组成的点称为"相点"。显然，在单相区物系点与相点是重合的，而在两相或两相以上的多相区，物系点与相点通常是分开的。在多相区，根据相点和物系点的相对位置，利用"杠杆规则"可以求算各相的相对含量。

相图种类很多，用途也各不相同。本实验通过测量步冷曲线测绘给定压力下二组分合金体系的相图。

部分常见的不同类型的二组分金属相图见图 2.5-1。这些体系的共同点是在溶液相两种金属完全互溶；但在凝固态中，有的如图 2.5-1(a) 所示，两种金属可以以任意比例互溶成固态溶液，又称固溶体，Cr-Ni 体系就属于这一类型；而有的则如图 2.5-1(b)、(c) 所示，两种金属在固相中部分互溶，本实验要测定的 Pb-Sn 体系相图就属于这一类型；有的则如图 2.5-1(d) 所示，固态时的互溶度很小，以致可以忽略，Zn-Sn 相图就属于这一类型。

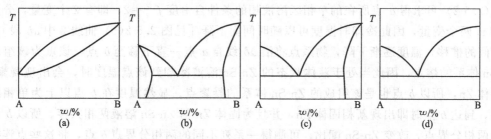

图 2.5-1　部分常见的二组分金属体系相图示意图

图 2.5-2(a) 为用"温度 (T)-组成 ($w/\%$)"表示的 Zn-Sn 体系的相图。图中 L 为液相区，即 Zn-Sn 溶液 (l)；α、β 分别为纯 Zn(固)、纯 Sn(固) 和液相共存的二相区，曲线 AOD 为 Zn-Sn 二组分体系熔点随组成变化的曲线，亦为新相生成或旧相消失的分界线；水平线 BOC 为 Sn(固)、Zn(固) 和液相共存的三相共存线，M 为 Zn(固) 与 Sn(固) 共存的二相区，O 为最低共熔点，此时 Zn(固)、Sn(固) 与液相三相共存，O 点的组成为含 Sn 量 92%。

固液平衡相图最简单的测绘方法为热分析法：首先将一定组成的体系加热升温至液态单相区，然后让其慢慢冷却，记录体系温度随时间的变化曲线——步冷曲线。根据步冷曲线的形状即可确定相界线。图 2.5-2(b) 标示了 Zn-Sn 体系几种不同组分的步冷曲线。现在以含 40%Sn 的组分从液态至固态的冷却过程中测得的步冷曲线为例，说明步冷曲线在确定相界线中的应用。

假设体系已经升温至完全熔化状态，即物系点落在如图 2.5-2(a) 中的 a 点。为确定体系在不同状态时的变量数，相图分析中常引用如下的相律公式计算自由度 f：

$$f = C - \Phi + n \tag{2.5-1}$$

式中，C 是体系的独立组分数，这里为 2；Φ 是体系的相数；n 为其他对体系状态的影响因素，通常为 2，即温度 T 和压力 p 两个变量。由于在本实验中，体系为凝聚相，则压力对体系的影响较小，加之在整个实验过程中，压力的变化较小，故压力变量可视为常数，

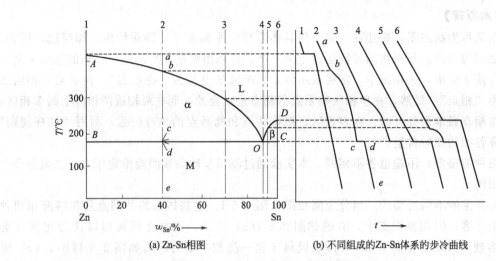

(a) Zn-Sn相图　　　　　　　(b) 不同组成的Zn-Sn体系的步冷曲线

图 2.5-2　Zn-Sn 相图与步冷曲线

则 $n=1$，此时体系的变量可用条件自由度 f^* 表示，则：

$$f^* = 2 - \Phi + 1 \tag{2.5-2}$$

据式(2.5-2)可求得 a 点所在的单相区溶液相的条件自由度 $f^*=2$，即有2个变量，分别为 T 和 w 两个变量，因此冷却时温度可以随时间而下降［见图 2.5-2(b) 曲线 2 中 ab 段］。随着时间的推移，温度逐渐下降，物系点将沿 ab 线自 a 点一直下移至 b 点，该点为该组成的 Zn-Sn 体系的熔点，因此当处于液体状态的 Zn-Sn 溶液冷却到该点温度时，会出现凝聚相，即固体 Zn，所以 b 点也是该组成的 Zn-Sn 体系的凝聚点。显然温度在 b 点以上为单相区溶液相，到达 b 点时即出现新相固体 Zn，并且为固体 Zn 与 Zn-Sn 溶液两相共存，所以 b 点又称为两相分界点，改变 Zn-Sn 配比，可测得一系列不同的两相分界点 b 点，将这些点连接起来即构成了 AOD 曲线，该曲线又称为两相（即固相与液相）分界线。

如前所述，b 点为两相共存点。根据式(2.5-2)计算可知，此时的条件自由度 $f^*=1$，即温度还可以作为变量继续下降。但由于 Zn 的析出，释出部分潜热，体系的冷却速度变慢。反映在步冷曲线上为曲线的斜率变小而出现了如图 2.5-2(b) 曲线 2 中 b 点处所示的拐点，所以拐点即为该组成的 Zn-Sn 体系的凝聚点。随着温度的进一步降低，溶液相中将有更多的 Zn 析出，因此溶液相中含 Sn 量将逐渐增加，溶液的组成将沿着 AO 两相分界线逐渐移向 O 点。而物系点将继续沿着 bc 线向 c 点移动。在任一时刻溶液相与固态 Zn 的相对量均可用杠杆规则来求得。相应的步冷曲线沿着图 2.5-2(b) 中曲线 2 的 bc 段下移。当物系点的温度降到 c 点时，溶液相的组成到达 O 点。此时开始有固体 Sn 析出，体系由 Zn、Sn 和溶液三相共存，所以 O 点又称为三相共存点。据式(2.5-2)可得 $f^*=0$，即当物系点到达 c 点时，体系变量数为零，步冷曲线上出现平台。如图 2.5-2(b) 曲线 2 的 cd 段。待体系完全凝固后，溶液相消失，物系点进入 M 区，$f^*=1$，温度将随时间而下降，见图 2.5-2(b) 曲线 2 的 d 点以下部分。

综上所述，步冷曲线上的拐点或平台，通常与体系的热效应有关，而热效应又常常伴随着相的变化。所以根据步冷曲线的形状可以确定相图中的一些相变点，这就是热分析法的基本依据所在。

当体系处于单纯冷却时，其冷却速度与体系本身的热容、散热情况及体系和环境之间的温差等因素有关。对于某一特定的体系，体系的热容、散热情况等在冷却过程中基本不变，

则体系的冷却速度 $-\mathrm{d}T/\mathrm{d}t$ 仅仅与体系和环境间的温度差（$T_{体}-T_{环}$）有关，即：

$$-\frac{\mathrm{d}T}{\mathrm{d}t}=\alpha(T_{体}-T_{环}) \tag{2.5-3}$$

式中，α 为比例系数，与体系热容、散热情况等有关；t 为冷却时间；$T_{体}$ 和 $T_{环}$ 分别为体系和环境的温度。显然 $T_{体}-T_{环}$ 太大，则冷却速度过快，步冷曲线上拐点出现不明显，为此除给样品管加热电炉设置适当的保温层外，必要时可在保温层外壳中安装保温电炉丝，提供一定的加热电流，以减小 $T_{体}-T_{环}$，降低冷却速度；但保温功率也不宜过大，否则会延长实验时间，甚至会影响到测量体系，造成实验失败。

一般而言，通过步冷曲线即可定出相界。然而，对于复杂的相图，有时还必须配合其他方法，才能正确无误地画出相图。例如有些物质伴随着晶型的变化，而晶型变化伴随的热效应往往是较小的，在步冷曲线上不易显示出来，也就不能用步冷曲线确定不同晶型之间的相界线了。

本实验采用热分析法测绘 Pb-Sn 相图或 Bi-Sn 相图。

Ⅰ. Pb-Sn 相图绘制

【仪器与试剂】

仪器：调压器，加热保温电炉，双掷开关，杜瓦瓶，记录仪，大、小号硬质试管，自制的镍铬-考铜热电偶。

试剂：锡粒（A.R.），铅粒（A.R.），硅油。

【实验步骤】

1. 样品的配制

分别称取不同量的 Pb 粒和 Sn 粒置于硬质玻璃试管中，Pb 与 Sn 的质量之和为 50g 左右，样品中含锡量分别为 20%、40%、63%、75% 和 85%，加入少量硅油作保护剂。在另一支小试管中加入少量硅油后插入上述大试管中，备用（为节约资源、减少浪费和保护环境之需要，样品一般可循环使用，无需另行配制）。

2. 金属相图的测绘

将自制的热电偶热端插入置于待测样品中的小试管里，热电偶的另一端插入冰水浴中，按图 2.4-4 所示接线图连接好线路。双掷开关置于 a，插上电源，调节加热电压在 100～150V，使样品缓缓升温，直至金属完全熔化，停止加热。

加热电压调至 0，双掷开关置 b，适当调节保温电压（30～50V，视锡含量和环境温度而定，锡含量少以及环境温度较低时，应使用较高的保温电压；反之锡含量高以及环境温度较高时，应适当调低保温电压）。

打开记录仪开关，记录体系温度（热电势）随时间的下降曲线。同理，为防止过冷现象引入测量误差，冷却过程中应轻轻搅拌样品。观察到拐点以后，可停止搅拌，但应仍按住盛放热电偶的小玻管，以防其浮到样品表面，影响准确测量。

如前所述，任意组成的样品，最终都会聚到最低共熔点，因此记录步冷曲线时，应等到温度保持恒定，即出现完整平台后再记录一段温度下降曲线后方可停止实验。

测量结束后，应及时启动计算机相关程序，将储存在记录仪中的数据取走，并存盘，以便记录仪回复初始状态，进行下一个样品的测量。

【结果与讨论】

1. 以热电势对时间作图，求作不同组分含量时的步冷曲线，确定拐点及平台的位置，找出对应的热电势值，列入表 2.5-1。

2. 根据实验 2.4 测得的热电偶工作曲线，采用内插法求得各拐点及平台热电势所对应的温度值，一并列入表 2.5-1 中。

表 2.5-1　不同组分相变点的热电势及其所对应的温度值

含锡量/%	热电势/mV		相变温度/℃	
	拐　点	平　台	拐　点	平　台
0(Pb)①				
20				
40				
63				
75				
85				
100(Sn)①				

① 可采用"实验 2.4 热电偶的制作及其标定"中的测量值，也可另行测量。

3. 以温度对组成作图，可得二组分 Pb-Sn 体系相图。

4. 根据该相图确定 Pb-Sn 体系的最低共熔点及其组成。

【注意事项】

1. 加热熔化样品时，加热温度不宜过高，否则会使金属蒸发，带来环境污染，同时也会使覆盖在金属表面的保护剂沸腾挥发，甚至分解。建议：①加热电压不宜太高，尤其接近熔点时应适当调低加热电压；②升温时注意观察热电偶输出的热电势值，一段时间内出现热电势保持基本不变，说明正在熔化。熔化结束后，热电势又开始升高，此时可以停止加热，并准备测量步冷曲线。

2. 热电偶的热端应置于盛放热电偶的小玻管的底部，小玻管的底部应处于样品中部，否则将得不到完好的步冷曲线。

3. 样品冷却时，在物质析出前应持续轻微搅拌，防止出现过冷现象。搅拌时，应注意热电偶不得短路，并确保热电偶热端处于样品中部。

4. 引起步冷曲线平台不明显的可能原因还有：样品不纯、冷却速度不合适（太快或太慢）、样品量不够等，实验时应注意排除。

5. 为减少测量误差，热电偶与导线连接的各端点应尽可能相互靠近，以减少因环境温度梯度而带来的连接点的误差（事实上，越靠近加热炉，环境温度越高）。

【思考题】

1. 画出含 Sn 为 70%、92% 及纯 Sn 的步冷曲线，简述相变情况，计算各区间的条件自由度 f^*。

2. 某学生测得的步冷曲线一直在无规律地抖动，分析可能的原因。

3. 如果测得的各组分步冷曲线的拐点比文献值低，分析可能的原因。

4. 简述步冷曲线可用于确定相界的基本原理。

5. "步冷曲线可以绘制任何复杂的相图"说法对吗？为什么？举例说明。讨论热分析法在其它领域中可能的应用。

6. 请查阅文献中介绍的 Pb-Sn 相图，并与你的测量结果进行比较，有何不同，为什么？

【拓展与应用】

1. 事实上铅锡相图并不是最简单的二元合金相图，精确分析发现在较低浓度时，铅锡间可形成部分互溶的固溶体。完整的铅锡相图的示意图如图 2.5-3 所示，其中 α 区和 β 区为固溶体Ⅰ和固溶体Ⅱ，分别对应于 Sn 在 Pb 中的固溶体（含锡铅合金）和 Pb 在 Sn 中的固溶体（含铅锡合金）。

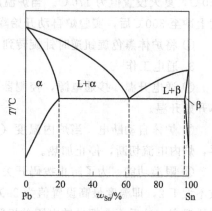

图 2.5-3 Pb-Sn 相图示意图

2. 如需完整测绘金属合金相图，除热分析方法外，还常需借助其他技术。例如，图 2.5-3 Pb-Sn 相图中 α、β 相的存在以及固溶体边界线的确定可用金相显微镜、X 射线衍射方法以及化学分析等方法来解决。本实验并未测定固溶体区，可根据文献结果予以补上，以得到完整的该金属合金相图概念。

【参考文献】

1. 刁国旺，阚锦晴，刘天晴编著. 物理化学实验. 北京：兵器工业出版社，1993.

2. 天津大学物理化学教研室编. 物理化学：上册. 第 4 版. 北京：高等教育出版社，2003.

3. 黄泰山等编著. 新编物理化学实验. 厦门：厦门大学出版社，1999.

Ⅱ. Bi-Sn 相图绘制

【仪器与试剂】

仪器：金属相图实验炉（见图 2.5-4），微电脑温度控制仪，铂电阻，玻璃试管，坩埚，天平。

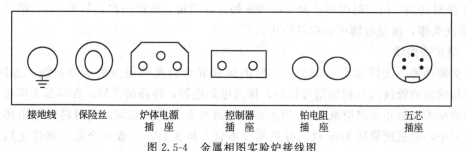

| 接地线 | 保险丝 | 炉体电源
插座 | 控制器
插座 | 铂电阻
插座 | 五芯
插座 |

图 2.5-4 金属相图实验炉接线图

试剂：纯锡，纯铋，石墨。

【实验步骤】

1. 配制样品

用感量为 0.1g 的天平分别配制含铋量为 30％、58％、80％的锡铋混合物各 100g，另外称纯铋 100g，纯锡 100g，分别放入五个玻璃试管中。

2. 通电前准备

① 首先接好炉体电源线、控制器电源、铂电阻插头、信号线插头、接地线。

② 将装好药品的试管插入铂电阻，然后放入炉体。

③ 设置控制器拨码开关　由于炉丝在断电后的热惯性作用，将会使炉温上冲 100～160℃ (冬天低夏天高)。因此设置拨码开关数值应考虑到这一点。例如：要求样品升温为 350℃，夏天设置值为 170℃。当炉温加热至 170℃时加热灯灭，炉丝断电，由于热惯性使温度上冲至 350℃后，实验炉自动开始降温。

④ 将炉体黑色旋钮逆时针旋转到底，处于保温状态。

3. 通电工作

① 通电升温　接通电源，控制器显示室温，加热灯亮，炉体上电压表指示电压值，炉体开始升温。

② 炉体自动断电　当炉内温度 (即显示温度) 高于设置温度后，加热灯灭，电压表指零，炉内电流切断，停止加热。

③ 限温功能　为了防止拨码开关值设置过大而损坏铂电极软件功能，使拨码开关百位数不大于 2，即温度最高设置值为 299℃ (万一拨码开关百位数大于 2，程序中也认为是 2) 这样温度上冲后不会超过铂电阻的极限值 500℃。

④ 一次加热功能　由于实验中按先升温后降温的顺序进行，所以软件中采取一定的措施使得温度降到低于拨盘值时仍不加热，只有操作人员按复位键或重新通断一次电源，炉体才重新开始加热至拨码开关值。

⑤ 中途加热　当炉体升温未达到要求温度时，如果显示温度小于 299℃，则可增加拨码开关数值后再按一下复位键，加热继续进行。当显示温度超过 299℃时，把黑色旋钮向顺时针旋动 (工作人员不能离开)，这时炉体继续加热，注意应提前切断炉丝电流 (防止热惯性使温度上冲过高)，即逆时针旋动黑色旋钮至电压指示为零。

⑥ 保温功能　由于冬季气温较低，为防止温度下降太快，不易发现拐点平台现象，可将黑色旋钮顺时针旋动，使电压表指示 20～40V，使炉体中有少量的保温电流。正常温度下降为 4℃·min^{-1}左右。

⑦ 报时功能　按定时键可选择 15～60s 的定时鸣笛，按第一次，显示 15s，第二次显示 30s，依次类推，按复位键可使叫声停止。

4. 测步冷曲线

依次测纯铋、含铋 30%、58%、80% 的铋锡混合物及纯锡等的步冷曲线，方法如下：将装样品的玻璃管放入金相相图实验炉，接通电炉电源，样品熔化后，在样品上面覆盖一层石墨粉或松香 (防止金属被氧化)，用小玻棒将熔融金属搅拌均匀。同时将铂电阻热端插入熔融金属中心距玻璃管底 1cm 处。样品温度不宜升得太高，一般在全部金属熔化后，再升高 30℃即可停止加热，让样品在玻璃管内缓缓冷却，同时开动微电脑控制器，记录冷却曲线。冷却速度不能太快，最好保持降温速度在 6～8℃·min^{-1}。

【结果与讨论】

1. 记录数据：

　　　　　　　　室温：_____　　　　气压：_____

冷却过程中每隔 1min 记录一次控温仪上的温度读数填入表 2.5-2：

表 2.5-2　步冷曲线的绘制

纯铋	
纯锡	
58%铋	
30%铋	
80%铋	

2. 温度校正（见表 2.5-3）

表 2.5-3　温度校正

组成	熔点/℃	记录仪读数
纯铋	271	
纯锡	232	
58%铋	139	
水	沸点	

3. 以检流计读数为纵坐标，时间为横坐标，作出各合金的冷却曲线。

4. 用已知纯铋、纯锡、58%铋的熔点及水的沸点做标准温度。以冷却曲线上的转折点的读数作横坐标，标准温度作纵坐标，作出热电偶工作曲线。

5. 从工作曲线上查出 30%、80%铋合金的熔点温度。以横坐标表示组成，纵坐标表示温度，作出 Sn-Bi 二元合金相图。

【注意事项】

1. 测试时，发现温度上升至 450℃，并且加热灯继续亮或者电压表不回零，应迅速提出铂电阻防止烧坏。

2. 测试结束后，拨码开关应置于零，黑色旋钮应逆时针旋到底，防止他人通电时一直升温而出事故。

3. 工作时操作人员不能离开。

【思考题】

1. 金属熔融体冷却时冷却曲线上为什么会出现转折点？纯金属、低共熔金属及合金等的转折点各有几个？曲线形状如何？

2. 如果合金组成进入固熔体区（本相图含 Sn85%以上），则步冷曲线该是什么形状？

【参考文献】

1. 鲁道荣主编. 物理化学实验. 合肥：合肥工业大学出版社，2002.

2. 夏海涛主编. 物理化学实验. 哈尔滨：哈尔滨工业大学出版社，2003.

实验 2.6　金属极化曲线的测定

【实验目的】

1. 掌握金属极化曲线测定的基本原理和方法。

2. 掌握电极极化、超电势等概念，了解自腐蚀电势、自腐蚀电流和钝化电势、钝化电流等物理量以及它们的测定方法。

3. 了解电化学工作站或恒电位仪的基本工作原理，掌握其使用方法。

4. 掌握电化学保护的概念、种类及其意义，了解金属极化曲线在电化学腐蚀和防护中的应用。

【基本原理】

将一种金属（电极）浸在电解液中，在金属与溶液之间就会形成电势差，这种电势差称为该金属在该溶液中的电极电势。当有外加电流通过此电极时，其电极电势会发生变化，这种现象称为电极的极化。如果电极为阳极，则电极电势将向正电位方向偏移，称为阳极极化；对于阴极，电极电势将向负电位方向偏移，称为阴极极化。

对于可逆电极，即在开路状况下（电流为零）的电极电势称为平衡电极电势 $\varphi_{平}$；对于不可逆电极，即有电流通过电极时的电极电势为系统达到稳态时的电极电势 φ_i，称为稳态电极电势。习惯上将电极电流密度为 i 时对应的电极电势 φ_i 与平衡电极电势 $\varphi_{平}$ 之差定义为在该电流密度时电极的超电势，用符号 η 表示，并规定阴、阳极的超电势均为正。根据上述定义，可以分别得出阴、阳极的超电势计算公式为

$$\eta_{阴} = \varphi_{平} - \varphi_i \qquad (\varphi_{平} > \varphi_i) \tag{2.6-1}$$

$$\eta_{阳} = \varphi_i - \varphi_{平} \qquad (\varphi_{平} < \varphi_i) \tag{2.6-2}$$

超电势是一个很重要的电化学参量。例如在金属电沉积中，析出金属的超电势越小，消耗的电能也就越少。在电解提纯工艺中，往往借助改变析出金属的超电势，来改变金属的析出顺序，从而获得所需的金属，达到提纯的目的。

如前所述，超电势的大小与流经电极的电流密度有关，随着电流密度的增加，电极反应的不可逆程度增大，电极电势将越来越偏离平衡电位，即超电势将越来越大，极化曲线的形状也将发生变化。描述电极电势（或超电势）与电流密度的关系曲线称为极化曲线。

将上述极化理论用于金属电极即可讨论金属的腐蚀。例如将 Ni 电极浸入 H_2SO_4 溶液中，在电极上发生下列共轭反应对

阳极： $\qquad\qquad Ni - 2e^- \longrightarrow Ni^{2+} \qquad$ （镍的氧化） $\tag{2.6-3}$

阴极： $\qquad\qquad 2H^+ + 2e^- \longrightarrow H_2 \qquad$ （H 的还原） $\tag{2.6-4}$

总反应： $\qquad\qquad Ni + 2H^+ \Longrightarrow Ni^{2+} + H_2 \tag{2.6-5}$

当电极不与外电路接通时，阳极反应速率和阴极反应速率相等，Ni 溶解的阳极电流与 H_2 析出的阴极电流在数值上相等但方向相反（$i_{阴} = -i_{阳}$），此时其净电流为零。当电极净电流 $i = 0$ 时，对应的金属阳极氧化电流成为金属的自腐蚀电流，用符号 i_c 表示，其数值的大小反映了金属在溶液中的腐蚀速率；此时所对应的电极电势称为自腐蚀电势 φ_c。i_c、φ_c 可以通过阴极与阳极极化的塔菲尔直线的交点求得。

在电流密度不太大的情况下，电极的超电势与通过电流的关系符合塔菲尔方程，如图 2.6-1 所示。考察图 2.6-1 可知，电极的超电势与通过电流的对数呈线性关系，即

$$\eta_{阴} = \varphi_{平} - \varphi_{阴} = a_{阴} + b_{阴} \lg i_{阴} \tag{2.6-6}$$

$$\eta_{阳} = \varphi_{阳} - \varphi_{平} = a_{阳} + b_{阳} \lg(-i_{阳}) \tag{2.6-7}$$

式(2.6-6)和式(2.6-7)均称为塔菲尔（Tafel）公式。作两条塔菲尔直线，其交点对应

的横坐标为自腐蚀电流 i_c 的对数值,纵坐标即为自腐蚀电势 φ_c。

图 2.6-2 为金属在硫酸溶液中典型的阳极极化曲线。该曲线可分为三个部分。第一部分为活化区,即金属的活性溶解区域,此时超电势较小,金属进行正常的阳极溶解,电极的氧化电流随电极电势的增加而不断增大;当电位趋近至 B 点时,氧化电流达到极大值。但当电位增加到 B 点以后,电极表面开始钝化,进入第二部分钝化区。理论上将 B 点所对应的电位 φ_B 称为钝化电势,而将 B 点对应的电流 i_B 称为钝化电流。过 B 点后电流密度随着电位的增加而迅速降低到一个较小的值,到达 E 点,金属处于稳定的钝态;继续增加电压,电流密度仍然保持一很小的值,该电流称为钝态电流 i_E。当电位增加到 F 以后,电流又将随电位的增加而显著增加,说明阳极又开始发生了氧化过程,这一区称为过钝化区,此时金属将以高价离子形式转入溶液;如果达到氧的析出电位,还会析出大量的氧。

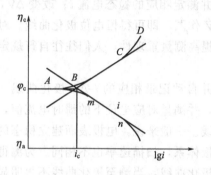

图 2.6-1 对数极化曲线示意图

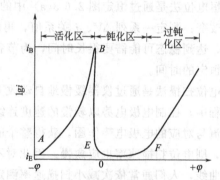

图 2.6-2 金属在硫酸中的阳极极化曲线

极化曲线的测量方法有许多种。最常用的是采用三电极系统,即工作电极(又称研究电极,用 W 表示)、辅助电极(又称对电极,用 C 表示)和参比电极(用 R 表示)。其中工作电极和辅助电极与电源一起组成电流通路,参比电极与工作电极之间构成电压测量回路(见图 2.6-3)。图中 V 为高阻毫伏计。测量时,通过参比电极的电流很小,故参比电极的电极电势基本保持恒定,而毫伏计读数 ΔV 应为工作电极的电极电势 φ_W 与参比电极电极电势 φ_R 之差,再加上溶液压降 iR,即

$$\Delta V = \varphi_W - \varphi_R + iR \qquad (2.6-8)$$

式中,i 为通过电极电流;R 为工作电极与参比电极之间的溶液电阻,若采取适当的措施,使 $R \approx 0$,则有

$$\Delta V = \varphi_W - \varphi_R \qquad (2.6-9)$$

由于 φ_R 不随 i 而变,所以实际工作中常用 $\varphi' = \Delta V = \varphi_W - \varphi_R$,即研究电极相对于参比电极的电极电势来取代研究电极的实际电极电势 φ_W。显然当用标准氢电极作参比电极时,由于 $\varphi_R = 0$,则 $\varphi' = \varphi_W$,亦即毫伏计测得的电位差即为工作电极电势。改变图 2.6-3 中可变电源电压,即可改变流经电极的电流。测定一系列不同电流时所对应的工作电极的电极电势值,再以 i 对 φ_W 作图,即可得到工作电极的极化曲线。

极化曲线的测量应尽可能接近体系稳态。稳态体系指被研究体系的极化电流、电极电势、电极表面状态等基本上不随时间而改变。实际在测定极化曲线时,可以采用恒电位法、电位扫描法和恒电流法。

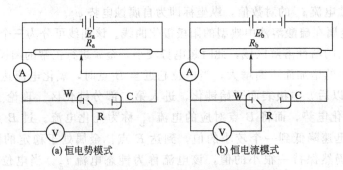

图 2.6-3　恒电势、恒电流模式测量原理图

E_a—低压稳压电源；E_b—高压稳压电源；R_a—低阻变阻器；R_b—高阻变阻器；A—直流电流表；

V—直流电压表；W—工作电极；R—参比电极；C—辅助电极

恒电位法是通过恒定图 2.6-3(a) 中的值 ΔV，并测定相应的稳态电流 i；改变 ΔV，i 亦随之改变；测定一系列 ΔV、i 关系值，再以 i 对 ΔV 作图，即可得恒电位极化曲线。对某些体系，达到稳态可能需要很长时间，为节省时间、提高测量重现性，人们往往自行规定每次电势恒定的时间。

电位扫描法是通过仪器缓慢地自动改变电位，并自动记录相应的 i-ΔV 极化曲线。在测量过程中，控制电极电势以较慢的速度连续地改变，并测量对应电位下的瞬时电流值，以瞬时电流与对应的电极电势作图，获得整个的极化曲线。一般来说，电极表面建立稳态的速度愈慢，则电位扫描速率也应愈慢。因此对不同的电极体系，扫描速率也不相同。为测得稳态极化曲线，人们通常依次减小扫描速率测定若干条极化曲线，当测至极化曲线不再明显变化时，可确定此扫描速率下测得的极化曲线即为稳态极化曲线。

恒电流法是通过恒定图 2.6-3(b) 中电流 i，并测量相应的电极电势 ΔV，再以 i 对 ΔV 作图，同样可得极化曲线。

本实验采用恒电位法或电位扫描法测量镍在 H_2SO_4 溶液中的极化及钝化曲线。

【仪器与试剂】

仪器：电化学工作站或恒电位仪，三电极玻璃电解池，恒温槽及其配件，铂片电极，饱和甘汞电极，镍工作电极。

试剂：$1.0mol \cdot L^{-1}$ H_2SO_4，乙醇（A.R.），丙酮（A.R.），NaCl（A.R.）。

【实验步骤】

1. 电解池用去污粉洗净后，再用铬酸洗液浸泡一天，用自来水冲洗干净，并用蒸馏水浸泡一昼夜后备用。

2. 在电解池中倾入 $1.0mol \cdot L^{-1}$ 的 H_2SO_4 溶液，将辅助电极（铂片电极）和参比电极（饱和甘汞电极）洗净后插入电解池中。

3. 用 0～5 号金相砂纸将镍片工作电极表面打磨、抛光，使其成镜面，冲洗干净后用滤纸吸干，用石蜡蜡封，留出约 4mm×4mm 面积，用小刀去除多余的石蜡，保持切面整齐。然后再用乙醇、丙酮等除去工作电极表面的油，再用被测硫酸溶液洗 1min 左右，除去氧化膜。将工作电极插入到电解池中。

4. 将电化学工作站的工作、参比、辅助三个电极引线分别与电解池的工作、参比、辅助电极相连。

5. 恒电位法测量阳极极化曲线。从电位为 0V 起，测定不同阳极极化电位下的极化电流值。测量过程中每隔 0.020V 记录一次电流值，每改变一次极化电位必须等到电流读数稳定（电化学工作站或恒电位仪的工作原理和使用方法见本丛书的第一分册仪器部分）。

6. 电位扫描法测量阳极极化曲线。电位范围为 $0 \sim 1.8V$，扫描速率为 $1 \sim 10 \text{mV·s}^{-1}$，采用电化学工作站中的伏安技术测量极化曲线。测量时电流灵敏度量程的选择要根据电极浸入到溶液中的电极面积来确定，电极面积越大，电流越大，电流量程的选择越大。

7. 测量完毕后，关闭电化学工作站，倾出电解池中的电解液，洗净电解池及三支电极备用。

8. 按步骤 $2 \sim 7$ 分别测定镍电极在含有 10mmol·L^{-1} NaCl 的 1.0mol·L^{-1} 的 H_2SO_4 溶液中的极化曲线。

【结果与讨论】

1. 列表表示 i 和 V 数据。

2. 根据恒电位法得到的 i 和 V 数据以电流密度为纵坐标，电极电势（相对饱和甘汞）为横坐标绘制镍在硫酸中的阳极极化曲线，或由电位扫描法测量的数据绘制阳极极化曲线。

3. 根据镍在硫酸中的阳极极化曲线指出钝化曲线中的活化区、钝化区、过钝化区，求算钝化电位、钝化电流及钝态电流。

4. 比较加入和未加入 NaCl 时镍在硫酸中的极化曲线，解释产生差异的原因。

【注意事项】

1. 电化学工作站在使用过程中必须严格按照操作规程进行，电解池三支电极都必须良好接通，如果要更换或处理电极必须停止外加电位。

2. 采用三电极电解池，其中一支设计成鲁金毛细管，工作电极必须尽可能靠近鲁金毛细管以减小溶液欧姆降对测量的影响。除了采用鲁金毛细管外，还要在测量溶液中加入支持电解质，以减小溶液本身的电阻。支持电解质可以是电活性物质，即参加电极反应的物质，如本实验中的 H_2SO_4；也可以是非活性物质，即不参加电极反应的物质。常用的支持电解质有 H_2SO_4、HCl、Na_2SO_4、KCl、$HClO_4$ 等。至于选用什么样的支持电解质，应视具体要求而定。在精确测量中，还可通过电学方法对溶液电阻进行自动补偿。

3. 在电化学测量中，对电极（尤其是固体电极）的预处理要求甚严，否则很难得到重现的实验结果。电极表面一定要处理平整、光亮、干净，不能有点蚀孔，否则很难得到重现的实验结果；严重时，甚至会歪曲实验结果。浸入到溶液中的电极面积不能太大，否则会导致仪器的过载。

4. 为便于比较金属在不同电解质溶液中的电腐蚀行为，每次测量时浸入到溶液中的电极面积要尽量相同。

5. 在使用电化学工作站时，电流挡应从高到低选择，否则实验数据会溢出或仪器产生过载现象。每次做完测试后，应在确认恒电位仪或电化学综合测试系统在非工作状态下，关闭电源，取出电极。

【思考题】

1. 什么叫恒电位法？什么叫恒电流法？比较恒电流法和恒电位法测定极化曲线有何异同，并说明原因。

2. 如要对某个系统进行阳极保护，首先必须明确哪些参数？

3. 如何判断阴极极化与阳极极化？

4. 测量极化曲线时，为什么要选用三电极电解池？能否选用二电极电解池测量极化曲线，为什么？

5. 分析本实验成败的关键因素，提出对本实验的改进意见和措施。

【拓展与应用】

1. 通常认为金属在 H_2SO_4 溶液中产生阳极钝化的可能原因是由于电极表面生成大量的硫酸盐来不及扩散而沉淀在电极表面上，使溶液中的 H^+ 较难扩散到电极表面。于是，随着反应的进行，电极表面 pH 值不断升高以致形成致密的氧化物膜，该膜将进一步阻碍电极反应的进行。当电极电势进一步增加时，一方面金属将以高价态转入溶液，使钝化膜被破坏，金属开始加速腐蚀；同时，若又伴随氧的析出，电极氧化电流也必然会显著增加。

2. 金属的腐蚀与钝化都存在一定的应用。在实际工作中，常常给金属加上适当的正电位，并处在阳极钝化区（图 2.6-2 中 EF 段），使腐蚀速率大大降低，此即阳极保护。在电解池中，如果使金属阳极处在它的钝化区，则将会大大降低其溶解速率，延长使用寿命。但在化学电源、电镀中的可溶性阳极等，必须尽量避免产生阳极钝化现象。

3. 在溶液中加入缓蚀剂可降低金属的腐蚀速率。例如，加入硫脲后，既阻碍阴极过程又阻碍阳极过程，自腐蚀电流下降。其原因主要是硫脲被吸附在金属的阴、阳极表面，增加了电极过程的活化能，减缓电极反应速率，减小电流密度，从而使金属溶解速率减慢。阻碍阴极过程为主的称为阴极缓蚀剂，阻碍阳极过程为主的称为阳极缓蚀剂，既阻碍阴极过程又阻碍阳极过程的称为混合型缓蚀剂。

4. 金属的钝化现象是一个常见的现象，人们已对它进行了大量的研究。影响金属钝化过程主要有如下三大类因素。

① 溶液的组成与酸碱性。在中性溶液中，金属一般比较容易钝化，而在酸性或某些碱性溶液中，钝化则困难得多。卤素离子，特别是氯离子的存在，则明显地阻滞了金属的钝化过程，已经钝化了的金属也容易被它活化，而使金属的阳极溶解速率增大。溶液中存在的某些具有氧化性的阴离子（如 CrO_4^{2-}）、硫脲等则可以促进金属的钝化。

② 金属的化学组成和结构。各种纯金属的钝化性能存在差异，对于铁、镍、铬三种金属，铬最容易钝化，镍次之，铁较差些。因此在钢铁生产中添加铬、镍可以提高钢铁的钝化能力及钝化的稳定性。

③ 外界条件（如温度、搅拌等）。一般来说，温度升高以及搅拌加剧，可以推迟或防止钝化过程的发生，这主要是由于电极反应物的扩散速率与温度和搅拌速率有关所致。

5. JH-2C 型恒电位仪（见图 2.6-4）也可测定金属的极化曲线。如可以测定碳钢在碳酸氢铵溶液中的极化曲线。

主要实验步骤与数据记录如下。

① 用 180 号金刚砂纸依次打磨碳钢电极（$1cm^2$），然后用无水乙醇除去油污，用石蜡将电极背面封住。

② 在烧杯中倒入饱和碳酸氢铵溶液，将鲁金毛细管活塞打开，用洗耳球吸入介质至活塞处，关闭活塞，活塞上端用滴管加饱和氯化钾溶液，插入饱和甘汞电极，固定好辅助电极、参比电极和碳钢电极。

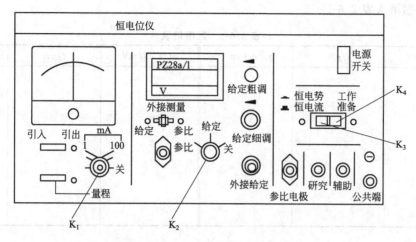

图 2.6-4 恒电位仪面板示意图

K_1—恒电位时为极化电流测量量程转换开关；K_2—电位测量选择开关，置于"给定"时电位表
读数值为给定电压，置于"参比"时为参比电极，相对于研究电极的电位；K_3—恒电位、
恒电流转换开关，按下为恒电位；K_4—工作准备开关，按下为工作状态

③ 按图 2.6-5 所示用导线分别将工作电极、辅助电极和参比电极与恒电位仪相连。按照恒电位仪的操作步骤，将 K_2 置于参比，先测碳钢电极的开路电位（即自然腐蚀电位），极化电位调至 $-0.7V$，将 K_3、K_4 按下，然后进行阴极极化 2min。阴极极化后，断开电源稳定 1min，再测定工作电极的起始电位（即将 K_2 置于"参比"，与测开路电位相同），然后从此电位开始进行阳极极化。

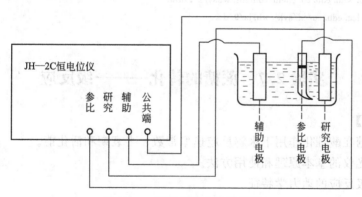

图 2.6-5 测量极化曲线示意图

④ 调节恒电位仪进行阳极极化，$20mV \cdot min^{-1}$，采样时间均为 1min，再调一次电位在达到规定采样时记录下电流值。同时注意碳钢电极表面的现象。当极化电位达到 $+1200mV$ 时可停止极化。

⑤ 实验完毕，关闭电源。取出研究电极、参比电极和辅助电极，将参比电极用蒸馏水洗净，底部套上橡皮放回电极盒中，清洗烧杯。

⑥ 数据记录和处理

实验时间：_____ 室温：_____ 介质：_____

研究电极材料：_____ 电极面积：_____ 开路电位：_____

参比电极：_____ 辅助电极：_____ 采样时间：_____

测试数据填入表 2.6-1：

表 2.6-1　数据记录

$\varphi(SCE)/mV$	$i/\mu A$	$lgi/A \cdot cm^{-2}$	$\varphi(SCE)/mV$	$i/\mu A$	$lgi/A \cdot cm^{-2}$

以 $\varphi(SCE)$ 为纵坐标，为 lgi 为横坐标作出碳钢电极在饱和碳酸氢铵溶液中的阳极极化曲线，指出 $\varphi_{致钝}$、$i_{致钝}$ 及析氧电位。

【参考文献】

1．刘永辉编著．电化学测试技术，北京：北京航空学院出版社，1987．

2．傅献彩，陈瑞华．物理化学下册．第 3 版．北京：人民教育出版社，1980．

3．北京大学化学系物理化学教研室．物理化学实验（修订本）．北京：北京大学出版社，1985．

4．夏春兰，吴田，刘海宁，楼台芳，胡超珍．铁极化曲线的测定及应用实验研究．大学化学，2003，18：38．

5．Parsons R. Electrochemical dynamics. J. Chem. Edu.，1968，45：390．

6．Bochris J O'M. Overpotential. ibid. 1971，48：352．

7．http：//chemlab. whu. edu. cn/chem/content/whsy/27. html.

8．http：//hxsyzx. lcu. edu. cn/cn/sykj/wh/ja/9. doc.

实验 2.7　蔗糖的转化——一级反应

【实验目的】

1．测定蔗糖在酸催化作用下水解反应速率常数、半衰期和活化能。

2．掌握旋光仪的基本原理和使用方法。

3．掌握一级反应的动力学特征。

【基本原理】

蔗糖在水中转化为葡萄糖与果糖，其反应方程式为：

$$C_{12}H_{22}O_{11}(蔗糖) + H_2O = C_6H_{12}O_6(葡萄糖) + C_6H_{12}O_6(果糖)$$

此反应是二级反应，在纯水中反应速率极慢，为使蔗糖水解反应加速，常以酸为催化剂。由于反应中水是大量的，可以近似认为整个反应过程中水的浓度是恒定的；而 H^+ 作为催化剂，其浓度也是固定的。因此，此反应可视为准一级反应，反应速率只与蔗糖浓度成正比。

根据反应动力学特征可知，测定反应的速率常数关键是在反应不同时间测定反应物的相应浓度。然而反应是在不断进行的，要快速分析出反应物的浓度是较困难的。但蔗糖及水解产物葡萄糖和果糖均为旋光性物质，而且它们的旋光能力不同，因此可以利用体系在反应过程中旋光度的变化来衡量反应的进程。溶液的旋光度与溶液中所含旋光物质的种类、浓度、样品管长度、光源波长及温度等因素有关。在其他条件固定时，旋光度 α 与反应物浓度有直线关系，即

$$\alpha = Kc \qquad (2.7\text{-}1)$$

式中的比例常数 K 与物质的旋光能力、溶液性质、溶液浓度、样品管长度和温度等均有关。

物质的旋光能力用比旋光度来表示。在蔗糖的水解反应中，反应物蔗糖和产物中的葡萄糖都是右旋性物质，其比旋光度分别为 66.6° 和 52.5°，但产物中的果糖是左旋性物质，其比旋光度为 −91.9°。由于溶液的旋光度为各组成的旋光度之和，因此随着水解反应的进行，反应体系的右旋角度不断减小，最后经过零点变成左旋。当反应开始时 ($t=0$)、经过一段时间 t，以及蔗糖水解完全时 ($t \to \infty$) 溶液的旋光度分别用 α_0，α_t，α_∞ 表示。则

$$\alpha_0 = K_反 c_0 \qquad (2.7\text{-}2)$$

$$\alpha_t = K_反 c_t + K_生 (c_0 - c_t) \qquad (2.7\text{-}3)$$

$$\alpha_\infty = K_生 c_0 \qquad (2.7\text{-}4)$$

式中，$K_反$ 和 $K_生$ 分别为反应物与生成物的比例常数；c_0 为反应物的最初浓度；c_∞ 是生成物最终之浓度；c_t 是时间为 t 时蔗糖的浓度。由式(2.7-2)~式(2.7-4) 得

$$c_0 = \frac{\alpha_0 - \alpha_\infty}{K_反 - K_生} = K'(\alpha_0 - \alpha_\infty) \qquad (2.7\text{-}5)$$

$$c_t = \frac{\alpha_t - \alpha_\infty}{K_反 - K_生} = K'(\alpha_t - \alpha_\infty) \qquad (2.7\text{-}6)$$

将式(2.7-5) 和式(2.7-6) 代入一级反应的积分式：

$$\ln \frac{c_0}{c_t} = kt \qquad (2.7\text{-}7)$$

可得

$$t = \frac{1}{k} \ln \frac{\alpha_0 - \alpha_\infty}{\alpha_0 - \alpha_t} \qquad (2.7\text{-}8)$$

即

$$\ln(\alpha_t - \alpha_\infty) = -kt + \ln(\alpha_0 - \alpha_\infty) \qquad (2.7\text{-}9)$$

若以 $\ln(\alpha_t - \alpha_\infty)$ 对 t 作图，从直线的斜率即可求得反应速率常数 k，进而可求得半衰期 $t_{1/2} = (\ln2)/k$。

测出不同温度下的速率常数，利用阿仑尼乌斯 (Arrhenius) 经验公式可计算出蔗糖水解反应的活化能 (E_a)：

$$E_a = R\ln\left(\frac{k_2}{k_1}\right) \times \frac{T_1 T_2}{T_2 - T_1} \qquad (2.7\text{-}10)$$

式中，k_1 和 k_2 分别为温度 T_1 和 T_2 时的速率常数。

【仪器与试剂】

仪器：旋光仪 1 台，恒温装置 1 套，100mL 磨口锥形瓶 3 只，25mL 移液管 2 支，100mL 量筒 1 个，停表 1 块，洗耳球 1 只，台秤 1 台。

试剂：3mol·L^{-1} HCl，蔗糖 (A.R.)。

【实验步骤】

1. 仪器装置

旋光仪的构造、原理和使用方法详见本丛书第一分册仪器部分。

2. 仪器准备

控制恒温水浴的温度恒定在 (25±0.1)℃，开启旋光仪预热。

3. 旋光仪零点的校正

洗净旋光管，将管子一端的盖子旋紧，向管内注满蒸馏水，把玻璃片盖好，尽量使管内无气泡存在。再旋紧套盖，勿使漏水。管中如有气泡，可赶至胖肚部分。用吸水纸擦净旋光管，再用擦镜纸将管两端的玻璃片擦净。将旋光管放置到旋光仪中进行零点校正。记录旋光仪读数重复测量三次，平均值即为零点，用于校正仪器的系统误差。

4. 反应过程中溶液旋光度的测定

在锥形瓶中，称取 10g 的蔗糖溶于 50mL 蒸馏水中，使蔗糖完全溶解，若溶液浑浊应过滤。用移液管各取蔗糖溶液和 3mol·L⁻¹ HCl 溶液 25mL，分别置于 100mL 的锥形瓶中，加盖后放入恒温水浴充分恒温至少 10min 后取出，将 HCl 溶液倒入蔗糖溶液中振荡。注意：当 HCl 溶液刚倒入蔗糖溶液中时开始计时，并立即倒回盛 HCl 溶液的瓶中再振荡，来回3～4 次，使之均匀。其后立即用此混合反应液少许，洗旋光管 2～3 次后，用反应混合液装满旋光管，旋上套盖，擦净管外的溶液后，尽快放入旋光仪中进行观察测量。要求在反应开始后 2～3min 内测定第一个数据。其后，将盛混合反应液的旋光管放入已经预先恒温好的恒温水浴中，在反应开始 15min 内每间隔 1min 测量一次旋光度，以后测量的时间间隔可适当加长，一直测到旋光度由右旋变到左旋为止。每一次测量前，将旋光管从水浴中取出，用滤纸或毛巾擦净管外的溶液后，尽快放入旋光仪中进行观察测量。寻找到平衡点立即记下反应时间 t，再读取旋光度 α_t。每测量一次旋光度后，迅速将旋光管放入恒温水浴中恒温，以尽可能使反应混合液保持恒定的温度。

5. α_∞ 的测定

将上述剩余的蔗糖和 HCl 溶液的反应混合液置于 50～60℃ 水浴上温热 1.5h 左右，然后冷却至原实验温度，再测此溶液的旋光度，即为 α_∞ 值。

6. 其他温度体系旋光度的测定

将恒温槽调节到另一温度，如 35℃ 恒温，按上述实验步骤测定体系的旋光度随反应时间的关系。

【结果与讨论】

1. 将反应过程中测得的旋光度 α_t 和对应时间 t 列表，作出相应的 α_t-t 图。

2. 从 α_t-t 曲线上，等间隔时间 t 取 8 个 α_t-t，通过计算，以 $\ln(\alpha_t - \alpha_\infty)$-$t$ 作图，由直线的斜率求反应速率常数 k，并由 k 值计算其半衰期 $t_{1/2}$。

3. 根据两个不同温度下 T_1 和 T_2 测得的 k_1 和 k_2，由 Arrhenius 公式(2.7-10) 计算反应的表观活化能。

【注意事项】

1. 测量 α_t 要快而准，以减少实验温度波动时速率常数带来的误差。

2. 旋光仪不要长时间开启，间隔超过 20min 应该关闭，需要测定时提前 5min 开启旋光仪。

3. 装样品时，旋光管管盖旋至不漏液体即可，不要用力过猛，以免压碎玻璃片。实验结束时，应将旋光管洗净干燥，防止酸对旋光管的腐蚀。

4. 在测定 α_∞ 时，通过加热使反应速率加快转化完全，但加热温度不要超过60℃，否则将产生副反应，颜色变黄。在 H^+ 催化下，蔗糖除了水解，由于蔗糖高温还有脱水反应，这会影响测量结果。另外，加热过程亦应避免溶液蒸发影响浓度，否则影响 α_∞ 测定的准确性。

【思考题】

1. 实验中，我们用蒸馏水来校正旋光仪的零点，试问在蔗糖转化反应过程中所测的旋光度 α_t 是否必须要进行零点校正？

2. 蔗糖的水解速率常数与哪些因素有关？

3. 配制蔗糖溶液时以托盘天平称量蔗糖并不够准确，这对测量结果是否有影响？

4. 在测量蔗糖和 HCl 反应液 t 时刻对应的旋光度时，能否如同测纯水的旋光度那样，重复测三次后，取平均值？

5. 在混合蔗糖溶液和盐酸溶液时，我们将盐酸加到蔗糖溶液里去了，可否将蔗糖溶液加到盐酸溶液中去？为什么？

6. 本实验主要的误差因素是什么？如何减少实验误差？

【拓展与应用】

1. 蔗糖在纯水中水解速率很慢，但在催化剂作用下会迅速加快，其反应速率大小不仅与催化剂种类有关而且与催化剂的浓度有关。

2. 本实验除了用 H^+ 作催化剂外，也可用蔗糖酶催化。后者的催化效率更高，并且用量大大减少。

3. 蔗糖酶的制备可采用如下方法：①在 50mL 洁净的锥形瓶中，加入鲜酵母 10g，同时加入 0.8g 醋酸钠，搅拌 15～20min，使之溶化；②再加入 1.5mL 甲苯，用软木塞将瓶口塞住，摇荡 10min，置于 37℃ 恒温水浴中，保温 60h；③取出后加入 1.6mL 醋酸溶液（4mol·L^{-1}）和 5mL 蒸馏水，使其中 pH 为 4.5 左右，摇匀；④用离心机，以 3000r·min^{-1} 的转速离心 30min，取出后用滴管将中层澄清液移出，放置于冰柜中备用。

4. 若要考虑 H^+ 对反应速率的影响，可由：

$$k = k_0 K_{H^+} c_{H^+}^n$$

通过作图法求出酸催化速率常数（K_{H^+}）和 H^+ 的反应级数（n）。式中 k_0 为 $c_{H^+} \to 0$ 时的反应速率常数，k 为蔗糖水解反应的表观速率常数。

5. 物质的旋光能力用比旋光度来度量，比旋光度用下式表示：

$$[\alpha]_D^{20} = \frac{100\alpha}{lc_A}$$

式中，$[\alpha]_D^{20}$ 右上角的 "20" 表示实验时温度为 20℃，D 是指旋光仪所采用的钠灯光源 D 线的波长，即 589nm；α 为测得的旋光度，(°)；l 为样品管长度，dm；c_A 为浓度，g·100mL^{-1}。

6. 本实验在安排上，由于时间原因，采用测定两个温度下的反应速率常数来计算反应活化能。如果时间许可，最好测定 6～8 个温度下的速率常数，根据阿仑尼乌斯方程的积分形式：$\ln k = -E_a/RT + $ 常数，作 $\ln k$ 对 $1/T$ 图，可得一条直线，从直线斜率求算反应活化能 E_a，其结果更合理可靠些。

【参考文献】

1. 刁国旺，阚锦晴，刘天晴编著. 物理化学实验. 北京：兵器工业出版社，1993.

2．Daniels F，Alberty R A，Williams J W，Cornwell C D，Bender P，Harriman J E．Experimental Physical Chemistry．6th Ed．New York：McGraw Hill Book Co Inc，1962：193．

3．北京大学化学系物理化学教研室．物理化学实验（修订本）．北京：北京大学出版社，1985．

4．陈芳主编．物理化学实验．武汉：武汉大学出版社，2013．

5．http：//151.fosu.edu.cn/hxsy/wulihuaxueshiyan/my%20web/zhetang%20z.html.

6．http：//jw.scuec.edu.cn/greatcourse/wulihuaxue/pp/content/canesugar/teaching%20materials.html.

7．http：//kcjs.yznu.cn/wlhx/Article.asp?id=667.

实验 2.8　过氧化氢的催化分解

【实验目的】

1．用静态法测定 H_2O_2 分解反应的速率常数和半衰期。

2．熟悉一级反应的特点，了解反应物浓度、温度、催化剂等因素对一级反应速率的影响。

3．掌握量气技术和体积校正，学会用图解计算法求出一级反应的速率常数。

【实验原理】

凡反应速率只与反应物浓度的一次方成正比的反应称为一级反应，实验证明 H_2O_2 的分解反应如下：

$$2H_2O_2 \longrightarrow 2H_2O+O_2$$

若该反应属于一级反应，则其速率方程应是：

$$-\frac{dc_{H_2O_2}}{dt}=kc_{H_2O_2} \tag{2.8-1}$$

式中，$c_{H_2O_2}$ 为时间 t 时的 H_2O_2 浓度；k 为反应速率常数。

化学反应速率取决于许多因素，如反应物浓度、搅拌速度、反应压力、温度、催化剂等。某些催化剂可以明显加速 H_2O_2 的分解，如 Pt、Ag、MnO_2、$FeCl_3$、碘化物。本实验用 I^-（具体用 KI）作催化剂。由于反应在均相（溶液）中进行，故称为均相催化反应。

设该反应为一级反应，且按下列反应方程式进行：

$$H_2O_2+I^- \longrightarrow H_2O+IO^- \qquad A$$
$$H_2O_2+IO^- \longrightarrow H_2O+O_2 \qquad B$$

则因

$$-\frac{d[c_{H_2O_2}]_A}{dt}=k_A c_{I^-} c_{H_2O_2} \tag{2.8-2}$$

及

$$-\frac{d[c_{H_2O_2}]_B}{dt}=k_B c_{IO^-} c_{H_2O_2} \tag{2.8-3}$$

其总反应速率为上两式之和，即：

$$-\frac{dc_{H_2O_2}}{dt}=(k_A c_{I^-}+k_B c_{IO^-})c_{H_2O_2} \tag{2.8-4}$$

$$-\frac{d[c_{H_2O_2}]_A}{dt}=-\frac{d[c_{H_2O_2}]_B}{dt} \tag{2.8-5}$$

则

$$k_A c_{I^-}=k_B c_{IO^-} \tag{2.8-6}$$

即反应速率为：

$$-\frac{dc_{H_2O_2}}{dt} = 2k_A c_{I^-} c_{H_2O_2} = 2k_B c_{IO^-} c_{H_2O_2} \tag{2.8-7}$$

由于催化剂在反应前后的浓度是不变的，c_{I^-} 或 c_{IO^-} 就可视为常数，令 $k = 2k_A c_{I^-} = 2k_B c_{IO^-}$，得：

$$-\frac{dc_{H_2O_2}}{dt} = k c_{H_2O_2} \tag{2.8-8}$$

若反应 A 的速率慢于反应 B，则整个反应速率取决于反应 A，因而可假定其速率方程式，即：

$$-\frac{dc_{H_2O_2}}{dt} = k_A c_{I^-} c_{H_2O_2} \tag{2.8-9}$$

从而简化为：

$$-\frac{dc_{H_2O_2}}{dt} = k c_{H_2O_2} \tag{2.8-10}$$

式(2.8-8)、式(2.8-10) 表示 H_2O_2 的分解反应为一级反应。

尽管 k 会因 c_{I^-} 而变，但对 H_2O_2 分解来说，则仍是一级反应。

一级反应的积分式为：

$$\ln c_{H_2O_2} = -kt + \ln c^0_{H_2O_2} \tag{2.8-11}$$

式中，$c^0_{H_2O_2}$ 是反应开始时 H_2O_2 的浓度，$mol \cdot L^{-1}$。

式(2.8-11) 为直线方程，若以 $\ln c_{H_2O_2}$ 对时间作图而得一直线时，则可验证反应为一级反应。该直线之斜率为 $-k$，截距为 $\ln c_{H_2O_2}$。

由于分解过程中放出的氧气体积与已被分解的 H_2O_2 浓度成正比，比例常数为定值，故在相应时间内分解放出氧的体积即可得出时刻 t 的 H_2O_2 浓度。

令 V_f 表示 H_2O_2 全部分解时产生的 O_2 气体体积。V_t 表示在 t 时刻分解所放出的 O_2 气体体积，则显然

$$c^0_{H_2O_2} \propto V_f \qquad c_{H_2O_2} \propto (V_f - V_t)$$

代入式(2.8-11)，得：

$$\ln(V_f - V_t) = -kt + \ln V_f \tag{2.8-12}$$

V_f 可由 H_2O_2 的体积及浓度算出。标定 $c_{H_2O_2}$ 的方法如下：按其分解反应的化学方程式可知 1mol H_2O_2 放出 0.5mol O_2，在酸性溶液中以高锰酸钾标准溶液滴定 H_2O_2，求出 $c_{H_2O_2}$，就可由下式算出 V_f：

$$c_{H_2O_2} = \frac{c_{KMnO_4} V_{KMnO_4}}{V_{H_2O_2}} \times \frac{5}{2} \tag{2.8-13}$$

$$V_f = \frac{c_{H_2O_2} V_{H_2O_2}}{2} \times \frac{RT}{p_{O_2}} \tag{2.8-14}$$

式中，p_{O_2} 为氧分压，即大气压减去实验温度下水的饱和蒸气压；T 为即量气管的温度，K。

V_f 亦可采用下面两种方法来求得：

(a) 外推法 以 $1/t$ 为横坐标，对 V_t 作图，将直线外推至 $1/t = 0$，其截距即 V_f。

(b) 加热法 在测定若干个 V_t 数据后，将 H_2O_2 加热至 50~60℃约 15min，可认为

H_2O_2 已基本分解完毕，待溶液冷却到实验温度时读出量气管读数即为 V_f，可自择二者之一，与滴定结果作对照。

当 $c_{H_2O_2}=1/2 c_{H_2O_2}$ 时，t 可用 $t_{1/2}$ 表示，称为反应半衰期，代入式(2.8-11) 得

$$t_{1/2}=\frac{\ln2}{k}=\frac{0.693}{k} \tag{2.8-15}$$

式(2.8-15)表示，当温度一定时，一级反应的半衰期与反应速率常数成反比，与反应初浓度无关。

【仪器和试剂】

仪器：H_2O_2 分解速率测定装置 1 套（见图 2.8-1），滴定管 1 套，秒表 1 块，移液管 (5mL、10mL、20mL) 各 1 只，锥形瓶 (150mL、250mL) 各 1 只。

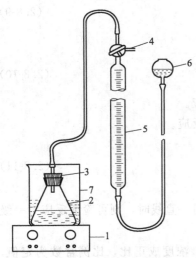

图 2.8-1　H_2O_2 分解速率测定装置
1—磁力搅拌器；2—锥形瓶；3—橡皮塞；
4—三通活塞；5—量气管；
6—水准球；7—恒温槽

试剂：H_2O_2 溶液（质量分数为 2%），KI 溶液 (0.1mol·L^{-1})，H_2SO_4 溶液 (3.0mol·L^{-1})，KMnO$_4$ 标准溶液 (0.05mol·L^{-1})。

【实验步骤】

1. 在如图 2.8-1 所示装置中，将水准球内加水，使水位与量气管满刻度处齐平。打开三通活塞，使大气与量气管相通。与此同时调节恒温槽温度。

2. 调节恒温槽温度：在 1000mL 烧杯中加入 250mL 水，水温控制在 25℃ 左右并使其在实验中能够基本恒定。夹好测温用温度计。

3. 用移液管移取已恒温至 25℃ 的 10mL 水放入洁净干燥的锥形瓶中，再移取 20mL 已恒温到同样温度的 H_2O_2 注入锥形瓶中。将装有已准确称量好的 KI 试剂 0.160g 的容器（自行设计）小心放在液面上勿使 KI 与液面接触，最后塞好橡皮塞，进行试漏（在注入溶液前先将搅拌棒放入锥形瓶中）。

4. 把锥形瓶小心放入恒温槽，将三通活塞 4 旋至与大气、量气管都相通，举高水准球使量气管充满水，然后再旋三通活塞 4 切断与大气的通路，但仍使系统内部联通，将水准瓶放到最低位置，若量气管中水位在 2min 内保持不变，说明系统不漏气，可以进行分解反应。

5. 旋动三通活塞与大气相通，使水面恰在量气管"0"刻度处，然后切断大气通路，打开搅拌器开关，同时记下时间，此时放 KI 的容器倾倒，KI 溶于 H_2O_2 溶液中，分解反应开始。当 O_2 开始释放后应随时保持水准瓶和量气管液面在一水平线上。定时（每 2.0min）读出量气管中气体体积（或定体积读出反应时间，每 5mL 读一次），直到量气管中 O_2 体积超过 50mL。

6. 选用加热求 V_f 时，接通电源使水浴升温，温度可达到 50℃，15min 后从水浴中移出反应瓶，冷却至室温后读出量气管读数 V 和 T (K)，记下当时的大气压力，计算出 V_f。

7. 重复以上实验步骤，但将 H_2O_2 用量改为 5mL，蒸馏水用量改为 25mL。

8. 最后标定所用 H_2O_2 的原始浓度：用移液管取 2mL 的 H_2O_2 放在锥形瓶中，加入

10mL 浓度为 $3mol \cdot L^{-1}$ H_2SO_4 酸化后，用已知浓度的 $KMnO_4$ 标准溶液滴定至淡红色为止。

9. 写出氧化还原方程式并计算出 H_2O_2 的浓度。

【结果与讨论】

1. 数据记录

10mL H_2O_2(2%)分解		5mL H_2O_2(2%)分解	
时间	O_2 气体体积 V_t/mL	时间	O_2 气体体积 V_t/mL

2. 计算 H_2O_2 的初始浓度及 V_f，列出 t、$1/t$、V_t、(V_f-V_t) 及 $\lg(V_f-V_t)$ 表，注意换算成标准状态下的体积。

3. 以 $\lg(V_f-V_t)$ 对 t 作图，求出曲线斜率及 k。

4. 计算反应的半衰期 $t_{1/2}$。

【注意事项】

1. 在进行实验时，反应体系必须绝对与外界隔离，以免氧气逸出。

2. 在量气管内读数时，一定要使水准瓶和量气管内液面保持在同一水平面。

3. 每次测定应选择合适的搅拌速度，且测定过程中搅拌速度应恒定。

4. 以 $KMnO_4$ 标准溶液滴定，终点为淡红色，且能保持 30s 不褪色，不能过量。

【思考题】

1. V_t-t 关系是什么类型的曲线？

2. 为什么可以用 $\lg(V_f-V_t)$ 代 $\lg c_{H_2O_2}$ 作图。

3. 试比较用不同的方法所得的 V_f 值，并简单讨论之。

4. 反应过程中为什么要均匀搅拌？搅拌速度应否维持恒定？

5. 本实验中不同浓度的试剂 $KMnO_4$、H_2SO_4 及 H_2O_2 的标准溶液如何配制与滴定？

【参考文献】

1. 董迫传，郑新生编. 物理化学实验指导. 河南：河南大学出版社，1997.

2. 夏海涛主编. 物理化学实验. 哈尔滨：哈尔滨工业大学出版社，2003.

实验 2.9　乙酸乙酯皂化反应——二级反应

【实验目的】

1. 学会测定化学反应速率常数的一种物理方法——电导法。

2. 掌握二级反应的特点，学会用图解法求二级反应的速率常数。

3. 掌握数字式电导率仪的原理和使用方法。

【基本原理】

1. 二级反应的动力学方程

$$A + B \longrightarrow 产物$$

$$
\begin{array}{ccc}
t=0 & a & a \\
t=t & a-x & a-x \qquad x
\end{array}
$$

$$-\frac{dc_A}{dt} = -\frac{d(a-x)}{dt} = \frac{dx}{dt} = k(a-x)^2 \tag{2.9-1}$$

定积分得

$$k = \frac{1}{ta} \times \frac{x}{a-x} \tag{2.9-2}$$

以 $\frac{x}{a-x}$-t 作图若所得为一直线，证明是二级反应，并从直线的斜率求出 k。如果知道不同温度下的速率常数 $k(T_1)$ 和 $k(T_2)$，按阿仑尼乌斯方程可计算出该反应的活化能 E_a。

$$E_a = R \ln \frac{k(T_2)}{k(T_1)} \times \frac{T_1 T_2}{T_2 - T_1} \tag{2.9-3}$$

2. 乙酸乙酯皂化反应是二级反应

$$CH_3COOC_2H_5 + NaOH \longrightarrow CH_3COONa + C_2H_5OH$$

$$
\begin{array}{ccccc}
t=0 & a & a & 0 & 0 \\
t=t & a-x & a-x & x & x \\
t \to \infty & \to 0 & \to 0 & \to a & \to a
\end{array}
$$

反应前后 $CH_3COOC_2H_5$ 和 C_2H_5OH 对电导率的影响不大，可忽略。故反应前只考虑 NaOH 的电导率（κ_0），反应后只考虑 CH_3COONa 的电导率（κ_∞）。对稀溶液而言，强电解质的电导率（κ_t）与其浓度成正比，而且溶液的总电导率就等于组成该溶液的电解质电导率之和。故存在如下关系式：

$$\kappa_0 = A_1 a \tag{2.9-4}$$

$$\kappa_\infty = A_2 a \tag{2.9-5}$$

$$\kappa_t = A_1(a-x) + A_2 x \tag{2.9-6}$$

以上三式中 A_1 和 A_2 分别为 NaOH 和 CH_3COONa 溶液的电导率与其浓度之间的比例系数，其与温度和溶剂等因素有关。由上三式得

$$x = \frac{\kappa_0 - \kappa_t}{\kappa_0 - \kappa_\infty} a \tag{2.9-7}$$

将上式代入式(2.9-2)得

$$k = \frac{1}{ta} \times \frac{\kappa_0 - \kappa_t}{\kappa_t - \kappa_\infty} \tag{2.9-8}$$

重新排列得

$$\kappa_t = \frac{1}{ka} \times \frac{\kappa_0 - \kappa_t}{t} + \kappa_\infty \tag{2.9-9}$$

因此，以 κ_t-$\dfrac{\kappa_0 - \kappa_t}{t}$ 作图为一直线即为二级反应，并从直线的斜率求出速率常数 k。根据不同温度下的速率常数可用式(2.9-3)求出反应的活化能。

【仪器与试剂】

仪器：数字式电导率仪 1 台，恒温水槽 1 套，停表 1 只，双管电导池 1 只，直试管 1 只，移液管（10mL，胖肚）2 支，移液管（5mL1 支，10mL 2 支），烧杯（50mL）1 只，容量瓶（100mL）2 个，称量瓶（25mm×23mm）1 只。

试剂：乙酸乙酯（A. R.），氢氧化钠 0.2mol·L^{-1}（教师预先配制的高浓度）。

【实验步骤】

1. 双管电导池预处理

本实验采用双管电导池进行测量，其装置如图 2.9-1 所示。实验前应洗净双管电导池并烘干。

2. 恒温槽调节

开启恒温槽，调节至实验所需温度 T_1。

3. 电导率仪的校正和溶液的配制

将电导率仪提前打开预热并校正好仪器。先用称量法配制乙酸乙酯溶液 100mL，浓度在 0.02mol·L^{-1}左右。再根据所配乙酸乙酯溶液的浓度，配同等浓度的氢氧化钠溶液（由预先所配高浓度溶液稀释即可）。

4. κ_0 的测定

分别取 10mL 蒸馏水和 10mL 所配 NaOH 溶液，加到洁净、干燥的直试管中充分混匀，置于恒温槽中恒温 5min。以数字式电导率仪测定已恒温好的 NaOH 溶液的电导率 κ_0。

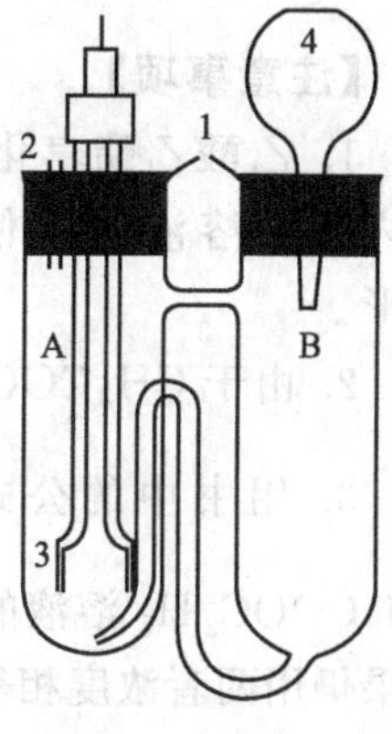

图 2.9-1　双管电导池示意图
1—橡皮塞；2—通气管；3—铂黑电极；4—洗耳球

5. κ_t 的测定

在一只双管电导池的 A 管中移入 10mL 0.020mol·L^{-1} NaOH 溶液，在 B 管中移入 10mL CH$_3$COOC$_2$H$_5$ 溶液，将电导电极插入 A 管中并充分恒温（约 10min）。用洗耳球通过 B 管上口将 CH$_3$COOC$_2$H$_5$ 溶液轻轻压入 A 管中，当溶液压入一半时，开始记录反应时间。然后反复来回压几次，使溶液混合均匀，并立即测量其电导率值。从反应开始 5min 后开始记录电导率，每隔 2min 读一次数据，记录 κ_t 及时间 t，直到电导率基本不变时（25℃下大约需要 1h），可以停止测量。

6. 温度 T_2 下 κ_0 和 κ_t 的测定

调节恒温槽温度为 T_2，重复上述步骤测定其 κ_0 和 κ_t，但在测定 κ_t 时是反应 3min 后进行测量，每隔 2min 测量一次，记录 κ_t 及时间 t，直至电导率变化不大。

【结果与讨论】

1. 将实验所测数据及其处理结果列于表 2.9-1。

表 2.9-1　不同温度下乙酸乙酯皂化反应的实验数据

$c_{CH_3COOC_2H_5}$：_____　　c_{NaOH}：_____　　恒温温度：$T_1 =$ _____　　$\kappa_0 =$ _____

时间/min										
$\kappa_t/\mu S\cdot cm^{-1}$										
$\dfrac{\kappa_0 - \kappa_t}{t}$										

恒温温度：$T_2 = $ ＿＿＿＿＿　　$\kappa_0 = $ ＿＿＿＿＿

时间/min									
$\kappa_t/\mu S \cdot cm^{-1}$									
$\dfrac{\kappa_0 - \kappa_t}{t}$									

分别以 T_1、T_2 所测结果作 $\kappa_t - \dfrac{\kappa_0 - \kappa_t}{t}$ 图，应得两条线性较好的直线，分别求出速率常数。

2. 根据式(2.9-3) 计算反应的表观活化能。

【注意事项】

1. 乙酸乙酯皂化反应系吸热反应，混合后体系温度降低，故在混合后的开始几分钟内所测溶液电导偏低。因此最好在反应 6min 后开始测定，否则所得结果呈抛物线形。

2. 由于 $CH_3COOC_2H_5$ 易挥发，故称量时应在称量瓶中准确称取，并需动作迅速。

3. 用书中的公式计算速率常数 $\left(k_2 = \dfrac{1}{ta} \times \dfrac{\kappa_0 - \kappa_t}{\kappa_t - \kappa_\infty} \right)$ 时，要求所用的 NaOH 溶液和 $CH_3COOC_2H_5$ 溶液的浓度相同。如 NaOH 溶液和 $CH_3COOC_2H_5$ 溶液浓度不等，而所得结果仍用两者浓度相等的公式计算，则作图所得直线也将缺乏线性。

4. 温度对速率常数影响较大，需在恒温条件下测定。在水浴温度达到所要的温度后，不急于马上进行测定，需待欲测体系至少恒温 10min，否则会因起始时温度的不恒定而使电导偏低或偏高，以致所得直线线性不佳。

5. 测定 κ_0 时，所用的蒸馏水最好先煮沸，否则蒸馏水溶有 CO_2，降低了 NaOH 的浓度，而使 κ_0 偏低。

6. 注意不可用纸擦电导电极上的铂黑。

【思考题】

1. 如果 NaOH 溶液和 $CH_3COOC_2H_5$ 溶液的起始浓度不相等，试问应如何设计实验方案并计算速率常数 k？

2. 测得的 κ_t 值是否都是溶液电导率的真实值？为什么？这种测定对实验结果是否有影响？

3. 为什么所配 NaOH 溶液用等体积水稀释后可以认为是 κ_0？

4. 为何本实验要在恒温条件下进行，而且 NaOH 溶液和 $CH_3COOC_2H_5$ 溶液混合前还要预先恒温？

5. 假如 NaOH 溶液和 $CH_3COOC_2H_5$ 溶液为浓溶液，能否用此法求反应速率常数？为什么？

【拓展与应用】

1. 该实验还可以通过用 pH 计测量 pH 随时间的变化来测定反应的速率常数。请考虑一下是否还可以用其他的方法来测定该反应的速率常数。

2. 测定化学反应的速率常数方法很多，归纳起来可以分为化学方法和物理方法两类。化学方法就是采用某种方法（如骤冷、取出催化剂等）使反应停止，然后以化学滴定方法分析浓度随时间的变化。这种方法设备简单但比较麻烦。物理方法有光学、电学等方法，操作方便但是需要一定的仪器设备。

【参考文献】

1．复旦大学编. 物理化学实验. 第 2 版. 北京：高等教育出版社，1993.

2．沈文霞编. 物理化学核心教程. 北京：科学出版社，2004.

3．孙尔康，徐维清，邱金恒编. 物理化学实验. 南京：南京大学出版社，1998.

4．http：//jpkc. tjpu. edu. cn/2007/wlhx/page/syjxb-04. html.

5．http：//second. hainnu. edu. cn/huaxue/phychem/wlhxsyzd/exp0011. html.

6．http：//ce. sysu. edu. cn/Echemi/modernlab/virtual/200609/165. html.

实验 2.10　　丙酮的碘化反应

【实验目的】

1. 掌握用初始速率法测定反应级数及速率常数的方法、原理。
2. 了解复杂反应动力学方程建立的基本原理和方法。
3. 熟悉分光光度计的使用方法。

【基本原理】

丙酮在酸性溶液中的碘化反应如下：

$$CH_3COCH_3 + I_2 \Longrightarrow CH_3COCH_2I + I^- + H^+$$

实验证明，该反应是复杂反应，反应速率除了与反应物浓度有关外，还与 H^+ 浓度有关。设反应的动力学方程为

$$r = -\frac{d[A]}{dt} = -\frac{d[I_2]}{dt} = k[A]^{\alpha}[I_2]^{\beta}[H^+]^{\gamma} \tag{2.10-1}$$

式中，r 为反应的速率；$[A]$、$[I_2]$ 和 $[H^+]$ 分别为丙酮、碘和氢离子在 t 时刻的浓度；α、β 和 γ 分别为丙酮、碘和氢离子的反应级数；k 为反应的速率常数。

实验研究表明，除非在很高的酸度下，丙酮碘化反应的速率才与碘的浓度有关。在一般的酸度条件下，反应的速率与碘的浓度无关，即 $\beta = 0$，此时，式(2.10-1) 可以简化为

$$r = -\frac{d[I_2]}{dt} = k[A]^{\alpha}[H^+]^{\gamma} \tag{2.10-2}$$

式(2.10-1) 和式(2.10-2) 是假设丙酮仅发生一元碘化而得到的。事实上，丙酮不仅可以发生一元碘化反应，而且可以发生更深的碘化反应，使得反应过程趋于复杂。为了避免这一现象的发生，可以控制碘的浓度远远小于丙酮和 H^+ 的浓度，由于碘的浓度小，更深的碘化反应基本可以避免。同时在反应进行的全过程中，丙酮和 H^+ 的浓度变化很小，可以忽略不计，因此丙酮和 H^+ 的浓度可以视为常数，于是有

$$r = -\frac{d[I_2]}{dt} = k[A]^{\alpha}[H^+]^{\gamma} = k' \tag{2.10-3}$$

式(2.10-3) 中 k' 是常数。根据式(2.10-3)，若以反应过程中测得的碘浓度对反应时间 t 作图可得一条直线，其斜率的负值 $(-d[I_2]/dt)$ 即为反应速率 r。

为了求得丙酮的反应级数 α，可以配制一系列 H^+ 浓度相同而丙酮浓度不同的反应体

系,利用上述方法测得每一个反应体系的反应速率 r,并以 $\lg r$ 对 $\lg[A]$ 作图得一直线,直线的斜率即为丙酮的反应级数 α。

同理,若保持各反应体系中丙酮浓度 $[A]$ 相同,测得不同 H^+ 浓度时的反应速率 r,并以 $\lg r$ 对 $\lg[H^+]$ 作图,直线的斜率即为 H^+ 的反应级数 γ。

获得了 α 和 γ,再根据某一反应体系的丙酮浓度 $[A]$、H^+ 浓度 $[H^+]$ 以及相对应的反应速率 r,便可根据式(2.10-3)计算出丙酮碘代反应的速率常数 k,即

$$k = \frac{r}{[A]^\alpha [H^+]^\gamma} \tag{2.10-4}$$

为准确起见,可以取几个不同的反应体系,计算出各自的 k 值,取其平均值作为反应速率常数的实测值。

为消除副反应带来的影响,常采用初始速率法,亦即选取 $[I_2]_t$-t 曲线上 $t \rightarrow 0$ 时的切线斜率,该斜率的负值即为反应的初始速率 r_0。采用初始速率法进行处理时,只要将前述各式中的速率 r 换成初始速率 r_0 即可,其他处理步骤则完全相同。

综上所述,为了获得丙酮碘代反应的动力学参数,必须测定反应体系中碘的浓度随时间的变化率。关于碘的分析测定方法有许多,最简便的是分光光度法。因为在可见光区域,反应系统中只有碘分子有明显的吸收带,其他物质则没有明显的吸收带,所以碘的浓度可以直接通过分光光度法进行测定。

根据朗伯-比耳定律,溶液的吸光度 A 与物质浓度 c 的关系为

$$A = \varepsilon d c \tag{2.10-5}$$

式中,d 为溶液的厚度,在分光光度分析中即为比色皿的厚度;ε 为摩尔吸光系数,它与入射光波长、物质的性质和温度等因素有关。在给定的条件下,d 和 ε 均为常数,则有:

$$A = b c \tag{2.10-6}$$

式(2.10-6)中 $b = \varepsilon d$ 亦为常数,测定某一已知浓度碘溶液的吸光度,代入式(2.10-6)即可求得常数 b。

【仪器与试剂】

仪器:带恒温装置的分光光度计,1mL、5mL、10mL 刻度移液管各 1 支,25mL 容量瓶 10 只,100mL 具塞锥形瓶 5 只,秒表。

试剂:2mol·L^{-1} 丙酮溶液,1mol·L^{-1} 盐酸,0.01mol·L^{-1} 碘溶液,上述溶液的浓度必须准确标定。

【实验步骤】

1. 将恒温槽温度调至 25℃,分别将约 100mL 已标定好的 1mol·L^{-1} 盐酸、2mol·L^{-1} 丙酮溶液、0.01mol·L^{-1} 碘溶液及 100mL 蒸馏水注入 4 个洁净的具塞锥形瓶中,置于恒温槽中恒温 10min 以上留待使用。

2. 调整分光光度计(分光光度计的使用详见本丛书第一分册),将波长调到 560nm 处,并在整个实验过程中始终保持波长固定。

3. 测定标准碘溶液的吸光度 A_0。取一个厚度为 2cm 的洁净比色皿,注入恒温蒸馏水,擦干比色皿外表面后置于恒温夹套内,同时开启恒温水循环泵,待温度恒定后,拉动比色槽拉杆使蒸馏水置于光路中,调节光亮调节器,使光点检流计光斑的中线准确调到光密度为 0 处。用移液管吸取已恒温的 3.00mL 碘溶液至一个干燥、洁净的 25mL 容量瓶中,加入

5.00mL 1mol·L^{-1} 的盐酸，再用蒸馏水稀释到刻度并充分混合。将一只洁净的 2cm 厚度的比色皿用上述溶液荡洗三遍。注入混合液后置于分光光度计光路中，准确测定其吸光度。重复测量三次，取其平均值，该吸光度值用于计算式（2.10-6）中的常数 b。但每次测定前，都必须用蒸馏水校正光密度"0"点。

4. 测定表 2.10-1 中 8 种不同混合液的吸光度 A 随时间的变化值。现以 1 号试样为例详述其配制及测量过程。

分别吸取丙酮和盐酸溶液各 6.00mL 于洁净的 25mL 容量瓶中，加入适量水，再吸取 5.00mL 碘溶液于上述容量瓶中，迅速用水稀释到刻度，同时打开秒表计时，快速搅匀溶液，并用溶液荡洗比色皿三次，再注入该混合溶液，立刻置于光路中测量其吸光度，记下吸光度值 A 和对应时间 t，以后每隔 1min 测量一次吸光度值，直到取得 10～20 个数据为止，同样在每次测量吸光度前，均需用蒸馏水校正零点。

表 2.10-1　8 种不同混合液配制表　　　　　　　　　　　单位：mL

编号	0.01mol·L^{-1} I$_2$	2mol·L^{-1} 丙酮	1mol·L^{-1} HCl	蒸馏水	编号	0.01mol·L^{-1} I$_2$	2mol·L^{-1} 丙酮	1mol·L^{-1} HCl	蒸馏水
1	5.00	6.00	6.00	8.00	5	5.00	5.00	6.00	9.00
2	5.00	6.00	5.00	9.00	6	5.00	4.00	6.00	10.00
3	5.00	6.00	4.00	10.00	7	5.00	3.00	6.00	11.00
4	5.00	6.00	3.00	11.00	8	5.00	6.00	6.00	10.00

5. 同步骤 1～4，测量 35℃时丙酮碘化反应的各动力学数据。

【结果与讨论】

1. 根据实验测得的碘标准溶液的吸光度，计算式（2.10-6）中的常数 b，再分别计算各反应体系在不同反应时间碘的浓度 $[I_2]_t$。

2. 作出各反应体系的 $[I_2]_t$-t 曲线，据此求得相应体系的初始反应速率 r_0。

3. 对 1～4 号反应体系所得初始速率 r_0 和 H$^+$ 浓度（丙酮的浓度 $[A]$ 为常数）取对数，以 $\lg r_0$ 对 $\lg[H^+]$ 作图得一直线，从直线的斜率可计算出 H$^+$ 的反应级数 γ。同理用 1 号和 5～7 号反应体系所得的 r_0-$[A]$ 数据（H$^+$ 浓度为常数），以 $\lg r_0$ 对 $\lg[A]$ 作图得一直线，直线的斜率即为丙酮碘化反应中丙酮的反应级数 α。

4. 用第 1 号和第 8 号反应体系的数据，通过数学解析法计算碘的反应级数 β。

5. 将 1～7 号反应体系的 $[A]$、$[H^+]$、r_0、α、γ 值分别代入式（2.10-2），计算速率常数 k 值，比较从各反应体系数据计算所得 k 值的差异，并取平均值作为丙酮碘化反应在 25℃时的速率常数。

6. 根据两个不同温度下测得的反应速率常数，由 Arrhenius 公式计算反应的表观活化能。

【注意事项】

1. 温度对化学反应速率的影响很大，因此本实验要求在恒温条件下进行。恒温夹套可用紫铜片焊接而成，其大小可与定位盒相当，并可直接取代定位盒，每只恒温夹套内可放置两只 2cm 厚的比色皿。实验时，只需将原分光光度计中的定位盒取出，换上恒温夹套即可，但要注意夹套上方必须用黑布遮严，以免因漏光而带来测量误差。恒温循环水可借助超级恒温槽的循环泵泵入，亦可于普通恒温槽中加装循环泵以达到此目的。

2. 硒光电池长期曝光会发生疲劳现象，实验时除非测量需要，一般均应关闭光路。

3. 本实验中从碘加入到丙酮、盐酸混合液中开始直到读取第一个吸光度为止所需的时间原则上不加限制，但对于较高浓度（[A] 和 [H$^+$] 较大）及较高温度时，由于反应速率相对较快，溶液一经混合即迅速反应，如果第一个数据的测量拖延太久，则可能导致可测数据太少，严重时甚至可能连第一个数据尚未测得，溶液中的碘已消耗完毕，从而造成实验失败。一般要求在 2min 左右获取第一个数据。

【思考题】

1. 在本实验中，若将碘加到丙酮、盐酸混合液中并不立即计时，而是在测定第一个吸光度数据时开始计时，并以此点作为时间的零点，这样做是否可以？为什么？

2. 实验中，有时发现一开始吸光度数据就很小，而且以后一直变化不大，试解释这一现象。

3. 试分析影响本实验结果的主要因素有哪些？

【拓展与应用】

化学反应动力学是研究化学反应速率和化学反应机理的学科，但测定反应速率和推测反应机理并非易事，尤其是通过化学分析方法获得反应体系中某物质的瞬时浓度时常会干扰反应体系，且测定较为繁琐。而通过物理方法可对与体系某种物质浓度相关的物理量如压力、体积、旋光度、吸光度、折射率等进行连续监测，进而获得一些原位反应的动力学数据。对于反应体系中某反应物或产物具有颜色或在紫外-可见光区有特征吸收，且吸光率与浓度间具有定量关系的，均可利用光谱法测定反应物质吸光率随时间的变化去获取反应的动力学参数，以达到方便、快速测定化学反应速率等的目的。例如在有机染料的催化降解过程中，可以通过分光光度法检测有机物的降解效率、降解速率，以及评价催化剂的催化性能等。

【参考文献】

1．刁国旺，阚锦晴，刘天晴编著. 物理化学实验. 北京：兵器工业出版社，1993.

2．李同树，吴本湘. 丙酮碘化实验改进. 化学通报，1987，8：45.

3．天津大学物理化学教研室编. 物理化学：下册. 第 4 版. 北京：高等教育出版社，2003.

实验 2.11　　液相中纳米粒子的制备与表征

【实验目的】

1. 了解纳米粒子小尺寸效应、表面效应等基本物理性质。

2. 了解液相化学还原法制备金属纳米粒子的基本原理。

3. 掌握纳米粒子制备的基本实验操作方法。

4. 熟悉紫外-可见光谱（UV-Vis）、透射电子显微镜（TEM）等在纳米粒子光学性质和形貌观察中的应用。

【基本原理】

纳米粒子处于原子簇和宏观物体交界的过渡区域，既非典型的微观系统，亦非宏观系统，其介观尺寸的粒径为 1～100nm，通常由有限个原子或分子组成，能保持物质原有化学性质，处于热力学上不稳定的亚稳态的原子或分子群，是一种新的物理状态，与等离子体共称为物质的"第四态"。纳米粒子因具有大的比表面积，表面原子数、表面能均随粒径的下降急剧增加，小尺寸效应、表面效应、量子尺寸效应及宏观量子隧道效应等导致其具有独特的热学、磁学、光学、力学以及敏感性等独特性质，使之在光学、电子、磁学、催化和传感器等领域具有广泛的应用前景。

纳米粒子的制备方法分为很多种，主要分为物理方法和化学方法，其中物理方法制备纳米粒子一般需要在高温、高压或高真空等苛刻条件下进行，这些会导致制备过程中高的能耗和产品成本过高，且物理法制备的纳米粒子尺寸、表面性质可控性都比较差。化学法一般具有工艺过程简单方便，制备所需条件温和且原料广泛等特点，是目前制备纳米材料最常用的方法。化学法按分散介质种类可划分为固相法、气相法和液相法三类。其中，液相还原法具有设备简单、反应条件易控制、产物分散性好、粒径小、分布窄且实验结果重复性好等优点。

金纳米粒子（AuNPs）具有独特的光、热、电以及较强的抗氧化性、良好的生物相容性等优点，特别是具有很强的表面等离子共振（SPR）的性质，通过调节其 SPR 峰位，可以使其产生近红外吸收，在适当的红外光照射下，使其进行光热转换达到热疗目的。因此 AuNPs 在催化、医疗、环境科学、电子、光学和太阳能光伏等领域具有广泛的应用。本实验将采用柠檬酸钠高温液相还原法和硼氢化钠低温液相还原法制备金纳米粒子，其实验原理分别如下：

$$Na_3C_6H_5O_7 高温还原 \quad 6HAuCl_4 + Na_3C_6H_5O_7 \cdot 2H_2O + 3H_2O \longrightarrow$$
$$6Au + 3NaCl + 6CO_2 + 21HCl$$

$$NaBH_4 低温还原 \quad 4HAuCl_4 + 3NaBH_4 + 16NaOH \longrightarrow$$
$$4Au + 16NaCl + 3NaBO_2 + 10H_2O + 6H_2$$

不同条件下制得的金纳米粒子由于粒径、吸附剂种类不同等原因而具有各种不同的鲜艳颜色，参看图 2.11-1，其中（a）为柠檬酸钠高温液相还原法制备的金纳米粒子；（b）、（c）均为硼氢化钠低温液相还原法制备的金纳米粒子 [（b）以油酸钠为包覆剂，（c）以十六烷基三甲基溴化铵（CTAB）为包覆剂]。

(a)　　　　　　　(b)　　　　　　　(c)

图 2.11-1 高温、低温液相还原法制备得到的 Au 纳米粒子水溶液

纳米粒子发生电子能级跃迁对应的能量在紫外-可见光范围，当入射光频率达到电子集体振动的共振频率时，发生局域表面等离子体振动（localized surface plasmon resonance，LSPR），对应形成吸收光谱。共振频率与纳米粒子的大小、形貌、介电常数以及粒子与周围介质的相关作用等有关，如图 2.11-2 所示，吸收光谱中只有一个吸收峰且峰形较为对称，表明制备的纳

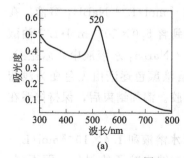
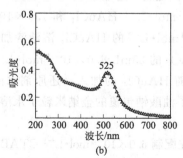
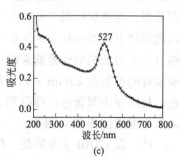

图 2.11-2 Au 纳米粒子水溶液的紫外-可见吸收光谱

米粒子均为球形结构并且粒径较均匀。此外，金纳米粒子由于油酸钠 [图 2.11-2(b)] 和 CTAB [图 2.11-2(c)] 的烷基链在其表面的吸附造成了 UV-Vis 光谱最大吸收波长与高温液相还原法制备的金纳米粒子 [图 2.11-2(a)] 相比发生了一定程度的红移。

在透射电子显微镜实验中，可以观测纳米粒子的大小、形状、分散性等性质，如图 2.11-3所示。

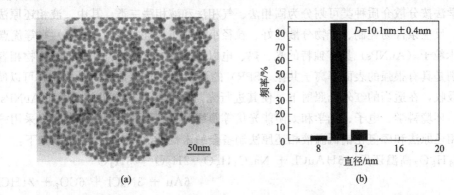

图 2.11-3　高温液相还原法制备的 Au 纳米粒子 TEM 照片 (a) 与粒度分布图 (b)

【仪器与试剂】

仪器：圆底烧瓶，带塞的磨口三角瓶，烧杯，移液管，棕色酸式滴定管，滴管，石英比色皿，Formva 膜铜网（或碳膜铜网），试管刷，铁架台，电磁加热搅拌器，电子天平，离心机，恒温鼓风干燥箱，超声清洗器，紫外-可见分光光度计，透射电子显微镜。

试剂：氯金酸（A.R.），柠檬酸钠（A.R.），油酸（A.R.），硼氢化钠（A.R.），氢氧化钠（A.R.），十六烷基三甲基溴化铵（CTAB，A.R.），高纯水。

【实验步骤】

1. 柠檬酸钠高温液相还原法

分别配制 $1.0 \times 10^{-3} \, mol \cdot L^{-1}$ HAuCl$_4$ 和 $3.88 \times 10^{-2} \, mol \cdot L^{-1}$ Na$_3$C$_6$H$_5$O$_7$ 溶液。在 1000mL 的圆底烧瓶中加入 $1.00 mmol \cdot L^{-1}$ 的 HAuCl$_4$ 溶液 500mL，剧烈搅拌条件下加热到沸腾，快速加入 $38.8 mmol \cdot L^{-1}$ 的柠檬酸钠溶液 50mL；溶液颜色由浅黄色变成酒红色，搅拌条件下继续加热 10min，然后去掉加热装置，继续搅拌 15min；冷却到室温，得到酒红色的金纳米粒子溶胶。

2. 硼氢化钠低温液相还原法

（1）以油酸钠为包覆剂　首先，将 $0.1 mol \cdot L^{-1}$ 氢氧化钠溶液按照 2:1 摩尔比加入到 $1.0 \times 10^{-3} \, mol \cdot L^{-1}$ 油酸溶液中，配成一定量 $1.0 \times 10^{-3} \, mol \cdot L^{-1}$ 浓度的油酸钠溶液，4℃保存待用。再分别配制 $2.0 \times 10^{-3} \, mol \cdot L^{-1}$ HAuCl$_4$ 和 $1.6 \times 10^{-2} \, mol \cdot L^{-1}$ NaBH$_4$ 溶液。在剧烈搅拌下将 25mL $2.0 \times 10^{-3} \, mol \cdot L^{-1}$ 的 HAuCl$_4$ 溶液滴加到含 $5.0 \times 10^{-4} \, mol \cdot L^{-1}$ 油酸钠（低于油酸钠的临界胶束浓度）的 25mL $8.0 \times 10^{-3} \, mol \cdot L^{-1}$ NaBH$_4$ 水溶液中，冰盐浴，滴加时间控制在 30min 之内。随 HAuCl$_4$ 的加入，还原剂水溶液颜色逐渐由无色变为浅蓝色，最后变为深紫色，即得到了油酸钠包覆的金纳米粒子水溶胶。滴加结束后，保持体系在冰浴中继续搅拌 8h，静置。

（2）以 CTAB 为包覆剂　先配制 $6.0 \times 10^{-4} \, mol \cdot L^{-1}$ CTAB 水溶液和 $1.4 \times 10^{-2} \, mol \cdot L^{-1}$ NaBH$_4$ 溶液，各取 12.5mL 混合。与以油酸钠为包覆剂的 Au 纳米粒子的制备步骤不同，

以 CTAB 为包覆剂的 Au 纳米粒子的制备是将上述混合溶液在匀速搅拌条件下滴加到 25mL 1.0×10^{-3} mol·L^{-1} HAuCl$_4$ 溶液中，30min 内滴加完毕。继续保持冰点温度和匀速搅拌至 8h 停止反应，得到紫红色、透明的金纳米粒子水溶胶。

3. 紫外-可见光谱分析

首先将高纯水倒入石英比色皿，放入紫外-可见分光光度计中做空白；然后将纳米粒子溶胶用高纯水定量稀释 6 倍，在石英比色皿中以紫外-可见分光光度计测量其紫外吸收光谱。

4. TEM 表征

用滴管取少量纳米粒子水溶胶，转移至 Formva 膜铜网（或碳膜铜网）上，然后以 TEM 观察、拍照，并将记录照片放大数倍。

【结果与讨论】

1. 肉眼观察

肉眼观察是最基本也是最简单和方便的检定方法。良好的 Au 纳米粒子溶胶应该是清亮透明的，若产物浑浊或液体表面有漂浮物，表明此次产物有较多的凝集颗粒。详细记录产物的颜色以及是否浑浊，并说明实验中存在的问题。

2. 紫外-可见吸收光谱特征

以波长为横坐标、吸光度为纵坐标，绘出 Au 纳米粒子对应的紫外-可见吸收光谱曲线图。通过 UV-Vis 光谱曲线吸收峰的数目和对称程度定性判断纳米粒子的结构及其单分散性（一般地，吸收峰对称性越高，单分散性越好）；由分光光度计扫描的最大吸收波长 λ_{max} 定性地判断 Au 纳米粒子粒径的大小（一般地，对同类方法制得的纳米粒子，λ_{max} 越大则粒径越大）。

3. TEM 形貌

采用 TEM 观察 Au 纳米粒子的形貌，说明不同合成条件下产物的形貌有何变化。在电镜照片上加注标尺，并统计不少于 100 个纳米粒子的粒径，利用 Origin 或 Excel 作直方图。如图 2.11-3(b) 所示。

【注意事项】

1. 试剂

氯金酸易潮解，应干燥、避光保存；氯金酸对金属有强烈的腐蚀性，因此在配制氯金酸水溶液时，不应使用金属药匙称量氯金酸。

2. 水质

用液相还原法制备金纳米粒子的蒸馏水应是双蒸馏水或三蒸馏水，或者是高质量的去离子水。

3. 玻璃容器的清洁

液相还原法制备金纳米粒子的玻璃容器必须是绝对清洁的，用前应先经酸洗并用蒸馏水冲净。最好是经硅化处理的，硅化方法可用 5% 二氯甲硅烷的氯仿溶液浸泡数分钟，用蒸馏水冲净后干燥备用。

4. 金纳米粒子溶胶的保存

金纳米粒子在洁净的玻璃器皿中可较长时间保存，加入少许防腐剂（如 0.02% NaN$_3$）可有利于保存，若保存不当则会有细菌生长或有凝集颗粒形成。

【思考题】

1. 柠檬酸钠高温液相还原法中，金纳米粒子表面的保护剂是什么？金溶胶带何种电荷？

2. 金纳米粒子制备过程中，开始时液相颜色变化较慢，随着反应的进行颜色迅速加深，考虑其原因。

3. 若制备得到的产物上层表面有漂浮物，是何物质？如何除去？

4. 在进行紫外可见吸收光谱测试时，为什么要将金纳米粒子溶胶进行稀释？

5. 以油酸钠为包覆剂和以 CTAB 为包覆剂的 Au 纳米粒子制备过程有何差异？并解释这种差异的原因。

【参考文献】

1. Cushing B L, Kolesnichenko V L, Connor C J. Recent Advances in the Liquid-Phase Syntheses of Inorganic Nanoparticles. Chem Rev, 2004, 104: 3893.

2. Yonezawa T, Kunitake T. Practical Preparation of Anionic Mercaptoligand-stablized Gold Nanoparticles and Their Immobilization. Colloids and Surfaces A, 1999, 149: 193.

3. Daniel M C, Astruc D. Gold Nanoparticles: Assembly, Supramolecular Chemistry, Quantum-Size Related Properties, and Applications toward Biology, Ctatalysis, and Nanotechnology. Chem Rev, 2004, 104: 293.

4. Yonezawa T, Sutoh M, Kunitake T. Practical Preparation of Size-Controlled Gold Nanoparticles in Water. Chem Lett, 1997, 26: 619.

5. Wang L Y, Chen X, Zhang J, Chai Y C, Yang C J, Xu L M, Zhuang W C, Jing B. Synthesis of Gold Nano- and Microplates in Hexagonal Liquid Crystals. J Phys Chem B, 2005, 109: 3189.

6. Yang X., Yang M. X., Pang B., Vara M., Xia Y. N., Gold Nanomaterials at Work in Biomedicine, Chem. Rev., 2015, 115: 10410.

第3章 物质结构实验

实验 3.1 偶极矩的测定——溶液法

【实验目的】

1. 掌握溶液法测定物质偶极矩的原理和方法。
2. 掌握介电常数测试仪的基本结构与使用方法。
3. 测定正丁醇的偶极矩。

【基本原理】

分子由带正电的原子核和带负电的电子组成。但因空间构型的不同，正负电荷中心可能重合，也可能不重合，前者为非极性分子，后者称为极性分子。1912 年，德拜（Debye）提出了"偶极矩"（$\vec{\mu}$）的概念来衡量分子极性的大小。偶极矩的定义是正负电荷中心间的距离 d 与电荷量 q 的乘积，即

$$\vec{\mu} = qd \tag{3.1-1}$$

偶极矩是矢量，其方向规定是从正电荷到负电荷。由于分子中原子核间距的数量级是 $10^{-10}\,\text{m}$，电子电量的数量级是 $10^{-20}\,\text{C}$，因此偶极矩的数量级是 $10^{-30}\,\text{C·m}$。

通过偶极矩的测定，可以了解分子结构中有关电子密度的分布、分子的对称性，还可以用来判别几何异构体和分子的立体结构等。

在外电场作用下，分子会发生以下两种情况。（1）不论极性分子或非极性分子，都会发生电子云对分子骨架的相对移动，分子骨架也会发生形变，这称为诱导极化或变形极化。用摩尔诱导极化度 $P_{诱导}$ 来衡量。$P_{诱导}$ 又可分为两项，即电子极化度 $P_{电子}$ 和原子极化度 $P_{原子}$，$P_{诱导}$ 与外电场强度成正比，与温度无关。（2）极性分子会在电场中按一定取向有规则排列以降低其势能，这种现象称为分子的转向极化，可用摩尔转向极化度 $P_{转向}$ 来衡量。$P_{转向}$ 与永久偶极矩 μ^2 的值成正比，与绝对温度 T 成反比。

$$P_{转向} = \frac{4}{3}\pi N_A \frac{\mu^2}{3kT} = \frac{4}{9}\pi N_A \frac{\mu^2}{kT} \tag{3.1-2}$$

式中，k 为玻尔兹曼常数；N_A 为阿伏伽德罗常数。

当处在交变电场中，根据交变电场的频率不同，极性分子的摩尔极化度 P 可以有以下三种不同的情况：

（1）低频下（$<10^{10}\,\text{s}^{-1}$）或静电场中

$$P = P_{转向} + P_{电子} + P_{原子} \tag{3.1-3}$$

（2）中频下（$10^{12} \sim 10^{14}\,\text{s}^{-1}$）即红外频率下，极性分子的转向运动跟不上电场的变化，此时 $P_{转向} = 0$，$P = P_{原子} + P_{电子}$。

（3）高频下（$>10^{15}\,\text{s}^{-1}$）即紫外频率和可见光频率下，极性分子的转向运动和分子骨

架变形都跟不上电场的变化，此时 $P_{转向}=0$，$P_{原子}=0$，$P=P_{电子}$。

因此，原则上只要在低频电场下测得极性分子的摩尔极化度 P，在红外频率下测得极性分子的摩尔诱导极化度 $P_{诱导}$，两者相减得到极性分子摩尔转向极化度 $P_{转向}$，然后代入式(3.1-2) 就可算出极性分子的永久偶极矩 μ 来。

克劳修斯、莫索和德拜（Clausius-Mosotti-Debye）从电磁场理论得到了摩尔极化度 P 与介电常数 ε 之间的关系式：

$$P=\frac{\varepsilon-1}{\varepsilon+2}\times\frac{M}{\rho} \tag{3.1-4}$$

式中，M 为被测物质的分子量；ρ 为该物质在某一温度下的密度；ε 可以通过实验测定。但式(3.1-4)是假定分子与分子间无相互作用而推导得到的。所以它只适用于温度不太低的气相体系，对某些物质甚至根本无法获得气相状态。因此后来提出了用溶液法来解决这一困难。

溶液法的基本想法是，在无限稀释的非极性溶剂的溶液中，溶质分子所处的状态和气相时相近，于是无限稀释溶液中溶质的摩尔极化度 P_2^{∞}，就可以看作为式(3.1-4) 中的 P。海台斯纳特（Hedestran）首先利用稀释溶液的近似公式：

$$\varepsilon_{溶}=\varepsilon_1(1+\alpha x_2) \tag{3.1-5}$$
$$\rho_{溶}=\rho_1(1+\beta x_2) \tag{3.1-6}$$

再根据溶液的加和性，推导出无限稀释时溶质摩尔极化度的公式：

$$P=P_2^{\infty}=\lim_{x_2\to0}P_2=\frac{3\alpha\varepsilon_1}{(\varepsilon_1+2)^2}\times\frac{M_1}{\rho_1}+\frac{\varepsilon_1-1}{\varepsilon_1+2}\times\frac{M_2-\beta M_1}{\rho_1} \tag{3.1-7}$$

式中，$\varepsilon_{溶}$、$\rho_{溶}$ 分别为溶液的介电常数和密度；M_2、x_2 是溶质的分子量和摩尔分数；ε_1、ρ_1、M_1 分别是溶剂的介电常数、密度和分子量；α、β 分别为与 $\varepsilon_{溶}$-x_2 和 $\rho_{溶}$-x_2 直线斜率有关的常数。

前面已经提到，在红外频率的电场下可测得极性分子摩尔诱导极化度 $P_{诱导}=P_{电子}+P_{原子}$。但是在实验上由于条件的限制，很难做到这一点。所以一般总是在高频电场下测定极性分子的电子极化度 $P_{电子}$。

根据光的电磁理论，在同一频率的高频电场作用下，透明物质的介电常数 ε 与折射率 n 的关系为

$$\varepsilon=n^2 \tag{3.1-8}$$

习惯上用摩尔折射度 R_2 来表示高频区测得的极化度，而此时，$P_{转向}=0$，$P_{原子}=0$。则

$$R_2=P_{电子}=\frac{n^2-1}{n^2+2}\times\frac{M}{\rho} \tag{3.1-9}$$

在稀溶液情况下，还存在近似公式：

$$n_{溶}=n_1(1+\gamma x_2) \tag{3.1-10}$$

同样，从式(3.1-9) 可以推导得无限稀释时溶质的摩尔折射度的公式：

$$P_{电子}=R_2^{\infty}=\lim_{x_2\to0}R_2=\frac{n_1^2-1}{n_1^2+2}\times\frac{M_2-\beta M_1}{\rho_1}+\frac{6n_1^2M_1\gamma}{(n_1^2+2)^2\rho_1} \tag{3.1-11}$$

式中，$n_{溶}$ 是溶液的折射率；n_1 是溶剂的折射率；γ 是与 $n_{溶}$-x_2 直线斜率有关的常数。

考虑到原子极化度通常只有电子极化度的 5%～15%，而且 $P_{转向}$ 又比 $P_{原子}$ 大得多，故常常忽略原子极化度。

从式(3.1-2)、式(3.1-3)、式(3.1-7) 和式(3.1-11) 可得

$$P_{转向} = P_2^\infty - R_2^\infty = \frac{4}{9}\pi N_A \frac{\mu^2}{kT} \tag{3.1-12}$$

上式把物质分子的微观性质偶极矩和它的宏观性质介电常数、密度、折射率联系起来。基于式(3.1-12)，分子的永久偶极矩就可用下面简化式计算：

$$\mu(\mathrm{D}) = 0.0128\sqrt{(P_2^\infty - R_2^\infty)T} \tag{3.1-13}$$

迄今为止，文献中有关分子偶极矩的方程推导或数据单位，基本上都采用高斯制。高斯制所用偶极矩单位为德拜（D）。而当使用国际单位制时，导出的式中应有一常数$(4\pi\varepsilon_0)^{-1}$，式中ε_0为真空电容率，$\varepsilon_0 = 8.854\times10^{-12}\,\mathrm{F\cdot m^{-1}}$。当从高斯制换算成国际单位制时（已知：$1\mathrm{D}=3.33564\times10^{-30}\,\mathrm{C\cdot m}$），极化度乘以$4\pi\varepsilon_0$，则式(3.1-13) 转变为

$$\mu(\mathrm{C\cdot m}) = \sqrt{\frac{9\varepsilon_0 k}{N_A}}\sqrt{(P_2^\infty - R_2^\infty)T} = 0.0426\times10^{-30}\sqrt{(P_2^\infty - R_2^\infty)T} \tag{3.1-14}$$

式(3.1-14) 中极化度和温度分别是以$\mathrm{cm^3\cdot mol^{-1}}$和 K 为单位的纯数，并已归并入前项。

在某种情况下，若需要考虑$P_{原子}$影响时，只需对R_2^∞作部分修正就行了。

分子的偶极矩可有几种方法获得，如温度法、分子光谱法、分子束法等，但较常用的方法是从分子的介电常数计算得到。

在测量介电常数时，将待测物置于电容池的两极板间。若待测物质的分子具有偶极，在电场的作用下，它们将发生定向排列，以降低电场强度，并使电容增加。

$$\varepsilon = \frac{C}{C_0} \tag{3.1-15}$$

式中，C_0 为两平板电极间的真空电容；C 为两平板电极间装有待测物质时的电容。其比值称为待测物质的介电常数。物质的偶极矩越大，待测物与电场的相互作用越大，其介电常数越大。由于电场会使分子发生变形或极化而产生附加偶极矩，使得介电常数并不与电场强度成正比关系。所以，测得的介电常数除与待测物的密度等因素有关外，还与分子的永久偶极矩和分子的极化两个因素有关。在电容池的极板面积和极板间距离一定时，极板间的物质量越多，待测物分子与电场的相互作用越大，介电常数越大。对溶液，极性分子的浓度越稀，介电常数越低。对同种物质，气体的介电常数小于液体的介电常数。对大多数测量而言，可忽略空气介电常数与真空介电常数的差别，用空气电容（$C_空$）代替真空电容（C_0）。

本实验是通过测定一系列溶液的密度和这些溶液在无线电波电场中的介电常数，求得总摩尔极化度，同时测定其在光波电场中的摩尔折射率，并求得摩尔极化度，从两者之差求算正丁醇的偶极矩。

【仪器与试剂】

仪器：ZJ-3J 型介电常数测试仪，超级恒温油浴，电吹风，阿贝折光仪，容量瓶（100mL，6 只），滴管 9 支。

试剂：环己烷（A. R.），正丁醇（A. R.）。

【实验步骤】

1. 配制溶液

以正丁醇为溶质，配制摩尔分数约为 0.05、0.08、0.10、0.12、0.15 和 0.17 的正丁醇-环己烷溶液各 30mL，为防止溶质、溶剂的挥发以及吸收极性较大的水蒸气，溶液配好

后应立即塞紧，贴好标签，注明浓度。

2. 密度的测定

称重 6 只干燥的 10mL 容量瓶，装蒸馏水至刻度再称重。由两次称重之差及同温度下水的密度算出容量瓶的实际体积。倾去此 6 只容量瓶中的水，贴上标签，干燥后再称重，然后分别将 6 个实验溶液置于这 6 只容量瓶中并称重。由各容量瓶中溶液的质量除以相应容量瓶的实际体积，可得各溶液的密度。

3. 折射率的测定

在 (25 ± 0.1)℃下以阿贝折光仪测定正丁醇的折射率。测定时，加样三次，每加一次样读数三次，如果 9 次数据接近，取其平均值作为正丁醇的折射率。

4. 介电常数的测定

本实验采用频率法测定液体电解质的介电常数，实际上就是电解质振荡频率 f 的测定（介电常数测试仪的工作原理和使用方法详见本丛书第一分册）。依据下式可计算液体电解质的介电常数：

$$\varepsilon = \frac{C_{溶液}}{C_{空气}} = \frac{(C_1 - C_2)_{溶液}}{(C_1 - C_2)_{空气}} = \frac{\left(\frac{1}{f_1^2} - \frac{1}{f_2^2}\right)_{溶液}}{\left(\frac{1}{f_1^2} - \frac{1}{f_2^2}\right)_{空气}} \tag{3.1-16}$$

式中，f_1 和 f_2 分别为开关置于 C_1、C_2 时空气和待测液体的频率值。

【结果与讨论】

1. 记录实验时的平均室温、平均气压和恒温浴的温度。

2. 将实验数据列表，如表 3.1-1 所示。

表 3.1-1 实验数据记录

编号					
瓶重/g					
烷重/g					
醇重/g					
x_2					
n					
f_1					
f_2					
ε					
水重/g					
瓶体积/mL					
ρ					

3. 作 $\varepsilon_{溶液}$ 对 x_2 图，求出直线截距 ε_1 和斜率 α。

4. 作 $\rho_{溶液}$ 对 x_2 图，求出直线截距 ρ_1 和斜率 β。

5. 作 $n_{溶液}$ 对 x_2 图，求出直线截距 n_1 和斜率 γ。

6. 用式(3.1-7)计算出 P_2^{∞} 值，用式(3.1-11)计算出 R_2^{∞} 值。

7. 用式(3.1-13)或式(3.1-14)计算正丁醇的偶极矩（μ），并与文献值比较。

【注意事项】

1. 正丁醇易挥发，配制溶液时动作应迅速，以免影响浓度。

2. 本实验溶液中防止含有水分，所配制溶液的器具均需干燥，溶液应透明不发生浑浊。

3. 测定电容时，应防止溶液的挥发及吸收空气中极性较大的水汽，影响测定值。

4. 每次测定前要用冷风将电容池吹干，严禁用热风。电容池各部件的连接应注意绝缘。

【思考题】

1. 本实验是如何测定溶液的介电常数的？可否直接用小电容测量仪上的读数 $C_{测}$ 来进行计算？

2. 偶极矩是如何定义的？

3. 简述溶液法测定偶极矩的基本过程。

4. 试分析本实验中误差的主要来源，如何改进？

【拓展与应用】

1. 从偶极矩的数据可以了解分子的对称性，判别其几何异构体和分子的主体结构等问题。偶极矩一般是通过测定介电常数、密度、折射率和浓度来求算的。对介电常数的测定除电桥法外，其他主要还有拍频法和谐振法等，对于气体和电导很小的液体以拍频法为好；有相当电导的液体用谐振法较为合适；对于有一定电导但不大的液体用电桥法较为理想。虽然电桥法不如拍频法和谐振法精确，但设备简单、价格便宜。测定偶极矩的方法除由对介电常数等的测定来求算外，还有多种其它方法，如分子射线法、分子光谱法、温度法以及利用微波谱的斯塔克效应等。

2. 溶液法测得的溶质偶极矩和气相测得的真空值之间存在着偏差，造成这种偏差的现象主要是由于在溶液中存在溶质分子与溶剂分子以及溶剂分子及溶剂分子之间作用的溶剂效应。

【参考文献】

1. 刁国旺，阚锦晴，刘天晴编著. 物理化学实验. 北京：兵器工业出版社，1993.

2. 黄泰山等编著. 新编物理化学实验. 厦门：厦门大学出版社，1999.

3. 阚锦晴，刁国旺. 物理化学实验中的两则改进措施. 实验室研究和探讨，1991，(4)：98.

4. 孙尔康，徐维清，邱金恒编. 物理化学实验. 南京：南京大学出版社，1999.

5. 王爱荣等编. 物理化学实验. 北京：化学工业出版社，2008.

实验 3.2　配合物结构的测定——古埃磁天平法

【实验目的】

1. 掌握磁化率法测定配合物结构的基本原理与方法。

2. 了解磁化率的意义及磁化率和分子结构的关系。

3. 掌握古埃磁天平的操作方法。

【基本原理】

1. 磁化率

如果将一种物质置于磁场中，在外磁场的作用下，会感应出一个附加磁场，则该物质的磁感应强度 B 可用下式表示：

$$B = H + H'$$
(3.2-1)

式中，H 和 H' 分别为外磁场及附加磁场，T。附加磁场的大小正比于外磁场，即

$$H' = 4\pi\chi H$$
(3.2-2)

式中，χ 是单位体积内磁场强度的变化，称体积磁化率，无量纲。化学上还常定义单位质量磁化率 χ_m、摩尔磁化率 χ_M 来描述物质的磁学特性，它们与体积磁化率 χ 的关系为

$$\chi_m = \frac{\chi}{\rho}$$
(3.2-3)

$$\chi_M = \chi_m M = \frac{M\chi}{\rho}$$
(3.2-4)

式中，ρ 是物质的密度；M 是物质的摩尔质量；χ_m 的单位是 $m^3 \cdot kg^{-1}$；χ_M 的单位是 $m^3 \cdot mol^{-1}$。

2. 分子磁矩和磁化率

一种物质置于外磁场中，之所以会产生附加磁场与物质内部电子的运动特性有关。如果组成物质的分子、原子或离子具有未成对电子，则它们在运动时形成的电子电流将产生一永久磁矩而使物质呈磁性。然而，物质是由大量分子、原子或离子构成的，由于热运动，其排列方向是杂乱无章的，则因电子电流而产生的永久磁矩也因在各方向上排列的概率均等而相互抵消。所以在正常情况下，物质不显示磁性。但是，若将物质置于磁场中，在外磁场的作用下，永久磁矩就会部分或全部顺着磁场方向作定向排列。其结果是，永久磁矩之间不再完全相互抵消而形成附加磁场，使物质内部的磁场得以加强，显示其顺磁性。对于顺磁性物质 $\chi > 0$，附加磁场 H' 与 H 方向相同，磁感应强度 B 增大。锰、铬、铂、氮、氧等均为顺磁性物质。

另有一类物质，其构成粒子（如分子、原子、离子等）内部电子均已配对，不具备上述产生永久磁矩的条件，但是这些物质内部的成对电子在进行轨道运动时，若受外磁场的作用会感应出"分子电流"，该分子电流产生一种与外磁场方向相反的诱导磁矩（这与线圈插入磁场中会产生一感应电流，并因此而产生一与外磁场方向相反的感应磁场的现象相类似），这种诱导磁矩的矢量和即为这类物质在外磁场中的附加磁场 H'。由于 H' 与 H 方向相反，则 B 减小，$\chi < 0$，这类物质就称为逆磁性物质。汞、铜、铋、硫、氯、氢、银、金、锌、铅等均为逆磁性物质。

显然，在顺磁性物质中也应有诱导磁矩。因此精确地说，顺磁性物质的摩尔磁化率应由两部分组成，即

$$\chi_M = \chi_{M,顺} + \chi_{逆}$$
(3.2-5)

其中 $\chi_{M,顺}$ 来源于永久磁矩在外磁场中的定向，即摩尔顺磁化率，$\chi_{逆}$ 则为诱导磁矩，一般来说，$\chi_{M,顺} \gg \chi_{逆}$，所以式(3.2-5)常常近似地写成：

$$\chi_M \approx \chi_{M,顺}$$
(3.2-6)

此外，还有一类物质，其附加磁场 H' 与外磁场 H 之间不存在形如式(3.2-2)所示的简单正比关系，而是随着外磁场的增强而剧烈地增强；且即使撤去外磁场，物质本身仍呈磁性，即出现滞后现象。这类物质称为铁磁性物质。铁、钴、镍及其合金就属于铁磁性物质，人们常根据它们的这一特性来制成"永久"磁铁。

理论推导表明，如果忽略分子间的相互作用力，则摩尔顺磁化率 $\chi_{M,顺}$ 与分子永久偶极矩 μ_m 间的定量关系为

$$\chi_{M,顺}=\frac{N_A\mu_m^2\mu_0}{3kT}=\frac{C}{T} \tag{3.2-7}$$

式中，N_A 是阿伏伽德罗常数；k 是玻尔兹曼常数；T 是热力学温度；μ_0 是真空磁化率，其数值等于 $4\pi\times10^{-7}\text{N}\cdot\text{A}^{-2}$；$C$ 是居里常数。根据式(3.2-7)知，物质的摩尔顺磁化率与热力学温度成反比，这一关系是由居里在实验中首先发现的，所以该式称为居里定律。根据式(3.2-6)，则

$$\chi_M=\frac{N_A\mu_m^2\mu_0}{3kT} \tag{3.2-8}$$

$$\mu_m=\sqrt{\frac{3kT}{N_A\mu_0}\chi_M} \tag{3.2-9}$$

式(3.2-9)将宏观物理性质 χ_M 与其微观性质 μ_m 联系在一起。只要通过实验测得 χ_M，根据式(3.2-9)即可计算物质的永久磁矩 μ_m。

实验还表明，自由基或其它具有未成对电子的分子及某些第一系列过渡元素离子，其磁矩 μ_m 与未成对电子数 n 具有如下的关系：

$$\mu_m=\sqrt{n(n+2)}\,\mu_B \tag{3.2-10}$$

式中，μ_B 是磁矩的单位，称为玻尔（Bohr）磁子，可用下式表示：

$$\mu_B=\frac{eh}{4\pi m_e}=9.2732\times10^{-24}\text{A}\cdot\text{m}^2 \tag{3.2-11}$$

式中，m_e 为电子质量；e 为电子电荷；h 为普朗克常数。μ_B 是一个很重要的物理量，其物理意义是单个自由电子在自旋时所产生的磁矩。

根据式(3.2-10)，只要测得物质的磁化率，就可以求得未成对电子数。磁化率法测定络合物的结构就是根据这一基本原理而进行的。

3. 物质结构与磁化率

根据物质结构理论，配合物中中心离子（或原子）与其配位体之间是以配位键形式结合在一起的。在配位键中，又可分为两类：一类是中心离子与配位体之间依靠静电库仑力结合形成的化学键叫电价配键。在电价配键中，中心离子的电子结构不受配体影响，而与自由离子时基本相同。成键时，中心离子提供最外层的空价电子轨道接受配体给予的成键电子。另一类配位键称为共价配键。在共价配合物中，中心离子空的价电子轨道接受配体的孤对电子形成共价配键。在形成共价配键的过程中，中心离子为了尽可能多地成键，常常要进行电子重排，以空出更多的价电子轨道来容纳配位体的孤对电子，现以 Fe^{2+} 为例，说明两种成键方式。

Fe^{2+} 在自由状态时外层电子构型如下

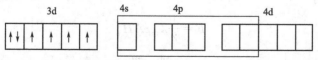

当 Fe^{2+} 与 6 个 H_2O 分子形成水合络离子 $[Fe(H_2O)_6]^{2+}$ 时，将以电价形式形成电价配合物。即在成键时，不影响 Fe^{2+} 原来的电子构型，H_2O 的孤对电子分别充入由 1 个 4s 轨道，3 个 4p 轨道和 2 个 4d 轨道杂化而成的 6 个 sp^3d^2 杂化轨道中，形成一正八面体构型

的配合物。这类络合物，又称为外轨型配合物。但当 Fe^{2+} 与 6 个 CN^- 形成 $[Fe(CN)_6]^{4-}$ 络离子时，Fe^{2+} 外层电子首先要进行重排，以空出尽可能多的价电子轨道，重排后的价电子构型如下

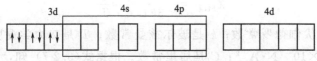

再用空出的 2 个 3d 轨道、1 个 4s 轨道、3 个 4p 轨道形成 6 个 d^2sp^3 杂化轨道，以接受 6 个 CN^- 提供的 6 对孤对电子。这种类型的配合物又称为内轨型配合物。其空间构型也为正八面体。

从上面的讨论可知，内轨型配合物与外轨型配合物相比具有较少的未成对电子(有时甚至为 0，如上例)。所以，如果知道了配合物的磁化率，就可以根据式(3.2-10)求得未成对电子数，从而判别配合物是属于内轨型，还是外轨型。本实验就是通过测量物质的磁化率，以判别配合物的构型。

4. 磁化率的测定

磁化率的测量方法很多，常用的有古埃法、昆克法和法拉第法等。本实验采用古埃法。其测量原理见图 3.2-1。

设样品的截面积为 A，非均匀磁场在 Z 轴方向的磁场强度的梯度为 $\dfrac{\partial H}{\partial Z}$，则样品中某一小体积元 V

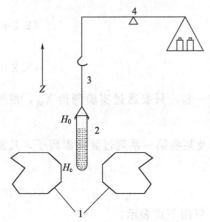

图 3.2-1　古埃磁天平测量原理图
1—电磁铁；2—样品管；3—吊丝；4—天平

沿磁场梯度方向受到的作用力 F 为

$$dF = (\chi - \chi_0)H\frac{\partial H}{\partial Z}dV$$
$$= (\chi - \chi_0)AHdH \qquad (3.2\text{-}12)$$

式中，χ 和 χ_0 分别为样品及周围介质(常为空气)的磁化率。通常 $\chi \gg \chi_0$，若样品底部正好位于磁极中心(磁场最强，并设此点磁场强度为 H_c)处，且样品管足够长，样品顶端磁场强度 H_0 近似为零，可以忽略不计，则式(3.2-12)可以积分如下：

$$F = \int_{H_0}^{H_c} (\chi - \chi_0)AHdH = \frac{1}{2}(\chi - \chi_0)A(H_c^2 - H_0^2) \qquad (3.2\text{-}13a)$$

或

$$F = \frac{1}{2}\chi AH_c^2 \qquad (3.2\text{-}13b)$$

若试样密度为 ρ，则

$$F = \frac{1}{2}\chi_m \rho AH_c^2 \qquad (3.2\text{-}14a)$$

但

$$\rho = \frac{m}{V} = \frac{m}{Al}$$

则

$$F = \frac{1}{2}\chi_m \frac{m}{l}H_c^2 \qquad (3.2\text{-}14b)$$

式中，m 为样品的质量；l 为样品的长度。

又因为 $\chi_M = \chi_m M$，则

$$F = \frac{1}{2} \times \frac{\chi_M}{M} \times \frac{m}{l} H_c^2 \tag{3.2-15}$$

式中，M 为被测样品的摩尔质量。根据式(3.2-15) 可知：

$$\chi_M = \frac{2}{H_c^2} \times \frac{MlF}{m} \tag{3.2-16a}$$

F 为样品在磁场中受到的作用力，即 $F = \Delta Wg$，其中 g 为重力加速度，ΔW 为样品有无外磁场时重量的变化值，单位为 kg。将 F 值代入式(3.2-16a) 并重排后得

$$\chi_M = \frac{2g}{H_c^2} \times \frac{Ml\Delta W}{m} \tag{3.2-16b}$$

式中，m，l，ΔW 可由实验测得。通过高斯计测得 H_c，即可根据上式计算物质的摩尔磁化率 χ_M。H_c 也可以通过标准物质标定。常用的标准物质是莫尔氏盐 $[(NH_4)_2SO_4 \cdot FeSO_4 \cdot 6H_2O]$。

已知莫尔氏盐的摩尔磁化率为

$$\chi_M = \frac{9.5M}{T+1} \tag{3.2-17}$$

式中，T 为热力学温度；M 为莫尔氏盐的摩尔质量。标定时，只要测得标定物质的长度 l、质量 m 和有无磁场时重量的变化值 ΔW，代入式(3.2-16b)，可求得被标定的磁场 H_c：

$$H_c = \sqrt{\frac{2gMl\Delta W}{m\chi_M}} = \sqrt{\frac{2gl\Delta W(T+1)}{9.5m}} \tag{3.2-18}$$

古埃磁天平的工作原理和使用方法详见本丛书第一分册。

【仪器与试剂】

仪器：古埃磁天平，研钵，角匙，直尺，带耳样品管。

试剂：$(NH_4)_2SO_4 \cdot FeSO_4 \cdot 6H_2O$（A. R.），$FeSO_4 \cdot 7H_2O$（A. R.），$K_4Fe(CN)_6 \cdot 3H_2O$（A. R.），$CuSO_4 \cdot 5H_2O$（A. R.）。

【实验步骤】

1. 洗净、烘干样品管。样品研细后用 200 目分样筛过筛后备用。

2. 打开循环泵，观察出水口是否有足量的流水。如无流水或水流不畅，应查明原因，排除之。将磁天平励磁电流调至零（将电流调节旋钮逆时针旋到底）打开稳压电源，待电源电压稳定在 220V 后，开启磁天平电源开关。将霍尔笔置于磁极中心，适当调节电流值，打开高斯计（高斯计需预先校正），适当改变霍尔笔的位置，使磁场强度最大。继续增大励磁电流，使高斯计读数为 0.24T。用同一电流重复测量 5 次，高斯计读数应在误差范围之内，否则说明剩磁现象严重，应设法排除之。

3. 磁场强度的标定。将一支干燥、洁净的样品管悬挂于天平的左臂上，样品管的底部应位于磁极中心，否则需适当调节样品管的高度，使其位于磁极中心，调节时应注意样品管不得触接磁极。待样品管静止后，检查励磁电流是否为零，如不为零应调至零，称出空管重 W_0，称准至 0.0001g，托起天平。

　　调节励磁电流，使高斯计读数为 0.24T，再称量空管的重量 W_0'，如此反复测量三次，取平均值。

　　小心取下样品管，将研细的莫尔氏盐装入样品管（为使样品装紧实，装样时可将样品管在书本上轻轻撞击），直至样品长度达 $15\sim17$cm，再用玻棒将样品顶部压平。用直尺准确测量样品的长度，取不同的方向测量 $4\sim5$ 次，平均值即为样品的长度。擦净样品管外的样品，将其重新悬挂在天平的左臂上，先测量无磁场时（样品＋样品管的重量）$W_{标}$，再测量磁场强度为 0.24T 时（样品＋样品管的重量）$W_{标}'$，反复测量三次，取其平均值。

　　4. 同法测量 $FeSO_4 \cdot 7H_2O$，$K_4Fe(CN)_6 \cdot 3H_2O$，$CuSO_4 \cdot 5H_2O$ 的 $W_{样}$、$W_{样}'$ 及样品长度 $l_{样}$。更换样品时，样品管应洗净，吹干。

　　5. 关机。实验完毕后，将励磁电流调至零，分别关闭高斯计和磁天平电源，再关闭稳压电源和水循环泵。

【结果与讨论】

　　1. 计算 H_c

$$\Delta W_{标} = (W_{标}' - W_0') - (W_{标} - W_0)$$
$$m_{标} = W_{标} - W_0$$
$$H_c = \sqrt{\frac{2gl\Delta W(T+1)}{9.5m_{标}}}$$

根据式(3.2-18)计算磁场强度。

　　2. 计算样品的摩尔磁化率 χ_M

$$\Delta W_{样} = (W_{样}' - W_0') - (W_{样} - W_0)$$
$$m_{样} = W_{样} - W_0$$

将 H_c，$\Delta W_{样}$，$m_{样}$ 及 $l_{样}$ 代入式(3.2-16b)求样品的摩尔磁化率 χ_M。

　　3. 将 χ_M 代入式(3.2-9)，计算各样品的分子磁矩 μ_m。再根据式(3.2-10)求算未成对电子数 n。

　　4. 将有关数据列成表格表示。

　　5. 讨论所测样品的杂化轨道类型及其空间构型。

【注意事项】

　　1. 样品管装样时，样品要尽可能紧密、均匀。如果装样时，在 Z 轴方向有疏有密，则式(3.2-16b)不适用。实验时可反复装样几次，直至复现为止。

　　2. 样品管底部所处的位置对测量结果影响较大，为避免更换样品时引入误差，测量和标定时应采用同一根样品管，但要注意一定要将样品管洗净，烘干（可以用电吹风吹干）。如果必须更换样品管，则应取标样重新标定。

　　3. 样品长度的测量精确度直接影响实验结果。除了要求在样品周围多次取样测量外，还应注意在测量结果中不要包括样品管底部的壁厚。

　　4. 铁磁性物质制成的工具，如镍制刮勺、铁锉刀、镊子等，不能接触样品，否则会因混入其碎屑而产生较大的误差。

　　5. 磁天平，无论是开启，还是关闭电源，均应将励磁电流调节旋钮逆时针方向旋到底（即磁电流调至0）。否则会产生强大的反电动势而使磁天平损坏。同时，为保护功放管，必须保证冷却水畅通。

6. 除了用莫尔氏盐作标准物质外，亦可选用纯水。

【思考题】

1. 实验时，样品装得不实，且不均匀或者样品量太少，对实验结果是否有影响，为什么？

2. 开启和关闭磁天平有哪些注意事项？

3. 测量时发现，加大励磁电流，高斯计指针向反方向偏转，是何原因？怎样排除？

4. 玻璃样品管对实验是否有影响？如有，怎样消除？

5. 怎样才能使样品管处于最佳位置（样品底部对准磁极中心）？

6. 从摩尔磁化率如何计算分子内未成对电子数及判断其配键类型？

【拓展与应用】

1. 有机化合物绝大多数分子都是由反平行自旋电子对而形成价键的，因此其总自旋磁矩等于零，是反磁性的。帕斯卡（Pascal）分析了大量有机化合物的摩尔磁化率的数据，总结出分子的摩尔反磁化率是具有加和性的。此结论可用于研究有机物分子的结构。

2. 对物质磁性的测量还可以得到一系列的其他信息。例如，测定物质磁化率对温度和磁场强度的依赖性可以定性判断是顺磁性、反磁性还是铁磁性的；对合金磁化率的测定可以得到合金的组成；还可以根据磁性质研究生物系统中血液的成分等。

【参考文献】

1. 徐光宪. 物质结构：上册. 北京：人民教育出版社，1978.
2. 刁国旺，阚锦晴，刘天晴编著. 物理化学实验. 北京：兵器工业出版社，1993.
3. 孙尔康，徐维清，邱金恒编. 物理化学实验. 南京：南京大学出版社，1999.
4. 黄泰山等编著. 新编物理化学实验. 厦门：厦门大学出版社，1999.
5. 熊慧龄. 关于磁矩公式 $\mu_m = \sqrt{n(n+2)} \cdot \mu_B$ 适用范围的讨论. 化学通报，1985，(11)：66.

实验 3.3　汞原子激发电位与电离电位的测量

【实验目的】

1. 掌握激发电位与电离电位的基本概念。

2. 了解夫兰克-赫兹法测量汞原子激发电位与电离电位的基本原理及方法。

3. 通过测量汞原子的第一激发电位（中肯电位）证明原子能级的存在，加强对能级概念的理解。

【基本原理】

玻尔（Bohr）在提出原子理论时曾指出以下观点。

① 原子能较长时间停留在一些稳定状态（简称为定态原子）。原子在这些状态时，既不能发射也不能吸收能量，各定态有一定的能量，其数值是彼此分开的。原子的能量不论通过什么方式发生改变，只能从一个定态跃迁到另一个定态。

② 原子从一个定态跃迁到另一个定态而发射或吸收辐射时，这些辐射的频率是一定的。若以 E_m 和 E_n 分别代表相关的能量，则辐射频率 ν 可由下式确定：

$$h\nu = E_m - E_n \tag{3.3-1}$$

式中，h 为普朗克常量。为了使原子从低能级向高能级跃迁，可以通过一定能量的电子与原子相碰撞进行能量交换的办法来实现。初速度为零的电子，在电位差为 U 的加速电场下，其获得的能量应为 eU。当具有这种能量的电子与稀薄气体的原子（如稀薄气态的汞原子）发生碰撞时，就会伴随能量交换。如以 E_1 代表汞原子的基态能量，E_2 代表汞原子的第一激发态能量，则当电子传递给汞原子的能量恰巧符合下式：

$$eU = E_2 - E_1 \tag{3.3-2}$$

时，汞原子将从基态跃迁到第一激发态。与之相对应的电位 U_0 称为汞的第一激发电位（亦称为中肯电位）。因此实验中只要测得汞原子（其他元素的气态原子与此相类似）的中肯电位 U_0，即可根据式(3.3-2)计算汞原子第一激发态与基态的能量差了。图 3.3-1 为夫兰克-赫兹实验用于测量汞原子中肯电位及电离电位时的原理图。测量中肯电位时将图 3.3-1 中 K_2 置于位置 a，夫兰克-赫兹管中充入了液体汞，高温时，这些汞汽化成原子。

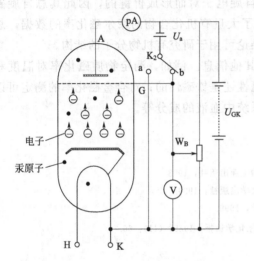

图 3.3-1　夫兰克-赫兹实验原理图

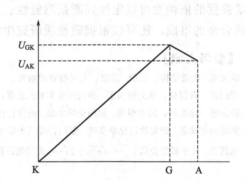

图 3.3-2　夫兰克-赫兹管管内电压分布

当灯丝通电时，阴极就被加热而发射电子，在阴极（K）和栅极（G）之间加一个对电子起加速作用的电场 U_{GK}（可通过电位器 W_B 调节），电子加速迅速跑向栅极（G）。其中部分电子会穿过栅极 G 而到达板极（A），形成板极电流 I_A。为了控制板极电流，在板极与栅极之间加上一个对电子起减速作用的电场 U_{AG}，这样那些能量不是足够高的电子，就无法达到板极而形成板极电流。所以 U_{AG} 越大，板极电流越小。U_{AG} 又称为反向拒斥电压。

图 3.3-2 为管内空间的电场分布情况。从图中可以看出，在 KG 空间电子加速；而在 GA 空间电子减速。事实上只有那些能量足够大的电子才有可能冲过反向拒斥电场到达板极形成板极电流。该板极电流可用微电流计 pA 检出。

如果电子在 KG 空间与汞原子相撞，并把自己的一部分能量传递给汞原子，使汞原子激发的话，电子本身所剩余的能量就很小，以致通过栅极后已不足以克服反向拒斥电场到达板极形成板极电流。这时检流计 pA 检测到的电流将显著减小。

实验时，使 U_{GK} 缓慢增加，电子能量也不断增加，仔细观察电流表指示读数。如果确实存在原子能级，且第一激发态与基态间的能量差为一定值的话，就应当观察到如图 3.3-3 所示的 I_A-U_{GK} 曲线。这是因为电子能量随 U_{GK} 的增加而增大，在起始阶段，由于电压较小，电子能量亦较小，运动过程中，其与汞原子碰撞时也只能发生微小的能量传递（近于弹性碰撞）。则穿过栅极的电子形成的板极电流 I_A 随 U_{GK} 的增加而增大，此即图 3.3-3 中 oa 段。

当 KG 间的电压达到汞原子的第一激发电位 U_0 时，电子在栅极附近与汞原子相碰撞，将自己从加速电场中获得的全部能量传递给后者，使后者从基态激发到第一激发态，而电子本身由于把全部能量给了汞原子，即使穿过了栅极也无法克服反向拒斥电

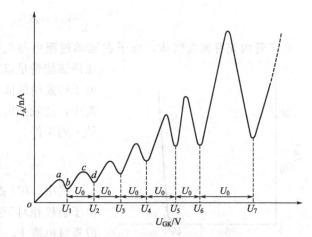

图 3.3-3 充汞夫兰克-赫兹管的 I_A-U_{GK} 曲线

场而折回栅极（被栅极筛选掉）。所以板极电流 I_A 将显著减小（图 3.3-3 ab 段）。随着栅压进一步增加，电子的能量也随之增加，在与汞原子碰撞后还留下一定的能量以克服反向拒斥电场到达板极 A 形成板极电流，因此电流又将随着 U_{GK} 的增加而上升（曲线 bc 段），当 U_{GK} 升到汞原子中肯电压的 2 倍时，电子会因发生两次碰撞而几乎全部失去能量，以致造成第二次板极电流的下降（cd 段）。同理，凡是当

$$U_{GK} = nU_0 \quad (n = 1, 2, 3 \cdots) \tag{3.3-3}$$

时，板极电流 I_A 均会明显下降，形成如图 3.3-3 所示的有规则的、起伏变化的曲线。显然汞原子的第一激发电位可由下式给出：

$$U_0 = U_{n+1} - U_n \tag{3.3-4}$$

本实验通过实验来验证原子能级的存在，并测定汞原子的第一激发电位（公认值为 $U_0 = 4.9\text{V}$）。

处于激发态的原子是不稳定的，容易跳回到基态。进行这种反跃迁时，同样也应有 eU_0 电子伏特的能量释放出来。反跃迁时原子将以光电子的形式向外辐射能量。这种辐射的波长可用下述方法计算：

$$eU_0 = h\nu = \frac{hc}{\lambda} \tag{3.3-5}$$

对于汞原子，$U_0 = 4.9\text{V}$，可算得 $\lambda = 2.573 \times 10^{-5}\text{cm}$。光谱学研究中，确实观测到波长为 $\lambda = 2.573 \times 10^{-5}\text{cm}$ 的紫外线谱线。

若在夫兰克-赫兹管中充入其他元素，同样可以测得它们的第一激发电位（见表 3.3-1）。

表 3.3-1 几种元素的第一激发电位

元素	K	Li	Na	Mg	Ar	Ne	He
U_0/V	1.63	1.48	2.12	3.2	13.1	18.6	21.2
$\lambda/10^{-8}\text{cm}$	7664 7699	6707.8	5890 5896	4571	811.5	640.2	584.3

用慢电子碰撞原子，使之电离的方法是勒纳（Lenard P）于 1902 年提出的。其实验原理见图 3.3-1，只要将开关 K_2 置于 b 端即可，此时板极相对于阴极加负电位。电子因灯丝加热从阴极发射出来以后，在 KG 空间被 eU_{GK} 加速，其获得的动能为

$$\frac{1}{2}mu^2 = eU_{\mathrm{GK}} \qquad (3.3\text{-}6)$$

由于管内充有稀有气体，电子在运动过程中与气体发生碰撞而失去全部动能（静止）。

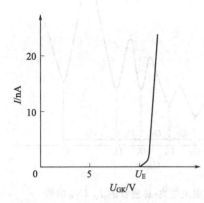

图 3.3-4　汞的电离电位曲线

如果该能量足以克服原子核外的束缚力，则原子接受电子传递给的能量后，就分离一个电子而使自己成为离子，这就是电离。显然，要使原子发生电离必须满足下列条件：

$$\frac{1}{2}mu^2 = eU_{\mathrm{GK}} \geqslant W_1 = eU_{\mathrm{E}} \qquad (3.3\text{-}7)$$

式中，W_1 是第一电离能；U_{E} 是第一电离电位。由于板极相对于阴极为负电位，电子无法达到板极形成板极电流 I_{A}。但原子电离后，将形成正离子，该正离子到达板极形成板极电流 I_{A}。因此，只要测得板极电流随 U_{GK} 的变化，对应于板极电流突然增大的那一点的电位即为电离电位 U_{E}（如图 3.3-4 所示）。表 3.3-2 列出了几种元素的第一电离电位 U_{E}。

表 3.3-2　几种元素的第一电离电位

元素	Cs	Rb	K	Na	Li	Xe	Ar	Ne	Hg
U_0/V	3.89	4.18	4.34	5.14	5.39	12.1	15.8	21.6	10.44

【仪器与试剂】

仪器：夫兰克-赫兹实验仪（包括微电流测量放大器、加热炉、充汞的夫兰克-赫兹管）1 套，慢扫描示波器 1 台，X-Y 函数记录仪 1 台。

【实验步骤】

1. 将水银温度计从炉顶插入加热炉内，插入深度以温度计水银球与栅极、阴极中部处于同一水平位置为宜。插上加热炉电源，从加热炉面板上的玻璃窗中可以观察到发热的加热丝。观察温度计读数，当温度达到 80℃ 左右时，调节加热炉右侧的温度调节旋钮，使双金属片控温开关跳开（电加热丝变暗），观察炉顶温度计读数，如温度未到 80℃，可将控温调节旋钮作顺时针微调至电热丝刚亮为止，如此经反复调节，直至炉温为 80℃ 左右为宜，并观察到电热丝忽明忽暗。

2. 在加热炉加热的同时，插上微电流放大器的电源，栅压选择开关置"M"（三角波扫描），可观察到栅压电表指针缓慢来回摆动，说明仪器扫描部分正常。再将栅压选择调至"DC"，预热 20～30min 后进行"零点"和"满度"的调节。"工作状态"旋钮置于"激发"位置，"倍率"旋钮拨在"×1"或其他挡位调零。再将"倍率"旋钮拨至"满度"挡调满度，由于调"满度"与调"零"之间相互影响，故必须反复调节，直至符合要求。

3. 按图 3.3-5 所示，将微电流放大器 G、K、A 接线柱分别与加热炉的相应接线柱相连。在连接时，特别注意不得使微电流放大器 G、K 相互短路。为此建议在连接时先接加热炉上 G、K 接线柱，再将 G、K 接线分别与微电流测量放大器上对应的 G、K 接线柱相连（注意：微电流放大器上的 G、K 接线柱与加热炉上的 G、K 接线柱必须一一对应，不能交叉相接，否则会烧坏仪器）。用万用表检查灯丝电压应为交流 6.3V，否则需调节灯丝电压调节电位器，直至符合要求。

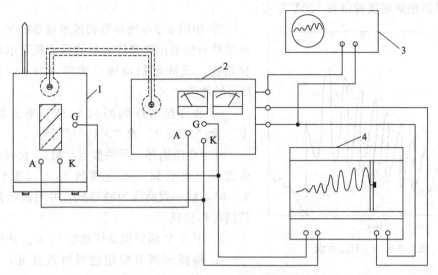

图 3.3-5　夫兰克-赫兹实验接线图
1—加热炉；2—微电流测量放大器；3—慢扫描示波器；4—X-Y 函数记录仪

4. 电离电位的测量。观察炉温是否稳定在 80℃，否则需要重调。炉温稳定在 80℃后，将"栅压调节"旋钮逆时针旋到底使 $U_{GK}=0$，电流测量"倍率"开关置"×10^{-4}"，"工作状态"拨向"电离"，用万用表检查 A、K 两极电压应在直流−5～−15V 之间，如果不足−5V，可调"反向拒斥电压"调节电位器，直至符合要求。

测量电离电位时，先全面观察一次 I_A 随 U_{GK} 的变化情况。调节"栅压调节"旋钮，缓慢增加 U_{GK} 值，观察 I_A 的变化情况，当发现 I_A 突然增大，且在夫兰克-赫兹管中栅-阴极间出现淡淡的蓝色辉光时，表示管中汞原子已经电离，此时必须立即使 U_{GK} 回到零（栅压调节逆时针旋到底），而不得再增加 U_{GK}，否则会将管子烧坏。观察完毕后，再从 0V 起，逐点增加 U_{GK} 值，并记录各 U_{GK} 值对应的电流 I_A，尤其当 I_A 开始逐渐升高时，更要多测几个点，一直测到管子发生上述现象为止，并立即使 U_{GK} 回零。

5. 测量完电离电位后，用万用表检测 U_{GK}，调节反向拒斥电压调节电位器，使万用表显示−3.0V 左右（不同夫兰克-赫兹管对此要求不一样，应视具体情况而定）。将"工作状态"开关拨至"激发"位置，电流测量"倍率"置"×10^{-5}"挡。调节温度调节旋钮，使温度升至 140℃左右。

6. 激发电位的测量

缓慢连续增加 U_{GK}，可以观察到电流表指针随着 U_{GK} 的增大而呈起伏变化状态，当电流表指针超满度时，可增大"倍率"，继续观察，直至 U_{GK} 达 40V 为止。观察完毕后，使 U_{GK} 回零，重新逐点增加 U_{GK} 值，记下每个 U_{GK} 对应的 I_A 值。为便于作图准确测量各峰、谷所对应的 U_{GK} 和 I_A，应在各峰、谷点附近记录至少 2～3 个实验点。记下实验条件，如灯丝电压 U_H、反向拒斥电压 U_{AG} 以及测试温度 t_{GK} 等。测试完毕后，立即使 U_{GK} 回零。

同理测量温度为 160℃、200℃时的激发电位曲线。在同一温度（如 180℃）下适当改变灯丝电压，使 $U_H=5.7V$ 和 $U_H=7.0V$，同法测量 I_A-U_{GK} 激发电位曲线。

7. 用示波器观察 I_A-U_{GK} 激发电位曲线。

① 将加热炉温度控制在 180℃ 左右。

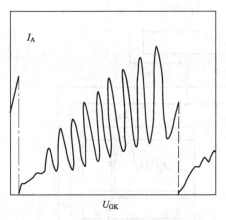

图 3.3-6　I_A-U_{GK} 曲线

② 如图 3.3-5 所示慢扫描示波器的 Y_{GK} 轴专用连接线与微电流测量放大器的后面板上示波器接线柱相连。示波器扫描速度放慢（如 $1\sim10$s），Y-U_{GK} 轴增益 "×1"。

③ 将灯丝电压调回至 6.3V，电流测量 "倍率" 置 "×10^{-3}" 或 "×10^{-4}" 挡。

④ "栅压选择" 开关拨至 "M"，此时在示波器荧光屏上可看到一条完整的 I_A-U_{GK} 曲线（见图 3.3-6），数一数曲线的峰谷数，并与同条件下的手控情况作比较。

8. 用 X-Y 函数记录仪描绘 I_A-U_{GK} 曲线。

① 将栅压调节旋钮逆时针旋到底，"栅压选择" 开关拨至 "DC"，炉温仍为 180℃ 左右，电流测量 "倍率" 置 "×10^{-4}" 挡，U_H 仍为 6.3V。

② 将微电流测量放大器后面板上 "记录仪" 接线端输至 X-Y 函数记录仪的 Y 记录笔上，而 X 轴则连接到微电流放大器 G、K 两端，同样亦要求先接记录仪的 X 轴，再接微电流放大器的 G、K 端，以免 G、K 端短路。Y 轴量程取 5mV·cm^{-1}，X 轴量程为 5V·cm^{-1}。

③ 待 X-Y 函数记录仪预热后，打开记录笔，微电流测量放大器 "栅压选择" 开关置 "M"，记录仪即可描绘出完整的 I_A-U_{GK} 激发电位曲线。

【结果与讨论】

1. 将实验中测得的各数据点列成表格表示，并注明测试条件。

2. 将电离电位测量中获得的 I_A 对 U_{GK} 作图，据此确定汞原子的第一电离电位 U_E，并与文献值进行比较。

3. 将在激发电位测量中测得的 I_A 对 U_{GK} 作图得激发电位曲线，并测量各峰-峰值或谷-谷值之间的电位差，取其平均值为汞的第一激发电位（或称为中肯电位），将此值与文献值比较。根据所测得的第一激发电位，计算处于第一激发态的汞原子跃迁回基态时辐射光波的波长 λ。

4. 对记录仪记录的 I_A-U_{GK} 激发电位曲线进行类似的处理，将所得的结果与手工测量结果进行比较。

5. 对不同温度下测得的 I_A-U_{GK} 激发电位曲线进行同样处理，可获得一系列汞原子的第一激发电位，分析汞原子第一激发电位与温度的关系，以及温度对激发电位曲线的影响。

6. 将示波器观察到的结果与手动测量结果和记录仪记录的结果进行比较。

7. 计算汞原子第一激发电位与基态能量差以及第一电离能。

【注意事项】

1. 测量电离电位时，炉温宜调至（80 ± 10）℃，而在测量激发电位时，炉温又不能太低，以超过 140℃ 为宜。当然为测出 I_A-U_{GK} 曲线的第一峰谷点，炉温宜低（约 140℃），并将测量放大器灵敏度提高（如倍率可置"10^{-6}"挡）。但此时 U_{GK} 不宜过高，否则容易使管子全面电离而击穿，影响管子的寿命，这就要求测量激发电位时，一经测量完毕，即需将 U_{GK} 回零，原因是避免在炉温冷却（如电炉损坏，控制系统失灵或实验结束正常冷却）时，因 U_{GK} 过高而使管子因电离而击穿，甚至损坏。

与此相关，在用示波器或记录仪观察或记录 I_A-U_{GK} 曲线时，炉温应尽可能高些（如 180～200℃或更高些），这是因为当"栅极选择"开关置"M"时，最高要升到 50V 才会回扫，这样高的电压，如果温度又较低，就很容易使管子全面击穿，甚至损坏。如果在扫描时发现管子被击穿（管内充满蓝色辉光，电流测量"倍率"无论置于哪一挡电流表均超满度），请将"栅压选择"开关迅速拨向"DC"，同时调节"栅压调节"旋钮，使栅压回零，再将炉温调高 5～10℃重新测量。

2. 在管子正常工作时，随 U_{GK} 的增加，从炉前的玻璃窗口可以观察到栅-阴极间有淡蓝色明暗相间的亮暗带，这是正常的局部击穿。且随着 U_{GK} 增大，亮暗带的数目增多，并逐渐移向阴极。用锯齿波扫描时，可以明显地看到周期性的疏密变化。它反映了管内栅-阳极间电子与气体原子碰撞的情况，对应着 I_A-U_{GK} 曲线的峰谷点。

3. 实验完毕后，不要急于切断灯丝加热电源，而先要切断加热炉电源。这是因为，当炉温冷却至汞的凝聚温度时，气态汞凝聚成液态汞。如果灯丝电源同时被切断，阴极也一起被冷却，则在汞蒸气凝聚时，有可能会凝聚到阴极上而使阴极被沾污，影响管子的寿命。

4. 控温时，电热丝会忽明忽暗，在同一 U_{GK} 下，电热丝点亮时的 I_A 比电热丝熄灭时大，这是电热丝直接热辐射所致，但不影响曲线峰谷值的位置。为了取得一致的结果，在读数时注意电热丝的亮暗。可以采取在同一状态（如熄灭）时读数的办法来消除差异。

5. 管子灯丝电压只能在 5.7～7V 之间选用，即不能超过标准值 6.3V 的 ±10%，电压过高或过低均会损伤管子。管子采用间热式氧化物阴极，改变灯丝电压会有 1～2min 的热滞后。

6. 反向拒斥电压 U_{GK} 约为 −3V，出厂时厂家根据管子的性能已调定。在实际调校时可用万用表 G 和机壳之间直接测量，但其数值略小于标准值。如果需要，可调节"拒斥电压"旋钮，使反向拒斥电压至规定值。

【思考题】

1. 若实验过程中既要测电离电位，又要测激发电位，则先测电离电位，再测激发电位。为什么？

2. 每一个激发电位曲线测量完毕后，为什么均要使 U_{GK} 电压回零？

3. 在读数时为什么要先读 I_A，后读 U_{GK}？

4. 在测量汞的电离电位时，为什么宜在（80±10）℃时测量呢？

5. 温度对 I_A-U_{GK} 曲线有何影响？在进行观察时，为什么宜在高温下进行？

【参考文献】

1. 刁国旺，阚锦晴，刘天晴编著. 物理化学实验. 北京：兵器工业出版社，1993.

2. 赵春生编著. 大学物理实验（修订版）. 北京：高等教育出版社，2004.

3. 南京大学电子管厂. FH-1A 型夫兰克-赫兹实验仪说明书.

4. 潘人培编. 物理实验. 南京：南京工学院出版社，1986.

实验 3.4　X射线衍射法测定晶胞常数——粉末法

【实验目的】

1. 掌握晶体对 X 射线衍射的基本原理和晶胞常数的测定方法。
2. 了解 X 射线衍射仪的简单结构和使用方法。
3. 掌握 X 射线粉末衍射谱图的分析和应用。

【基本原理】

1. Bragg 方程

晶体是由具有一定结构的原子、原子团（或离子团）按一定的周期在三维空间重复排列而成的。反映整个晶体结构的最小平行六面体单元称为晶胞。晶胞的形状及大小可通过夹角为 α、β、γ 的三个边长 a、b、c 来描述。因此，α、β、γ 和 a、b、c 称为晶胞常数。

一个立体的晶体结构可以看成是由其最邻近两晶面之间距为 d 的这样一簇平行晶面所

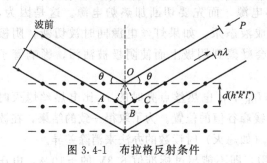

图 3.4-1　布拉格反射条件

组成，也可以看成是由另一簇面间距为 d' 的晶面所组成……其数无限。当某一波长的单色 X 射线以一定的方向投射晶体时，晶体内的这些晶面像镜面一样反射入射线。但不是任何的反射都是衍射。只有那些面间距为 d，与入射的 X 射线的夹角为 θ，且两相邻晶面反射的光程差为波长的整数倍 n 的晶面簇在反射方向的散射波，才会在一定的角度相互叠加而产生衍射（如图 3.4-1 所示）。

光程差 $\Delta = AB + BC = n\lambda$ 而 $AB = BC = d\sin\theta$，所以

$$2d\sin\theta = n\lambda \tag{3.4-1}$$

上式即为布拉格（Bragg）方程。式中 n 称为衍射级次。

如果样品与入射线夹角为 θ，晶体内某一簇晶面符合 Bragg 方程，那其衍射方向与入射线方向的夹角为 2θ。对于多晶体样品（粒度约 0.01mm），在试样中的晶体存在着各种可能机遇的晶面取向，与入射 X 线成 θ 角的面间距为 d 的晶簇面晶体不止一个，而是无穷个，且分布在以半顶角为 2θ 的圆锥面上，见图 3.4-2。在单色 X 射线照射多晶体时，满足 Bragg 方程的晶面簇不止一个，而是有多个衍射圆锥相应于不同面间距 d 的晶面簇和不同的 θ 角。当 X 射线衍射仪的计数管和样品绕试样中心轴转动

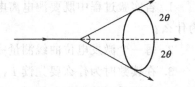

图 3.4-2　半顶角为 2θ 的衍射圆锥

时（试样转动 θ 角，计数管转动 2θ），就可以把满足 Bragg 方程的所有衍射线记录下来。衍射峰位置 2θ 与晶面间距（即晶胞大小与形状）有关，而衍射线的强度（即峰高）与该晶胞内（原子、离子或分子）的种类、数目以及它们在晶胞中的位置有关。由于任何两种晶体其晶胞形状、大小和内含物总存在着差异，所以 2θ 和相对强度 $\left(\dfrac{I}{I_0}\right)$ 可用作物相分析的依据。

2. 晶胞大小的测定

以晶胞常数 $\alpha = \beta = \gamma = 90°$、$a \neq b \neq c$ 的正交系为例，由几何结晶学可推出：

$$\frac{1}{d} = \sqrt{\frac{h^{*2}}{a^2} + \frac{k^{*2}}{b^2} + \frac{l^{*2}}{c^2}} \tag{3.4-2}$$

式中，h^*、k^*、l^* 为密勒指数，即晶面符号。

对于四方晶系，因 $a = b \neq c$，$\alpha = \beta = \gamma = 90°$，式(3.4-2)可简化为

$$\frac{1}{d} = \sqrt{\frac{h^{*2} + k^{*2}}{a^2} + \frac{l^{*2}}{c^2}} \tag{3.4-3}$$

对于立方晶系，因 $a = b = c$，$\alpha = \beta = \gamma = 90°$，式(3.4-2)可简化为

$$\frac{1}{d} = \sqrt{\frac{h^{*2} + k^{*2} + l^{*2}}{a^2}} \tag{3.4-4}$$

至于六方、三方、单斜和三斜晶系的晶胞常数、面间距与密勒指数间的关系可参阅相关 X 射线结构分析的书籍。

从衍射谱中各衍射峰所对应的 2θ 角，通过 Bragg 方程求得的只是相对应的各 $\dfrac{n}{d}$ $\left(= \dfrac{2\sin\theta}{\lambda} \right)$ 值。因为不知道某一衍射是第几级衍射，为此，如将式(3.4-2)～式(3.4-4) 的等式两边各乘以 n。对于正交晶系：

$$\frac{n}{d} = \sqrt{\frac{n^2 h^{*2}}{a^2} + \frac{n^2 k^{*2}}{b^2} + \frac{n^2 l^{*2}}{c^2}} = \sqrt{\frac{h^2}{a^2} + \frac{k^2}{b^2} + \frac{l^2}{c^2}} \tag{3.4-5}$$

对于四方晶系：

$$\frac{n}{d} = \sqrt{\frac{n^2 h^{*2} + n^2 k^{*2}}{a^2} + \frac{n^2 l^{*2}}{c^2}} = \sqrt{\frac{h^2 + k^2}{a^2} + \frac{l^2}{c^2}} \tag{3.4-6}$$

对于立方晶系：

$$\frac{n}{d} = \sqrt{\frac{n^2 h^{*2} + n^2 k^{*2} + n^2 l^{*2}}{a^2}} = \sqrt{\frac{h^2 + k^2 + l^2}{a^2}} \tag{3.4-7}$$

式(3.4-5)～式(3.4-7) 中 h、k、l 为衍射指数，它与密勒指数的关系为

$$h = nh^* \qquad k = nk^* \qquad l = nl^*$$

这两者的差异：密勒指数不带有公约数。

因此，若已知入射 X 射线的波长 λ，从衍射谱中直接读出各衍射峰的 θ 值，通过 Bragg 方程（或直接从《Tables for Conversion of X-ray diffraction Angles to Interplaner Spacing》的表中查得）可求得所对应的各 $\dfrac{n}{d}$ 值，如又知道各衍射峰所对应的衍射指数，则立方（或四方或正交）晶胞的晶胞常数就可定出。这一寻找对应各衍射峰指数的步骤称为"指标化"。

对于立方晶系，指标化最简单，由于 h、k、l 为整数，所以各衍射峰的 $\left(\dfrac{n}{d} \right)^2$（或 $\sin^2\theta$），以其中最小的 $\left(\dfrac{n}{d} \right)$ 值除之，所得 $\dfrac{\left(\frac{n}{d} \right)_1^2}{\left(\frac{n}{d} \right)_1^2} : \dfrac{\left(\frac{n}{d} \right)_2^2}{\left(\frac{n}{d} \right)_1^2} : \dfrac{\left(\frac{n}{d} \right)_3^2}{\left(\frac{n}{d} \right)_1^2} : \dfrac{\left(\frac{n}{d} \right)_4^2}{\left(\frac{n}{d} \right)_1^2} : \dfrac{\left(\frac{n}{d} \right)_5^2}{\left(\frac{n}{d} \right)_1^2} : \cdots$ 的数列应为一整数列。如为 $1 : 2 : 3 : 4 : \cdots$，则按 θ 角增大的顺序，标出各衍射线的衍射指数

（h、k、l）为 100，110，200，…。

在立方晶系中，有素晶胞（P），体心晶胞（I）和面心晶胞（F）三种形式。在素晶胞中衍射指数无系统消光。但在体心晶胞中，只有 $h+k+l=$ 偶数的粉末衍射线，而在面心晶胞中，却只有 h、k、l 全为偶数或全为奇数的粉末衍射，其他的衍射线因散射线的相互干扰而消失（称为系统消光）。

对于立方晶系所能出现的（$h^2+k^2+l^2$）值：素晶胞 1∶2∶3∶4∶5∶6∶8∶…（缺 7，15，23 等），体心晶胞 2∶4∶6∶8∶10∶12∶14∶16∶18∶…=1∶2∶3∶4∶5∶6∶7∶8∶9∶…面心晶胞 3∶4∶8∶11∶12∶16∶19…立方点阵衍射指标规律见表 3.4-1。

表 3.4-1　立方点阵衍射指标规律

$h^2+k^2+l^2$	P	I	F	$h^2+k^2+l^2$	P	I	F
1	100			14	321	321	
2	110	100		15			
3	111		111	16	400	400	400
4	200	200	200	17	410,322		
5	210			18	411,330	411	
6	211	211		19	331		331
7				20	420	420	420
8	220	220	220	21	421		
9	300,221			22	332	332	
10	310	310		23			
11	311		311	24	422	422	422
12	222	222	222	25	500,430		
13	320						

因此，可由衍射谱的各衍射峰的 $\left(\dfrac{n}{d}\right)^2$ 或 $\sin^2\theta$ 来定出所测物质所属的晶系、晶胞的点阵形式和晶胞常数。

如不符合上述任何一个数值，则说明该晶体不属立方晶系，需要用对称性较低的四方、六方…由高到低的晶系逐一来分析尝试决定。

知道了晶胞常数，就知道晶胞体积。在立方晶系中，每个晶胞中的内含物（原子，离子或分子）的个数 n，可按下式求得：

$$n=\frac{\rho a^3}{M/N_\mathrm{A}} \tag{3.4-8}$$

式中，M 为待测样品的摩尔质量；N_A 为阿伏加德罗常数；ρ 为该样品的晶体密度。

【仪器与试剂】

仪器：X 射线多晶衍射仪。

试剂：NaCl（A. R.）。

【实验步骤】

1. 制样：测量粉末样品时，把待测样品置于研钵中研磨至粉末状，样品的颗粒不能大于 200 目，把研细的样品倒入样品板，至稍有堆起，在其上用玻璃板紧压，样品的表面必须与样品板平。

2. 装样：安装样品时要轻插、轻拿，以免样品由于振动而脱落在测试台上。

3. 要随时关好内防护罩的罩帽和外防护罩的铅玻璃，防止 X 射线散射。

4. 接通总电源，此时，冷却水自动打开；再接通主机电源。

5. 接通微机电源，并引导系统操作软件。

6. 打开微机桌面上"X 射线衍射仪操作系统"，选择"数据采集"，填写参数表，进行参数选择，注意填写文件名和样品名。然后联机，待机器准备好后，即可测量（X 射线衍射仪的工作原理和使用方法详见本丛书第一分册）。

7. 扫描完成后，保存数据文件，进行各种处理。系统提供 6 种处理功能：寻峰、检索、积分强度计算、峰形放大、平滑、多重绘图。

8. 对测量结果进行数据处理后，打印测量结果。

9. 测量结束后，退出操作系统，关掉主机电源，水泵要在冷却 20min 后，方可关掉总电源。

10. 取出装样品的玻璃板，倒出框穴中的样品，洗净样品板，晾干。

【结果与讨论】

1. 根据实验测得 NaCl 晶体粉末线的各 $\sin^2\theta$ 值，用整数连比起来，与上述规律对照，即可确定该晶体的点阵形式，从而可按表 3.4-1 将各粉末线顺次指标化。

2. 根据公式，利用每对粉末线的 $\sin^2\theta$ 值和衍射指标，即可根据公式：

$$a = \frac{\lambda}{2}\sqrt{\frac{h^2+k^2+l^2}{\sin^2\theta}} \tag{3.4-9}$$

计算晶胞常数 a。实际在精确测定中，应选取衍射角大的粉末线数据来进行计算，或用最小二乘法求各粉末线所得 a 值的最佳平均值。

3. NaCl 的式量为 $M=58.5$，NaCl 晶体的密度为 $2.164\text{g}\cdot\text{cm}^{-1}$，则每个正方晶胞中 NaCl 的"分子"数为：

$$n = \frac{\rho V N_A}{M} \tag{3.4-10}$$

【注意事项】

1. 必须将样品研磨至 200～325 目的粉末，否则样品容易从样品板中脱落。

2. 使用 X 射线衍射仪时，必须严格按操作规程进行。

3. 注意对 X 射线的防护。

【思考题】

1. 简述 X 射线通过晶体产生衍射的条件。

2. 布拉格方程并未对衍射级数 n 和晶面间距 d 作任何限制，但实际应用中为什么只用到数量非常有限的一些衍射线？

3. 布拉格反射图中的每个点代表 NaCl 中的什么？（一个 Na 原子？一个 Cl 原子？一个 NaCl 分子？还是一个 NaCl 晶胞？）试给予解释。

【拓展与应用】

1. 粉末衍射的谱图质量与样品的制备有着密切的关系。研磨样品时，必须以不损坏晶体的晶格为前提。通常，样品越细，所得衍射线越为平滑。衍射实验中，还有一些具体的实验条件将会影响结果，如发射狭缝、接收狭缝、防散射狭缝和扫描方式等。此外，粉末衍射仪要求样品的表面非常平整，试片装上样品台后其平面应与衍射仪轴重合，与聚集圆相切。

2. 物相分析是多晶 X 射线衍射分析中最重要的用途之一，通过数据处理，可进一步分析晶体的各种结构参数。

【参考文献】

1. 孙尔康，徐维清，邱金恒编. 物理化学实验. 南京：南京大学出版社，1999.

2. 周公度，段连运编. 结构化学基础. 北京：北京大学出版社，2002.

第4章 电学实验

实验 4.1 胶体电泳

【实验目的】

1. 掌握化学凝聚法制备 $Fe(OH)_3$ 溶胶和纯化溶胶的方法。
2. 掌握电泳法测定胶体粒子的电泳速度和 ζ-电势的方法。

【基本原理】

溶胶是一个高度分散的多相体系,其分散相粒子大小大约在 $10^{-9} \sim 10^{-7}\,m$。溶胶结构可以分为三层(如图 4.1-1 所示):结构中心是胶核,胶核由某种物质的大量分子或原子所组成,通常有晶体的结构;包围在胶核周围的是双电层,它是由吸附层和扩散层所构成。吸附层以溶胶的滑动面为界,包含吸附在胶核表面的定位离子、部分反离子。由于离子的溶剂化作用,吸附层还包含一定数量的溶剂分子。滑动面以外剩余的反离子构成扩散层。胶核和吸附层构成胶粒,带有一定量的电荷;扩散层中反离子所带电荷与胶粒所带电荷符号相反、数量相等。胶粒和扩散

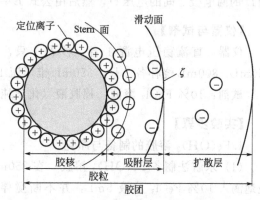

图 4.1-1 胶粒表面双电层示意图

层构成胶团,整个胶团是电中性的。在电场的作用下,胶粒和扩散层中反离子作相对运动,发生相对运动的界面称为滑动面,滑动面与液体内部的电势差称为电动电势或 ζ-电势。ζ-电势的数值大小不仅决定于体系的本性,而且与溶液中存在的电解质以及其他物质等对双电层结构的影响都有很重要的关系。溶胶的稳定性和聚沉与 ζ-电势有着密切的关系。因此无论制备或破坏胶体,均需要了解所研究胶体的 ζ-电势。

当一表面电荷为 q 的带电胶粒在电势梯度,即施加在胶体体系单位长度上的电位差,为 $E(V \cdot m^{-1})$ 的电场中迁移时,它同时受到两个相反作用力的作用。一是使胶粒运动的电场力 $F = qE$;另一个是阻碍胶粒运动的黏阻力,按斯托克斯(Stokes)定律为 $f = K\pi\eta ru$。当胶粒达到恒速 u 运动时,两作用力相等,则

$$qE = K\pi\eta ru \qquad (4.1\text{-}1)$$

$$u = \frac{qE}{K\pi\eta r} \qquad (4.1\text{-}2)$$

由静电学原理,带电粒子表面电荷 q 与 ζ-电势的关系为

$$\zeta = \frac{q}{\varepsilon r} \qquad (4.1\text{-}3)$$

将式(4.1-2)代入式(4.1-3)得

$$\zeta = \frac{K\pi\eta u}{\varepsilon E} \qquad (4.1\text{-}4)$$

式中，r 为胶粒半径，m；ε 为分散介质的介电常数，$C \cdot V^{-1} \cdot m^{-1}$；$u$ 为电泳速率，$m \cdot s^{-1}$；K 为常数，对球形粒子 $K=6$，对棒形粒子 $K=4$；η 为分散介质的黏度，$kg \cdot m^{-1} \cdot s^{-1}$，其数值随温度的变化而变化。

从实验测得电泳速率 u 及 E 值，即可由式(4.1-4)求得胶体粒子的 ζ-电势。实验用如图4.1-2所示 U 形电泳仪来测定 $Fe(OH)_3$ 胶粒的电泳速率，然后计算出 ζ-电势。实验中，电泳速率 u 可通过测量在时间 $t(s)$ 内电泳管中胶体

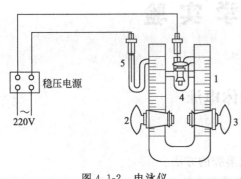

图 4.1-2　电泳仪
1—刻度管；2~4—活塞；5—弯管

溶液在电场作用下移动的距离 $l(m)$，由 $u=l/t$ 求出。电势梯度 E 可通过测量施加在相距为 L 的两电极之间的电压 U，然后由公式 $E=U/L$ 求出。

【仪器与试剂】

仪器：直流稳压电源1台，秒表1只，铂电极2支，电泳仪1个，万用电表1块，250mL、800mL 烧杯各1只，250mL 锥形瓶1只，10mL 量筒1个。

试剂：10% $FeCl_3$ 溶液，棉胶液（化学纯），1% $AgNO_3$，1% KCNS。

【实验步骤】

1. $Fe(OH)_3$ 溶胶的制备与净化

(1) 水解法制备 $Fe(OH)_3$ 溶胶　在250mL 烧杯中加入100mL 蒸馏水，加热至沸，慢慢地滴入10% $FeCl_3$ 溶液5mL，并不断搅拌，加完后继续沸腾1~2min，得到红棕色的 $Fe(OH)_3$ 溶胶。

(2) 半透膜制备　在一个清洁、干燥的250mL 锥形瓶中倒入大约20mL 的棉胶液，小心转动锥形瓶，使棉胶液均匀地涂抹在锥形瓶的内壁上，倾出多余的棉胶液，将锥形瓶倒置于铁圈上。5~10min 后，用手指轻触胶膜不觉粘手，在瓶内加满蒸馏水，将膜浸泡几分钟，使膜中乙醇溶于水，倒去瓶内之水。然后在瓶口剥开一部分膜，并由此处慢慢地注入蒸馏水，使膜与瓶内壁脱离，小心将膜取出，注水于膜袋内检查是否有漏洞。

(3) 溶胶的净化　将冷至大约60℃的 $Fe(OH)_3$ 溶胶转移到半透膜袋内，用约60~70℃的蒸馏水渗析，每隔半小时换一次水，并取出1mL 水检查其中 Cl^- 及 Fe^{3+}（用1% $AgNO_3$ 及1% KCNS），直至不能检出 Cl^- 和 Fe^{3+}（一般需换水4~5次）。最后一次渗析液留作电泳辅助液用。

2. $Fe(OH)_3$ 溶胶的电泳

电泳仪应事先用铬酸洗液洗涤清洁，再用 $Fe(OH)_3$ 溶胶清洗电泳仪三次。将待测 $Fe(OH)_3$ 溶胶由小漏斗注入电泳仪的 U 形管使超过活塞2和3的高度，然后关闭活塞2和3，用滴管吸取活塞上部的溶胶，依次用蒸馏水、辅助液清洗三次，再加满辅助液至支管口。将电泳仪垂直固定在铁架上，并使电泳仪的刻度面向着实验者。轻轻将铂电极插入弯管5的两支管中，并用导线将两个铂电极与稳压电源的输出端相连。打开上部连通活塞4，使两管

液位相等，然后关闭活塞 4，同时小心打开活塞 2 和 3。此时，切勿振动，以免破坏溶胶与辅助电解质之间的界面。经检查无误后再接通电源，调节工作电压于 $80\sim180V$ 之间的某一固定值。观察界面移动的方向，根据电极的正负性确定 $Fe(OH)_3$ 胶体粒子所带电荷的符号。当 $Fe(OH)_3$ 溶胶的液面上升到某一清晰易读的刻度时，开启秒表开始计时，记录界面移动 $0.5cm$、$1.0cm$、$1.5cm$、$2.0cm$、$2.5cm$、$3.0cm$ 的时间。在此过程中，以万用表准确测量两电极之间的电压值 U。实验结束后，先切断电源，然后用细铁丝测出两电极之间的距离 L。将电泳管中的 $Fe(OH)_3$ 溶胶回收，并将电泳管洗净后，加入稀 HCl 浸泡，铂电极放入蒸馏水中浸泡。

【结果与讨论】

1. 根据电极的正负和胶粒移动的方向，确定 $Fe(OH)_3$ 胶粒所带电荷的符号。

2. 实验记录，将相关处理数据列于表 4.1-1 中。根据式（4.1-4）计算 $Fe(OH)_3$ 溶胶的 ζ-电势。

表 4.1-1 电泳实验数据表

实验温度：_____ 气压：_____

界面移动距离 l/cm	0.2	0.4	0.6	0.8	1.0
时间 t/s					
电泳速率 u/m·s^{-1}					
$\bar{u}$/m·s^{-1}					
η/kg·m^{-1}·s^{-1}					
ε/C·V^{-1}·m^{-1}					
E/V·m^{-1}					
ζ/V					

3. 不同温度水的介电常数按下式来计算：

$$\varepsilon(C\cdot V^{-1}\cdot m^{-1})=8.89\times10^{-9}-4.44\times10^{-11}\times(T-273.15)$$

【注意事项】

1. 检查电泳仪的活塞处是否有渗漏或转动不灵活现象，如有必须用凡士林涂抹加以消除。

2. 实验过程中电极两端的电压要恒定，整个电泳管溶液中应无气泡。

3. 制备半透膜袋时，若有小漏洞，可先擦干洞口部分，用玻璃棒蘸少许棉胶液轻轻接触洞口即可补好。

4. 所用辅助液的电导和所测溶胶的电导要尽量接近，以保证胶体移动的界面清晰，否则需对式（4.1-4）进行修正。

5. 溶胶要充分渗析，并老化一段时间，老化后的胶体可做电泳实验用。

6. 在 $Fe(OH)_3$ 溶胶的电泳实验中，为了有利于观察胶粒向某一电极的移动，可加入少量尿素。加尿素是为了增大溶胶的密度，使与上层的辅助液呈现明显界面。

【思考题】

1. 写出 $FeCl_3$ 水解反应式。解释 $Fe(OH)_3$ 胶粒带何种电荷取决于什么因素？

2. 胶体电泳速度的快慢与哪些因素有关？影响 ζ-电势的因素有哪些？

3. 如果电泳仪事先没有洗净，管壁上残留有微量的电解质，对电泳测量的结果将有什么影响？

【拓展与应用】

1. 电泳的实验方法有多种，如界面移动法、显微电泳法和区域电泳法。本实验用的是界面移动法，适用于溶胶或大分子溶液与分散介质形成的界面在电场作用下移动速度的测定。

2. 为了加速渗析过程，除了用热渗析方法外，也可以采用电渗析方法。电渗析是在渗析器的两侧加上直流电场以增大离子的迁移速率，提高渗析效率。

3. 温度对胶体电泳的速度有一定的影响，可设计夹套式、恒温型胶体电泳管进行测量。

【参考文献】

1. 傅献彩，沈文霞，姚天扬. 物理化学：下册. 第 4 版. 北京：高等教育出版社，1990.
2. 罗澄源等编. 物理化学实验. 第 3 版. 北京：高等教育出版社，2003.
3. 复旦大学等编. 物理化学实验. 第 2 版. 北京：高等教育出版社，1993.
4. 孙尔康，徐维青，邱金恒编. 物理化学实验. 南京：南京大学出版社，1998.
5. 东北师范大学等校编. 物理化学实验. 第 2 版. 北京：高等教育出版社，2000.
6. 刁国旺主编. 大学化学实验：第三分册. 南京：南京大学出版社，2006.

实验 4.2　　直接电位法测定牙膏中氟离子含量

【实验目的】

1. 掌握直接电位法的测定原理和测定方法。
2. 学会氟离子选择性电极测定微量 F^- 的测定方法和数据处理。
3. 了解离子强度调节缓冲溶液的意义和作用。

【基本原理】

氟是人体必需的微量元素之一，一个成人每天需要通过饮水和食物摄入 2~3mg 氟。饮用水中氟适宜含量为 0.5~1mg·L^{-1}。适量的氟可以增强牙齿钙的抗酸性，预防龋齿。长期摄入的氟剂量过低极易发生龋齿症，特别是婴幼儿。而长期摄入高剂量的氟则会发生斑釉齿症等慢性氟中毒疾病。我国无污染的天然水体氟含量相对较低。因此，在口腔用品中科学合理地添加氟是防龋的有效措施。我国从 2009 年 2 月 1 日起，开始实施的新的牙膏强制性国家标准（GB 8372—2008）中规定：牙膏中氟化物，可溶（游离）氟和总氟含量范围 0.05%~0.15%，儿童牙膏氟化物含量范围 0.05%~0.11%。目前测定可溶（游离）微量氟的方法颇多，有比色分析法、气相色谱法和直接电位法。比色分析法测量范围较宽，但干扰因素多，并且要对样品进行预处理；气相色谱法灵敏度高，但设备昂贵。直接电位法，用离子选择性电极进行测量，其测量范围虽不及前者宽，但操作简便、干扰因素少，一般无需对样品进行预处理。因此电位法已逐渐取代比色法，成为测量氟离子含量的常规方法。

氟离子选择电极，简称氟电极，它是 LaF_3 单晶敏感膜电极（掺有微量 EuF_2，利于导电），电极管内放入 NaF＋NaCl 混合溶液作为内参比溶液，以 Ag-AgCl 作内参比电极，对溶液中的氟离子具有良好的选择性。

将氟电极浸入含 F^- 溶液中时，在其敏感膜内外两侧产生膜电位 $\Delta\varphi_M$，在一定条件下膜电位 $\Delta\varphi_M$ 与氟离子活度的对数值呈线性关系：

$$\varphi_F = \Delta\varphi_M = K - 0.059 \lg a_{F^-} \quad (25℃) \tag{4.2-1}$$

氟电极、饱和甘汞电极（SCE）和待测试液组成的原电池可表示为

$$Hg|Hg_2Cl_2,KCl(饱和)‖试液|LaF_3膜|NaF,NaCl,AgCl|Ag$$

测得原电池的电动势为

$$E = \varphi_F - \varphi_{SCE} \tag{4.2-2}$$

φ_F 和 φ_{SCE} 分别为氟电极和饱和甘汞电极的电位。当其他条件一定时，

$$E = K' - 0.059 \lg a_{F^-} \tag{4.2-3}$$

式中，K' 为常数；0.059 为 25℃时电极的理论响应斜率；a_{F^-} 为待测试液中 F^- 活度。若加入适量惰性电解质作为总离子强度调节缓冲剂（TISAB），使离子强度保持不变，则式（4.2-3）可表示为

$$E = K' - 0.059 \lg c_{F^-} \tag{4.2-4}$$

式中，c_{F^-} 为待测试液中 F^- 浓度。E 与 $\lg c_{F^-}$ 呈线性关系，因此只要作出 E-$\lg c_{F^-}$ 标准曲线，即可由样品的 E 值从标准曲线求得牙膏中氟的含量。

氟电极只对游离的 F^- 有响应。测定浓度在 $10^0\sim10^{-6}$ mol·L^{-1} 范围内，φ_F 与 $\lg c_{F^-}$ 呈线性响应，电极的检测下限在 10^{-7} mol·L^{-1} 左右。最适宜 pH 范围为 5.5~6.5。pH 过低，易形成 HF、HF$_2^-$ 等，降低了 a_{F^-}；pH 过高，OH$^-$ 浓度增大，OH$^-$ 在氟电极上与 F^- 产生竞争响应。又由于 OH$^-$ 与 F^- 半径和电荷相近，能与单晶膜中 LaF$_3$ 产生离子交换反应：

$$LaF_3 + 3OH^- \longrightarrow La(OH)_3 + 3F^-$$

使溶液中 F^- 浓度增加。

氟电极最大优点是选择性好。但能与 F^- 生成稳定络合物或难溶沉淀的元素（如 Al、Fe、Zn、Ca、Mg 及稀土元素等）会干扰测定。因此，通常用柠檬酸盐缓冲溶液作为总离子强度调节剂。可以起到控制一定的离子强度和酸度，掩蔽干扰离子等多种作用（柠檬酸盐对 Al^{3+}、Fe^{3+} 是较强的配位剂）。

【仪器与试剂】

仪器：PXD-12 离子计，电磁搅拌器，氟离子选择性电极，饱和甘汞电极，100mL 容量瓶 5 只，10mL 移液管 2 支，100mL 烧杯 1 只。

试剂：0.100mol·L^{-1} F^- 标准溶液　准确称取在 120℃下干燥 2h 并经冷却的优级纯 NaF 4.20g 于小烧杯中，用水溶解后，转移至 1000mL 容量瓶中配成水溶液，然后转入洗净、干燥的塑料瓶中。

总离子强度调节缓冲剂（TISAB）　于 1000mL 烧杯中加入 500mL 水和 57mL 冰乙酸，58g NaCl，12g 柠檬酸钠，搅拌至溶解。将烧杯置于冷水中，在 pH 计的监测下，缓慢滴加 6mol·L^{-1} NaOH 溶液，至溶液的 pH=5.0~5.5，冷却至室温，转入 1000mL 容量瓶中，用水稀释至刻度，摇匀，转入洗净、干燥的试剂瓶中。

【实验步骤】

1. 实验准备

将氟电极和甘汞电极分别与离子计正确相接，开启仪器开关，预热仪器。

2. 清洗电极

取去离子水 $50\sim60$ mL 至 100mL 烧杯中,放入搅拌磁子插入氟电极和饱和甘汞电极。开启搅拌器,使之保持较慢而稳定的转速(注意在整个实验过程中应保持该转速不变),此时会观察到离子计示数升高。$2\sim3$ min 后,若读数小于 220mV,则更换去离子水,继续清洗,直至读数高于 220mV。

3. 标准溶液的配制

准确移取 10.00mL 0.100mol·L^{-1} NaF 标准溶液和 10mL TISAB 溶液在 100mL 容量瓶中稀释至刻度,得到 1.00×10^{-2} mol·L^{-1} NaF 标准溶液。再用逐级稀释法配制浓度为 1.00×10^{-3} mol·L^{-1}、1.00×10^{-4} mol·L^{-1} 和 1.00×10^{-5} mol·L^{-1} 的 NaF 标准溶液,在逐级稀释时,加入 9.0mL TISAB 溶液即可。

4. 样品溶液的配制

以分析天平准确称取 $1.2\sim1.7$ g 牙膏,加入适量水搅拌溶解,加入 10mL TISAB,在 100mL 容量瓶中稀释定容。

5. 标准溶液 E 的测定

由稀到浓依次测量 1.00×10^{-5} mol·L^{-1}、1.00×10^{-4} mol·L^{-1}、1.00×10^{-3} mol·L^{-1} 和 1.00×10^{-2} mol·L^{-1} NaF 标准溶液的 E 值(mV)(注意测定次序,每测量 1 份试液,无需清洗电极,电极表面残留溶液用待测液冲洗即可,平衡时间为 4min)。

6. 样品 E 的测定

按步骤 2 用去离子水浸洗电极,直至电位值大于 10^{-5} mol·L^{-1} NaF 标准溶液的 E 值。倒出水样 $50\sim60$ mL 于烧杯中,放入搅拌磁子,插入清洗好的电极进行测定,读取稳定电位值。

【结果与讨论】

1. 根据实验数据在坐标纸上以 E 对 $\lg c_{F^-}$ 作图,绘制标准曲线。

$\lg c_{F^-}$	-5.00	-4.00	-3.00	-2.00	样 品
E/mV					

2. 根据样品测得的电位值,在标准曲线上查到其对应的浓度,计算牙膏中氟离子的含量($M_F=19.0$ g·mol^{-1})。

$$w=\frac{c_F V_{F^-} M_{F^-}}{m_s}=\frac{c_{F^-}\times0.100\times19.00}{m_s} \tag{4.2-5}$$

3. 根据国标 GB 8372—2008,判断此牙膏能否达到国家标准?

【注意事项】

1. 氟电极浸入待测液中,应使单晶膜外不要附着水泡,以免干扰读数。

2. 测定时搅拌速度应缓慢而稳定。

3. 切勿用滤纸擦拭电极表面,以免晶膜受到机械损伤。

【思考题】

1. 为什么要加入总离子强度调节缓冲剂?

2. 氟电极在使用时应注意哪些问题?

3. 为什么要清洗氟电极,使其响应电位值高于 220mV?

氟离子选择性电极是比较成熟的离子选择性电极，应用范围较广。本实验方法可以适用于饮用水中氟含量的测定；儿童食品中微量氟的测定以及人体指甲中氟离子的测定，为临床诊断氟中毒提供科学依据。

【参考文献】
1．赵文宽，张悟铭，王长发，周性尧等编．仪器分析实验．北京：高等教育出版社，1997.
2．许金生等编．仪器分析．南京：南京大学出版社，2002.
3．庄京，林金明等编．基础分析化学实验．北京：高等教育出版社，2007.

实验 4.3　库仑滴定法测定 As(Ⅲ) 的浓度

【实验目的】
1. 掌握库仑滴定法的基本原理。
2. 学会库仑分析仪的使用方法和有关操作技术。
3. 掌握恒电流库仑滴定法测定痕量砷的实验方法。

【基本原理】
库仑分析法是以电解过程中消耗的电量对物质进行定量分析的方法。根据电解时的控制条件，库仑分析法分为控制电位库仑分析法和恒电流库仑分析法。后者简称库仑滴定法，在库仑分析法中应用较多。库仑分析法要求物质在起反应的工作电极上不能发生其他电极反应，电解消耗的电量全部消耗在待测物上即电流效率 100%。

库仑滴定的装置是恒电流电解装置。将强度一定的电流 i 通过电解池，并用计时器记录电解时间 t。在工作电极上通过电极反应产生的"滴定剂"与待测物质反应，由指示终点装置指示到达终点，停止电解。

指示终点的方法有多种，本实验采用永停终点法指示滴定终点。在电解体系中插入一对加有微小电压的铂电极，通过观察此对电极上电流的突变而指示终点的方法。将两个铂电极 e_1、e_2 插入溶液中并加上 $50\sim100\text{mV}$ 的直流电压。用检流计指示是否有电流。如果溶液中同时存在可逆电对的氧化态和还原态，则两铂电极 e_1、e_2 上分别发生氧化还原反应，有电流通过电解池。如果只有可逆电对的一种状态，那么所加的小电压不能使电极上发生氧化还原反应，电解池中就没有电流通过。

本实验在弱碱性溶液中恒电流条件下，采用 KI 为支持电解质，电解产生 I_2 作为滴定剂与 As(Ⅲ) 反应。记录从电解开始到溶液中 As(Ⅲ) 恰好完全反应所消耗的电量，即可求出 As(Ⅲ) 含量。电解反应如下：

铂阳极 e_1（工作电极）　　$2I^- - 2e^- \longrightarrow I_2$（滴定剂）
铂阴极 e_2（辅助电极）　　$2H_2O + 2e^- \longrightarrow H_2\uparrow + 2OH^-$
滴定反应为

$$AsO_3^{3-} + I_2 + H_2O \Longrightarrow AsO_4^{3-} + 2I^- + 2H^+$$

阳极上产生的 I_2 立即与溶液中的 AsO_3^{3-} 作用，因此，计量点前几乎没有 I_2 存在，溶液仅存在不可逆电对 AsO_4^{3-}/AsO_3^{3-}，不会在电极 e_1、e_2 上发生反应，电极 e_1、e_2 上电流很小。滴定在计量点时溶液中只有过量的电解液 KI 和反应产生的 AsO_4^{3-}，不存在可逆电对 I_2/I^- 和不可逆电对 AsO_4^{3-}/AsO_3^{3-}。滴定刚过计量点时溶液中有少量 I_2 存在，即存在可逆电对 I_2/I^-。此时在铂阳极 e_1 和铂阴极 e_2 上发生电极反应，电极 e_1、e_2 上通过的电流明显增大，仪器检测到该电流并停止电解，指示终点到达，显示电量 Q。

根据 Faraday 电解定律：

$$m=\frac{M}{zF}Q \tag{4.3-1}$$

则待测物质 As(Ⅲ) 的量 n 可由电解时间 t 和电解电流 i 得到：

$$n=\frac{Q}{zF}=\frac{it}{z\times 96487}=cV \tag{4.3-2}$$

$$c=\frac{Q}{zFV}=\frac{it}{2\times 96487\times V} \tag{4.3-3}$$

式中，n 为被测物质的量，mol；V 为被测物质的体积，mL；c 为被测物质的浓度，mol·L^{-1}；Q 为库仑滴定所消耗的电量，C；z 为氧化还原反应的电子转移数；F 为法拉第常数，96487C·mol^{-1}。

在 As(Ⅲ) 的测定中，由于在铂阴极上产生的 OH^- 会改变溶液的 pH，所以应将铂阴极装在一个玻璃套管中隔开。

【仪器与试剂】

仪器：KLT-1 型通用库仑仪，电解池，磁力搅拌器，5mL 移液管 1 支，100mL 量筒 1 只。

试剂：0.500g·L^{-1} As(Ⅲ) 标准溶液　准确称取 0.500g 优级纯 As_2O_3（预先在 100~110℃下烘 2h 后在干燥器中冷却），以 20mL 5% 的 NaOH 溶解，用 1mol·L^{-1} HCl 或 H_2SO_4 中和，最后用去离子水稀释转移至 1000mL 容量瓶中定容。

KI 电解液　称取 60g KI、10g $NaHCO_3$ 溶于水并稀释至 1000mL。

【实验步骤】

1. 检查仪器，使所有按键处于释放状态，电流量程选择 10mA 挡。
2. 开启电源，预热 10min。
3. 向电解池中加入 5mL 砷溶液（移液管）、80mL 电解液（量筒），在电解用阴极套管内也要加 KI 电解液。将电极接好，打开电磁搅拌器进行搅拌。
4. 开启电源，终点指示方式选择"电流上升法"。按下启动键，按下极化电位键，调节极化电位值，使 $50\mu A$ 表头至 12（一般长针指向 6），松开极化电位键（以上调节过程须保持电极浸入溶液，且电极接触良好）。
5. 待表头指针稳定，按下电解键，将停止拨到工作，开始电解，仪器自动记录电解电量。终点时表针向右突变，红灯亮。电解到达终点，将工作拨到停止，启动键复位。
6. 记录电解电量 Q［单位为毫库仑（mC），1mC＝10^{-3}C］。
7. 再向电解池中加入 5mL 砷溶液，重复做三次。

【结果与讨论】

1. 根据多数次测量结果，求出电解电量的平均值。
2. 按法拉第定律计算亚砷酸的浓度（以 mol·L^{-1} 计）。
3. 本实验是将 Pt 阳极还是 Pt 阴极隔开？为什么？

【注意事项】

1. 电解液以 2~3 次性使用为宜，多次反复加入试液，会产生较大偏差。
2. 实验完毕，把仪器复原，关闭电源，洗净电解池，存放备用。

【思考题】

1. 试说明永停终点法指示终点的原理。
2. 碳酸氢钠在电解溶液中起什么作用？
3. 与常规滴定分析相比较，库仑滴定有哪些特点？

【拓展与应用】

库仑滴定法可以标定 $Na_2S_2O_3$、$KMnO_7$ 等标准溶液，避免基准物质标定引入的滴定误差，提高分析的准确度。也可以测定微量铬（Ⅳ）、微量肼以及维生素 C 的含量。

【参考文献】

1．赵文宽，张悟铭，王长发，周性尧等编. 仪器分析实验. 北京：高等教育出版社，1997.
2．许金生等编. 仪器分析. 南京：南京大学出版社，2002.
3．北京师范大学编写组. 基础仪器分析实验. 北京：北京师范大学出版社，1985.

实验 4.4　电位滴定法测定工业用水中氯离子含量

【实验目的】

1. 了解电位滴定法测定氯离子含量的基本原理。
2. 掌握电位滴定法终点的确定方法和实验技术。
3. 学会正确使用电位滴定仪。

【基本原理】

电位滴定法是在用标准溶液滴定待测离子过程中，利用电极电位的"突跃"指示滴定终点。是把电位测定与滴定分析互相结合起来的一种测试方法，可以用在浑浊、有色溶液以及找不到合适指示剂的滴定分析中。

工业用水中含有的氯离子，可根据下列反应在酸性介质中以硝酸银为滴定剂滴定，滴定反应

$$Cl^- + Ag^+ \!=\!= AgCl$$

由于工业用水具有颜色，不能用指示剂指示颜色的变化来确定终点，应采用电位滴定法为宜。本实验以硝酸银为滴定剂，滴定含氯离子的工业用水。以银-氯化银电极为指示电极，双液接饱和甘汞电极为参比电极。通过测量滴定过程中电位的变化，测定待测溶液中氯离子浓度。

进行电位滴定时，随着滴定剂的加入，被测离子的浓度不断发生变化，因而指示电极的电位相应发生变化，在化学计量点附近离子浓度发生突跃，引起指示电极电位突跃。可通过作图法或二阶微商法确定滴定终点。也可用预控制的化学计量点电位，采用自动控制电位滴定仪进行滴定。

【仪器与试剂】

仪器：酸度计或 ZD-2 型自动电位滴定仪，银-氯化银电极，双液接饱和甘汞电极，盐桥内充 $0.1mol \cdot L^{-1}$ KNO_3，电磁搅拌器，酸式滴定管，10mL 移液管。

试剂：0.1000mol·L^{-1} NaCl 标准溶液 称取 5.844g(在 400～450℃下灼烧至无爆裂声，冷却) 的分析纯氯化钠，溶于水，转移至 1000mL 容量瓶中，稀释至刻度。

0.1mol·L^{-1} AgNO$_3$ 标准溶液 称取约 17g 分析纯 AgNO$_3$ 溶于水，在容量瓶中稀释至 1000mL，用标准氯化钠溶液标定其准确浓度。标定方法见实验步骤 2。

6.0mol·L^{-1} HNO$_3$。

【实验步骤】

1. 连接仪器

指示电极安装在仪器电极插口 2 上，参比电极安装在电极插口负极上，把吸液管插入 0.1mol·L^{-1} AgNO$_3$ 溶液中，开 ZD-2 型自动电位滴定仪电源开关，在仪器处于准备状态时，按 "clean" 键清洗滴定管三次。

2. AgNO$_3$ 标准溶液的标定

移取 10.00mL 0.1000mol·L^{-1} NaCl 标准溶液于 50mL 烧杯中，加水约 20mL，加 1～2 滴 HNO$_3$。在手动滴定模式下，以 0.010mol·L^{-1} AgNO$_3$ 为滴定剂，每加入一定体积的 AgNO$_3$ 后记录相应的电位值。在开始滴定时每次加入 1.0mL 的滴定剂，接近等当点附近时，每次加入 0.1mL 的滴定剂，等当点过后仍每次加入 0.5mL 滴定剂，继续滴加 2mL 后停止滴定，以 AgNO$_3$ 体积为横坐标，电位为纵坐标，绘制 E-V 滴定曲线，或绘制 $\Delta E/\Delta V$-V、$\Delta^2 E/\Delta V^2$-V 曲线，确定出滴定终点。从工作曲线上找出计量点时 AgNO$_3$ 溶液的体积，根据 NaCl 标准溶液的浓度和体积，计算 AgNO$_3$ 溶液的准确浓度。

3. 测定样品的 Cl$^-$ 浓度

移取 10.00mL 工业用水于 50mL 的烧杯中，将电极组浸入被测液中，设定滴定终点电位，用已标定的 AgNO$_3$ 标准液进行自动滴定。当达到终点时，自动停止滴定，记录下消耗滴定剂的体积。根据 AgNO$_3$ 标准溶液的浓度和体积，求出工业用水中 Cl$^-$ 的浓度。

【结果与讨论】

1. 以消耗 AgNO$_3$ 标准溶液的体积 (V) 为横坐标，以测得的电位 (E) 为纵坐标，绘制 E-V 曲线，再绘制一次微分曲线和二次微分曲线，确定终点体积。

2. 列表记录 E(mV)-V(mL) 数据，根据所加 AgNO$_3$ 体积和对应的电位计算 ΔE、ΔV、$\Delta E/\Delta V$、$\Delta^2 E/\Delta V^2$，绘制 E-V、$\Delta E/\Delta V$-V、$\Delta^2 E/\Delta V^2$-V 曲线，确定出滴定终点的电位值。以 AgNO$_3$ 标准液滴定 KCl 溶液，数据列在表 4.4-1 中。

表 4.4-1　AgNO$_3$ 滴定 KCl 的实验数据

加入 AgNO$_3$ 体积 V/mL	E/mV	$\Delta E/\Delta V$/mV·mL^{-1}	$\Delta^2 E/\Delta V^2$

续表

加入 $AgNO_3$ 体积 V/mL	E/mV	$\Delta E/\Delta V$/mV·mL^{-1}	$\Delta^2 E/\Delta V^2$

3. 作图确定滴定终点的电位和终点体积。

4. 按下式计算 $AgNO_3$ 标准溶液的浓度和未知样中的 Cl^- 浓度：

$$c_{AgNO_3}(mol \cdot L^{-1}) = \frac{c_{NaCl} V_{NaCl}}{V_{AgNO_3}} \tag{4.4-1}$$

$$c_{Cl^-}(mol \cdot L^{-1}) = \frac{c_{AgNO_3} V_{AgNO_3}}{10.00} \tag{4.4-2}$$

【注意事项】

1. 氯化银电极在使用前，需在 $0.001mol \cdot L^{-1}$ 的 KCl 溶液中浸泡活化，电极使用后应擦干避光保存。

2. 氯离子浓度很低时，应用含 3% 琼脂的 $0.1mol \cdot L^{-1}$ KNO$_3$ 作盐桥。

3. 在测定过程中，参比电极的下端应超过指示电极的下端。

【思考题】

1. 参比电极为什么要用双液接饱和甘汞电极代替甘汞电极？本实验能否选用 pH 玻璃电极作为参比电极？

2. 银离子选择电极或氯离子选择电极能否用作指示电极？为什么？

3. 用本实验的方法可否连续测定氯离子、溴离子？

【拓展与应用】

由于电位滴定法是利用电极电位的"突跃"指示滴定终点。因此电位滴定法常用于乙酸解离常数的测定以及 H_2SO_4 和 H_3PO_4 混合酸的测定。

【参考文献】

1. 赵文宽，张悟铭，王长发，周性尧等编. 仪器分析实验. 北京：高等教育出版社，1997.

2. 许金生等编. 仪器分析. 南京：南京大学出版社，2002.

3. 苏克曼，张济新等编. 仪器分析实验. 北京：科学出版社，2005.

实验 4.5　电位滴定法测定弱酸的浓度

【实验目的】

1. 掌握电位滴定法测定一元弱酸浓度的方法和操作技术。

2. 掌握运用二级微商法确定滴定终点。

【基本原理】

乙酸（CH_3COOH，简写作 HAc）为一弱酸，其 $pK_a = 4.74$，当以标准碱溶液滴定乙酸试液时，在化学计量点附近可以观察到 pH 值的突跃。以玻璃电极与饱和甘汞电极插入试液即组成如下的工作电池：

$$Ag,AgCl \mid HCl(0.1mol \cdot L^{-1}) \mid 玻璃膜 \mid HAc 试液 \mid KCl(饱和) \mid Hg_2Cl_2,Hg$$

该工作电池的电动势在酸度计上反映出来，并表示为滴定过程中溶液的 pH 值，记录加入标准溶液的体积 V 和相应被滴定溶液的 pH 值，然后由 pH-V 曲线和 $\frac{\Delta pH}{\Delta V}$-$V$ 曲线或 $\frac{\Delta^2 pH}{\Delta V^2}$-$V$ 曲线，求得终点时消耗标准碱溶液的体积。也可用二级微商法，于 $\frac{\Delta^2 pH}{\Delta V^2} = 0$ 处确定终点。根据标准碱溶液浓度、消耗的体积和试液的体积，即可求得试液中乙酸的浓度或含量。

【仪器与试剂】

仪器：pHS-3C 型精密酸度计，pH 玻璃电极，饱和甘汞电极（或用复合电极代替 pH 玻璃电极和饱和甘汞电极），容量瓶（100mL），吸量管，滴定管，烧杯，酒精温度计，洗耳球。

试剂：0.1000mol·L^{-1} 草酸标准溶液，0.1mol·L^{-1} NaOH 标准溶液（浓度待标定），乙酸试液（浓度约 1mol·L^{-1}），标准 pH 缓冲溶液，0.01mol·L^{-1} 硼砂溶液（25℃ 时 pH=9.18），0.05moL·L^{-1} NaHPO$_4$＋0.05moL·L^{-1} KH$_2$PO$_4$ 混合溶液（25℃时 pH=6.86）。

【实验步骤】

1. 酸度计的校准

在电极架上安装好玻璃电极和饱和甘汞电极，并使饱和甘汞电极稍低于玻璃电极，以防止烧杯底碰坏玻璃电极薄膜。把电极与 pHS-3C 型精密酸度计连接好，开机预热 30min，然后进行校准。将 pH=6.86 的标准缓冲溶液置于 100mL 小烧杯中，放入搅拌子，并使两支电极浸入标准缓冲溶液中，开动搅拌器，进行酸度计定位，再以 pH=9.18 的标准缓冲溶液校核。

注意：（1）所得读数与相应的测量温度下的缓冲溶液的标准 pHs 之差应在 ±0.05 单位之内；（2）定位和调整斜率均重复进行，直至不用再调节定位或斜率两调节旋钮为止。

2. NaOH 溶液浓度的标定

准确吸取草酸标准溶液 5.00mL，置于 100mL 烧杯中，加水至约 30mL，放入搅拌子。

以待标定的氢氧化钠溶液装入滴定管中，使液面在 0.00mL 处。开动搅拌器，调节至适当的搅拌速度，进行粗测，即测量在加入氢氧化钠溶液 0，1mL，2mL，…，8mL，9mL，10mL，11mL 时各点的 pH 值。初步判断发生 pH 值突跃时所需的 NaOH 体积范围。

重复上述操作，进行细测，即在化学计量点附近，取较小的体积增量，以增加测量点的密度，并在读取滴定管读数时，读准至小数点后第二位。如在粗测时 V 为 10mL，则在细测时以 0.10mL 为体积增量，测量加入 NaOH 溶液 10.00mL，10.10mL，10.20mL，…，10.90mL 和 11.00mL 时各点的 pH 值。

3. 乙酸试液浓度的测定

吸取乙酸试液 10.00mL，置于 100mL 容量瓶中，稀释至刻度，摇匀。吸取稀释后的乙酸溶液 10.00mL 置于 100mL 烧杯中，加水至约 30mL。

仿照标定 NaOH 溶液时的粗测和细测步骤，对乙酸进行测定。

【结果与讨论】

1. NaOH 溶液浓度的标定

NaOH 溶液浓度的标定见表 4.5-1 和表 4.5-2。

表 4.5-1　粗测数据

体积/mL	0	1	2	3	4	…					
pH											

表 4.5-2　细测数据

体积/mL					…					
pH										

根据实验数据，采用二级微商法计算出终点时 NaOH 溶液的体积，然后求出其准确浓度。

2. 按照同样的方法求出原始试液中乙酸的浓度。

【思考题】

1. 在标定 NaOH 溶液浓度和测定乙酸含量时，为什么都采用粗测和细测两个步骤？

2. 在测定未知溶液的 pH 值时，为什么要用 pH 缓冲溶液进行校准？

【拓展与应用】

在分析化学实验的学习中，我们采用传统酸碱滴定法测定弱酸含量，对于弱酸的浓度大小、酸性强弱和滴定终点判断都有一些限制。而电位滴定在很多方面降低或消除了这方面的要求，能否举例并设计分析方案。

【参考文献】

1．李卫华．中级化学实验．成都：西南交通大学出版社，2008.

2．张剑荣，余晓冬，屠一锋等．仪器分析实验．第 2 版．北京：科学出版社，2009.

实验 4.6　循环伏安法判断 $K_3Fe(CN)_6$ 电极过程的可逆性及维生素 C 的测定

【实验目的】

1. 掌握用循环伏安法判断电极过程的可逆性。

2. 理解电极表面电化学反应时的电子转移过程。

3. 学习循环伏安法测定维生素 C 的方法。

【基本原理】

循环伏安法与单扫描极谱法相似。在电极上施加线性扫描电压，当到达设定的某终止电压后，再反方向回扫至设定的某起始电压。若溶液中存在氧化态 O，电极上将发生还原反应：

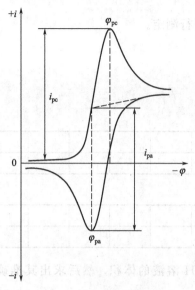

图 4.6-1 循环伏安曲线

$$O+ne^- \Longrightarrow R$$

反向回扫时,电极上生成的还原态 R 将发生氧化反应:

$$R \Longrightarrow O+ne^-$$

以电流对电位作图,称为循环伏安图,典型的循环伏安曲线如图 4.6-1 所示。从循环伏安曲线可确定氧化峰峰电流 i_{pa} 和还原峰峰电流 i_{pc},氧化峰峰电位 φ_{pa} 和还原峰峰电位 φ_{pc} 值。

峰电流 i_p 可表示为:

$$i_p = Kn^{\frac{3}{2}}D^{\frac{1}{2}}v^{\frac{1}{2}}Ac \tag{4.6-1}$$

式中,K 为常数;n 为电子转移数;D 为扩散系数;v 为电位扫描速率;A 为电极面积;c 为被测物质浓度。由式(4.6-1)可见,峰电流与被测物质浓度、扫描速率等因素有关。

循环伏安法能迅速提供电活性物质电极反应过程的可逆性、化学反应历程、电极表面吸附等许多信息。对于可逆体系,氧化峰与还原峰的峰电流之比为:

$$\frac{i_{pa}}{i_{pc}} \approx 1 \tag{4.6-2}$$

氧化峰与还原峰的峰电位之差为:

$$\Delta\varphi = \varphi_{pa} - \varphi_{pc} = \frac{56}{n} \ (\text{mV}) \tag{4.6-3}$$

条件电位 $\varphi^{0'}$:

$$\varphi^{0'} = \frac{\varphi_{pa} + \varphi_{pc}}{2} \tag{4.6-4}$$

由以上特征可判断电极过程的可逆性。

在 $1\text{mol} \cdot \text{L}^{-1}$ KCl 电解质中,$K_3Fe(CN)_6$ 在碳工作电极上为可逆过程,而抗坏血酸的测定中电位沿正的电位扫描,只产生阳极电流,抗坏血酸的电极反应为不可逆体系,只产生氧化峰。

【仪器与试剂】

仪器:电化学工作站(CHI),玻碳电极 1 支,饱和甘汞电极 1 支,铂片电极 2 支。

试剂:$2 \times 10^{-2}\text{mol} \cdot \text{L}^{-1}$ $K_3Fe(CN)_6$,$1\text{mol} \cdot \text{L}^{-1}$ KCl,2×10^{-2} mol $\cdot$ L^{-1} 维生素标准溶液,维生素药片,$0.5\text{mol} \cdot \text{L}^{-1}$ 的 KH_2PO_4。

【实验步骤】

1. 将玻碳电极在抛光布上抛光至镜面,用去离子水冲洗干净。

2. 在 25mL 容量瓶中加入 $2 \times 10^{-2}\text{mol} \cdot \text{L}^{-1}$ 的铁氰化钾溶液 1.00mL,再加入 $1\text{mol} \cdot \text{L}^{-1}$ KCl 溶液 2.50mL,用二次蒸馏水稀释至刻度,摇匀后转移至电解池(小烧杯)中,插入玻碳电极为工作电极,饱和甘汞电极为参比电极,铂片电极为辅助电极,以扫描速率 50mV $\cdot$ s^{-1},从起始电位 +0.6V,终止电位 -0.1V 扫描,记录循环伏安图并判断电极可逆性。

3. 如上述电极可逆，逐一变化扫描速度：20mV·s^{-1}，40mV·s^{-1}，60mV·s^{-1}，80mV·s^{-1}，100mV·s^{-1}进行测量，保存循环伏安曲线并记录 φ_{pa}、φ_{pc}、i_{pa}、i_{pc}。

4. 在 5 个 25mL 容量瓶中分别加入 $2\times10^{-2}\,\text{mol·L}^{-1}$维生素 C 标准溶液 0、0.25mL、0.50mL、1.00mL、2.50mL、3.50mL，再各加入 0.5mol·L^{-1}的 KH_2PO_4 溶液 5.00mL，用二次蒸馏水稀释至刻度，摇匀后测定循环伏安曲线，从起始电位＋0.6V，终止电位－0.1V 扫描，扫描速率 50mV·s^{-1}，记录循环伏安图并记录 i_{pa}。

5. 取药店售维生素 C 一片，研细，准确称其质量，配成 50mL 溶液后准确移取维生素溶液 2.0mL，加入 0.5mol·L^{-1}的 KH_2PO_4 溶液 5.00mL，稀释至 25mL 摇匀，按照维生素 C 实验条件测定 i_{pa}。

【结果与讨论】

1. 绘制铁氰化钾溶液不同扫描速率下的循环伏安曲线叠加图。
2. 分别以铁氰化钾的两个峰电流对 $v^{1/2}$作图，说明峰电流与扫描速率间的关系。
3. 计算并列表铁氰化钾的 i_{pa}/i_{pc}值、$\Delta\varphi$ 值。
4. 绘制维生素 C 的 i_{pa} 与相应浓度的 c 的关系曲线；计算维生素 C 片中抗坏血酸的含量。

【注意事项】

1. 指示电极表面必须仔细处理，否则严重影响伏安曲线的形状。
2. 每次扫描之间，为使电极表面恢复初始条件，应将电极提起后再放入溶液中或用搅拌子搅拌溶液，等溶液静止 1~2min 再扫描。
3. 在测定实际维生素 C 药片溶液时，实验条件要与标准维生素 C 溶液完全一致。
4. 以上作图均应使用作图软件并打印。

【思考题】

1. 解释 $K_3Fe(CN)_6$ 溶液的循环伏安图。
2. 如何用循环伏安法来判断极谱电极过程的可逆性。
3. 循环伏安法测定实际样品时有哪些注意事项？

【参考文献】

1. 张剑荣，戚苓，方惠群编. 仪器分析实验. 北京：科学出版社，1999.
2. 北京大学化学系分析化学教学组编. 基础分析化学实验，北京：北京大学出版社，1998.
3. http：//hope. jlu. edu. cn/hxzx/lab/2jiaoxue/xiangmu/instrumentanalysis/405. html.
4. http：//www2. zzu. cn/hxx/xxkd/jpkc/wlhx/xy/jb/15. doc.

实验 4.7　阳极溶出伏安法测定水中微量镉

【实验目的】

1. 了解阳极溶出伏安法的基本原理。
2. 掌握银基汞膜电极的制备方法。
3. 学习阳极溶出伏安法测定镉的实验技术。

【基本原理】

溶出伏安法是一种高灵敏度的电化学分析方法,一般达 $10^{-9} \sim 10^{-8} \, mol \cdot L^{-1}$,有时可达 $10^{-12} \, mol \cdot L^{-1}$,因此在痕量成分分析中相当重要。溶出伏安法的操作分两步。第一步是预电解过程,第二步是溶出过程。预电解是在恒电位和溶液搅拌的条件下进行,其目的是富集痕量组分。富集后,让溶液静置30s或1min,再用各种极谱分析方法(如单扫描极谱法)溶出。

阳极溶出伏安法,通常用小体积悬汞电极或汞膜电极作为工作电极,使能生成汞齐的被测金属离子电解还原,富集在电极汞中,然后将电压从负电位扫描到较正的电位,使汞齐中的金属重新氧化溶出,产生比富集时的还原电流大得多的氧化峰电流。

本实验采用镀一薄层汞的银棒作汞膜电极,由于电极面积大而体积小,有利于富集。先在 $-1.0V(vs.SCE)$ 电解富集镉,然后使电极电位由 $-1.0V$ 线性扫描至 $-0.2V$。当电位达到镉的氧化电位时,镉氧化溶出,产生氧化电流,电流迅速增加。当电位继续正移时,由于富集在电极上的镉已大部分溶出,汞齐浓度迅速降低,电流减小,因此得到尖峰形的溶出曲线。

此峰电流与溶液中金属离子的浓度、电解富集时间、富集时的搅拌速度、电极的面积和扫描速率等因素有关。当其他条件一定时,峰电流 i_p 只与溶液中金属离子的浓度 c 成正比:

$$i_p = Kc \tag{4.7-1}$$

用标准曲线法或标准加入法均可进行定量测定。标准加入法的计算公式为:

$$c_x = \frac{c_s V_s h}{(H-h)V_x} \tag{4.7-2}$$

式中,c_x 为试液中被测组分的浓度;V_x 为试液的体积;h 为溶出峰的峰高;c_s、V_s 分别为加入标准溶液的浓度和体积;H 为试液中加入标准溶液后溶出峰的总高度。这里加入标准溶液的体积应非常小。

【仪器与试剂】

仪器:电化学工作站(CHI),三电极体系(银基汞膜电极作工作电极、饱和甘汞电极作参比电极、铂电极作辅助电极),电磁搅拌器,电解池或100mL烧杯,移液管(25mL 1支、5mL 2支、1mL 1支)。

试剂:$1.0 \times 10^{-4} \, mol \cdot L^{-1}$ Cd^{2+} 标准溶液,$1.0 mol \cdot L^{-1}$ $NH_3 \cdot H_2O$-$1.0 mol \cdot L^{-1}$ NH_4Cl 缓冲溶液,10% Na_2SO_3 溶液(新鲜配制),含镉水样。

【实验步骤】

1. 制备银基汞膜电极。用湿滤纸沾少许去污粉擦净银棒表面,用水洗净后,浸入1:1 HNO_3 中至表面刚刚变为均匀的银白色,立即用水冲洗,滤纸吸干,迅速浸入纯汞中蘸$1 \sim 3s$。取出,让汞靠自身的重力布满银棒,即得银基汞膜电极,浸入蒸馏水中备用。

2. 开机,并输入以下实验参数:清洗电位 $-0.2V$,清洗时间60s。起始电位 $-1.00V$,终止电位 $-0.2V$,富集电位 $-1.00V$,搅拌富集时间60s,静止时间30s,电位扫描速率为 $90mV \cdot s^{-1}$。

3. 取 25mL 水样于烧杯中,加入 3mL $NH_3 \cdot H_2O$-NH_4Cl 缓冲溶液和 2mL 10% Na_2SO_3 溶液。将三支电极浸入溶液中,在清洗和富集阶段,启动搅拌器在上述测定条件下记录溶出伏安曲线。如此重复测定三次,记录三次溶出伏安曲线。于烧杯中加入 0.5mL

$1.0 \times 10^{-4} \, mol \cdot L^{-1} \, Cd^{2+}$ 标准溶液，同样进行三次测定。

测量完毕，将电极在 $-0.2V$ 处搅拌清洗 $60s$，取下用水冲洗干净。

【结果与讨论】

1. 将实验条件记入表 4.7-1 中。

表 4.7-1　实验条件

起始电位		终止电位	
富集电位		富集时间	
清洗电位		清洗时间	

2. 将测量过程中的各类数据记入表 4.7-2 中。

表 4.7-2　实验测量值

Cd^{2+} 标准溶液浓度 c_s			
Cd^{2+} 标准溶液体积 V_s			
未知水样体积 V_x			
水样的溶出峰高 h	1.	2.	3.
水样的平均峰高 $\bar{h}$			
加入标准 Cd^{2+} 后的峰高 H	1.	2.	3.
平均溶出峰高 $\bar{H}$			

3. 按公式(4.7-2)计算水样中 Cd^{2+} 的浓度 c_x，分别以 $mol \cdot L^{-1}$ 和 $\mu g \cdot mL^{-1}$ 表示。

【注意事项】

1. 汞膜电极应保存在弱碱性的蒸馏水中或插入纯汞中，不宜暴露在空气中。

2. 如发现电极表面不光亮，可重新蘸汞，但新蘸汞的电极灵敏度较高不太稳定，一般测定三次以后就稳定了。

3. 整个实验过程应保持所有测定条件固定不变。

【思考题】

1. 为什么溶出伏安法是一种灵敏度高的电化学分析方法？

2. 实验中为什么要求各实验条件必须严格保持一致？

【参考文献】

1. 王丹主编. 仪器分析与实验. 青岛：青岛出版社，2000.

2. 北京大学化学系分析化学教学组编. 基础分析化学实验. 北京：北京大学出版社，1998.

3. http://co.163.com/neteaseivp/resource/paper/detail.jsp?pk=2919&way=1.

4. http://www.kschina.cn/lwpd/ligong/jipaishui/200510/19476.html.

实验 4.8　电势-pH 曲线的测定及其应用

【实验目的】

1. 运用电极电势、电池电动势和 pH 的测定方法，测定 Fe^{3+}/Fe^{2+}-EDTA 溶液在不同

pH 条件下的电极电势，绘制电势-pH 曲线。

2. 了解电势-pH 曲线的意义及应用。

【基本原理】

许多氧化还原反应不仅与溶液中离子的浓度有关，而且与溶液的 pH 值有关。如果指定溶液的浓度，则电极电势只与溶液的 pH 有关。在改变溶液的 pH 值时测定溶液的电极电势，然后以电极电势对 pH 作图，就可得到等温、等浓度下体系的电势-pH 曲线。

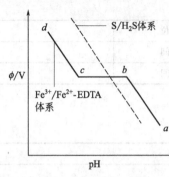

图 4.8-1　电势-pH 曲线

对于 Fe^{3+}/Fe^{2+}-EDTA 配合体系，在不同的 pH 值范围内，其配合产物有所差异。以 Y^{4-} 为 EDTA 的酸根离子，在 3 个不同 pH 区间讨论其电极电势的变化（见图 4.8-1）。

（1）在特定的 pH 范围内，Fe^{3+} 和 Fe^{2+} 能与 EDTA 生成稳定的配合物 FeY^{2-} 和 FeY^-，其电极反应为

$$FeY^- + e^- = FeY^{2-}$$

根据能斯特（Nernst）方程，其电极电势为

$$\varphi = \varphi^{\ominus} - \frac{RT}{F}\ln\frac{a_{FeY^{2-}}}{a_{FeY^-}} \tag{4.8-1}$$

式中，$\varphi^{\ominus}$ 为标准电极电势；a 为活度。

由 a 与活度系数 γ 和质量摩尔浓度 b 的关系，可得

$$a = \gamma \cdot b \tag{4.8-2}$$

则式(4.8-1) 可改写成

$$\varphi = \varphi^{\ominus} - \frac{RT}{F}\ln\frac{\gamma_{FeY^{2-}}}{\gamma_{FeY^-}} - \frac{RT}{F}\ln\frac{b_{FeY^{2-}}}{b_{FeY^-}} = (\varphi^{\ominus}_{\infty} - b_1) - \frac{RT}{F}\ln\frac{b_{FeY^{2-}}}{b_{FeY^-}} \tag{4.8-3}$$

式中，

$$b_1 = \frac{RT}{F}\ln\frac{\gamma_{FeY^{2-}}}{\gamma_{FeY^-}}$$

当溶液离子强度和温度一定时，b_1 为常数。在此 pH 范围内，该体系的电极电势只与 $b_{FeY^{2-}}/b_{FeY^-}$ 的值有关。在 EDTA 过量时，生成的配合物的浓度可近似看为配制溶液时铁离子的浓度，即 $b_{FeY^{2-}} \approx b_{Fe^{2+}}$，$b_{FeY^-} \approx b_{Fe^{3+}}$。当 $b_{Fe^{2+}}$ 与 $b_{Fe^{3+}}$ 的比值一定时，则 φ 为一定值，曲线中出现平台区，如图 4.8-1 中 bc 段。

（2）在低 pH 时，体系的电极反应为

$$FeY^- + H^+ + e^- \Longrightarrow FeHY^-$$

则可求得：

$$\varphi = (\varphi^{\ominus}_{\infty} - b_2) - \frac{RT}{F}\ln\frac{b_{FeHY^-}}{b_{FeY^-}} - \frac{2.303RT}{F}pH \tag{4.8-4}$$

在 $b_{Fe^{2+}}/b_{Fe^{3+}}$ 不变时，φ 与 pH 呈线性关系，如图 4.8-1 中 ab 段。

（3）在高 pH 时，溶液的配合物为 $Fe(OH)Y^{2-}$ 和 FeY^{2-}，电极反应为

$$Fe(OH)Y^{2-} + e^- \Longrightarrow FeY^{2-} + OH^-$$

则可求得：

$$\varphi = \varphi^{\ominus} - \frac{RT}{F}\ln\frac{a_{FeY^{2-}} \cdot a_{OH^-}}{a_{[Fe(OH)Y^{2-}]}} \tag{4.8-5}$$

稀溶液中水的活度积 K_w 可看作为水的离子积，又根据 pH 定义，则上式可写成

$$\varphi=(\varphi_{\infty}^{\ominus}-b_3)-\frac{RT}{F}\ln\frac{b_{\mathrm{FeY}^{2-}}}{b_{\mathrm{Fe(OH)Y}^{2-}}}-\frac{2.303RT}{F}\mathrm{pH} \tag{4.8-6}$$

在 $b_{\mathrm{Fe}^{2+}}/b_{\mathrm{Fe}^{3+}}$ 不变时，φ 与 pH 呈线性关系，如图 4.8-1 中 cd 段。

【仪器与试剂】

仪器：电位差计（或数字电压表），数字式酸度计，恒温夹套五颈瓶（500mL），电磁搅拌器，饱和甘汞电极，复合电极，铂电极，超级恒温槽。

试剂：$(\mathrm{NH_4})_2\mathrm{Fe}(\mathrm{SO_4})_2 \cdot 6\mathrm{H_2O}$（化学纯），$(\mathrm{NH_4})\mathrm{Fe}(\mathrm{SO_4})_2 \cdot 12\mathrm{H_2O}$（化学纯），EDTA 四钠盐（A.R.），HCl（A.R.），NaOH（A.R.），$\mathrm{N_2}$（g，钢瓶）。

【实验步骤】

1. 溶液配制

2. 测量装置

按图 4.8-2 接好测量线路。

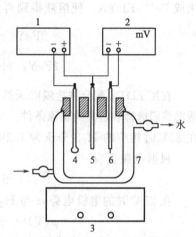

图 4.8-2 电势-pH 测量装置
1—酸度计；2—数字电压表；3—电磁搅拌器；4—复合电极；5—饱和甘汞电极；6—铂电极；7—反应器

3. 溶液配置预先分别配制 $0.1\mathrm{mol \cdot L^{-1}}$ $(\mathrm{NH_4})_2\mathrm{Fe}(\mathrm{SO_4})_2$、$0.1\mathrm{mol \cdot L^{-1}}$ $(\mathrm{NH_4})\mathrm{Fe}(\mathrm{SO_4})_2$（配前加两滴 $4\mathrm{mol \cdot L^{-1}}$ HCl）、$0.5\mathrm{mol \cdot L^{-1}}$ EDTA（配前加 1.5g NaOH）、$4\mathrm{mol \cdot L^{-1}}$ HCl、$2\mathrm{mol \cdot L^{-1}}$ NaOH 各 50mL。然后按下列次序加入：50mL $0.1\mathrm{mol \cdot L^{-1}}$ $(\mathrm{NH_4})_2\mathrm{Fe}(\mathrm{SO_4})_2$、50mL $0.1\mathrm{mol \cdot L^{-1}}$ $(\mathrm{NH_4})\mathrm{Fe}(\mathrm{SO_4})_2$，60mL $0.5\mathrm{mol \cdot L^{-1}}$ EDTA、50mL 蒸馏水，并迅速通 $\mathrm{N_2}$。

4. 电极电势和 pH 值的测量

用滴定管，从反应容器的第四个孔（即氮气出气口）滴入少量 $4\mathrm{mol \cdot L^{-1}}$ NaOH，调节溶液 pH 值为 3.00，再用 $2\mathrm{mol \cdot L^{-1}}$ NaOH 每次改变 pH 值约为 0.3pH 左右，待 pH 计数值稳定后记录相应的 pH 数值，再测电动势，如此逐一测定到 pH 为 8.00 时停止实验，得出该溶液的一系列电极电势和 pH 值。及时取出电极，用水冲洗干净，然后使仪器复原。

【结果与讨论】

1. 用表格形式记录所得的电动势 E 和 pH 值，以测得的相对于饱和甘汞电极的电极电势换算至相对标准氢电极的电极电势。

2. 绘制 $\mathrm{Fe}^{3+}/\mathrm{Fe}^{2+}$-EDTA 配合体系的电势-pH 曲线，由曲线确定 FeY^- 和 FeY^{2-} 稳定存在的 pH 范围。

【注意事项】

1. 注意 $(\mathrm{NH_4})_2\mathrm{Fe}(\mathrm{SO_4})_2 \cdot 6\mathrm{H_2O}$ 的纯度，防止氧化。本实验采用摩尔盐。$\mathrm{N_2}$ 的作用是排尽溶液的二氧化碳和氧化性气体。

2. 搅拌速度必须加以控制，防止搅拌不均匀造成加入 NaOH 时，溶液上部出现少量的 $\mathrm{Fe}(\mathrm{OH})_3$ 沉淀。如果溶液的初始 pH 调不到 3，可以直接调到 8，再加酸调到 3。

【思考题】

1. 写出 $\mathrm{Fe}^{3+}/\mathrm{Fe}^{2+}$-EDTA 配合体系在电势平台区的基本电极反应及对应的 Nernst 公

式的具体形式。

2. 用酸度计和电位差计测电动势的原理，各有什么不同？

【拓展与应用】

电势-pH 图的应用

电势-pH 图对解决在水溶液中发生的一系列反应及平衡问题（例如元素分离、湿法冶金、金属防腐方面）有着广泛应用。本实验讨论的 Fe^{3+}/Fe^{2+}-EDTA 体系，可用于消除天然气中的有害气体 H_2S。利用 Fe^{3+}-EDTA 溶液可将天然气中的 H_2S 氧化成元素硫除去，溶液中 Fe^{3+}-EDTA 配合物被还原为 Fe^{2+}-EDTA 配合物，通入空气可以使 Fe^{2+}-EDTA 氧化成 Fe^{3+}-EDTA，使溶液得到再生，不断循环使用，其反应如下：

$$2FeY^- + H_2S \xrightarrow{脱硫} 2FeY_2^- + 2H^+ + S\downarrow$$

$$2FeY_2^- + \frac{1}{2}O_2 + H_2O \xrightarrow{再生} 2FeY^- + 2OH^-$$

在用 EDTA 配合铁盐脱除天然气中硫时，Fe^{3+}/Fe^{2+}-EDTA 配合体系的电势-pH 曲线可以帮助我们选择较适宜的脱硫条件。例如，低含硫天然气 H_2S 含量约 $1\times10^{-4}\sim6\times10^{-4}\,kg\cdot m^{-3}$，在 25℃时相应的 H_2S 分压为 $7.29\sim43.56\,Pa$。

根据电极反应

$$S + 2H^+ + 2e^- \Longrightarrow H_2S(g)$$

在 25℃时的电极电势 φ 与 H_2S 的分压 p_{H_2S} 的关系为：

$$\varphi(V) = -0.072 - 0.02961\lg p_{H_2S} - 0.0591pH$$

在图 4.8-1 中以虚线标出这三者的关系。

由电势-pH 图可见，对任何一定 $b_{Fe^{3+}}/b_{Fe^{2+}}$ 比值的脱硫液而言，此脱硫液的电极电势与反应 $S + 2H^+ + 2e^- \Longrightarrow H_2S(g)$ 的电极电势之差值，在电势平台区的 pH 范围内，随着 pH 的增大而增大，到平台区的 pH 上限时，两电极电势差值最大，超过此 pH，两电极电势值不再增大而为定值。这一事实表明，任何具有一定的 $b_{Fe^{3+}}/b_{Fe^{2+}}$ 比值的脱硫液，在它的电势平台区的上限时，脱硫的热力学趋势达最大，超过此 pH 后，脱硫趋势保持定值而不再随 pH 增大而增加，由此可知，根据 φ-pH 图，从热力学角度看，用 EDTA 配合铁盐法脱除天然气中的 H_2S 时，脱硫液的 pH 选择在 $6.5\sim8$ 之间，或高于 8 都是合理的，但 pH 不宜大于 12，否则会有 $Fe(OH)_3$ 沉淀出来。

【参考文献】

1. 傅献彩，沈文霞，姚天扬编. 物理化学. 第 4 版. 北京：高等教育出版社，1990.
2. 孙尔康，徐维清，邱金恒编. 物理化学实验. 第 2 版. 南京：南京大学出版社，2010.
3. 复旦大学等编. 物理化学实验. 第 3 版. 北京：高等教育出版社，2004.

第 5 章　光谱学实验

实验 5.1　考马斯亮蓝染色法测定蛋白质浓度

【实验目的】

学习考马斯亮蓝（Coomassie Brilliant Blue）法测定蛋白质浓度的原理和方法。

【基本原理】

考马斯亮蓝法测定蛋白质浓度，是利用蛋白质-染料结合的原理，定量地测定微量蛋白浓度的快速、灵敏的方法。

考马斯亮蓝 G-250 存在着两种不同的颜色形式：红色和蓝色。它和蛋白质通过范德华力结合，在一定蛋白质浓度范围内，蛋白质和染料结合符合比耳定律（Beer's law）。此染料与蛋白质结合后颜色有红色形式和蓝色形式，最大光吸收由 465nm 变成 595nm，通过测定 595nm 处光吸收的增加量可知与其结合蛋白质的量。

蛋白质和染料结合是一个很快的过程，约 2min 即可反应完全，呈现最大光吸收，并可稳定 1h，之后，蛋白质-染料复合物发生聚合并沉淀出来。蛋白质-染料复合物具有很高的消光系数，使得在测定蛋白质浓度时灵敏度很高，在测定溶液中含蛋白质 $5\mu g \cdot mL^{-1}$ 时就有 0.275 光吸收值的变化，比 Lowry 法灵敏 4 倍，测定范围为 $10 \sim 100 \mu g$ 蛋白质，微量测定法测定范围是 $1 \sim 10 \mu g$ 蛋白质。此反应重复性好，精确度高，线性关系好。

【仪器与试剂】

仪器：UV-2000 型分光光度计，试管及试管架，移液管（0.1mL 及 5mL）。

试剂：考马斯亮蓝试剂　考马斯亮蓝 G-250 100mg 溶于 50mL 95％乙醇中，加入 100mL 85％磷酸，用蒸馏水稀释至 1000mL，滤纸过滤。最终试剂中含 0.01％(W/V) 考马斯亮蓝 G-250，4.7％(W/V) 乙醇。

标准和待测蛋白质溶液：①标准蛋白质溶液。结晶牛血清蛋白，预先经微量凯氏定氮法测定蛋白氮含量，根据其纯度用 $0.15mol \cdot L^{-1}$ NaCl 配制成 $1mg \cdot mL^{-1}$、$0.1mg \cdot mL^{-1}$ 蛋白溶液；②未知蛋白质溶液。

【实验步骤】

1. 标准曲线试验

分两组按表 5.1-1 平行操作。绘制标准曲线：以 A_{595nm} 为纵坐标，标准蛋白含量为横坐标，在坐标纸上绘制标准曲线。

2. 未知样品蛋白质浓度测定

测定方法同上，取合适的未知样品体积，使其测定值在标准曲线的直线范围内。根据所测定的 A_{595nm} 值，在标准曲线上查出其相当于标准蛋白的量，从而计算出未知样品的蛋白质浓度（$mg \cdot mL^{-1}$）。

表 5.1-1　标准曲线试验

试管编号	0	1	2	3	4	5
1mg·mL^{-1}标准蛋白溶液/mL	0	0.01	0.02	0.03	0.04	0.05
0.15mol·L^{-1}NaCl/mL	0.1	0.09	0.08	0.07	0.06	0.05
考马斯亮蓝试剂/mL	5					
摇匀,1h 内以 0 号管为空白对照,在 595nm 处比色						
A_{595nm}						

【结果与讨论】

标准曲线在蛋白质浓度较大时稍有弯曲,这是由于染料本身的两种颜色形式光谱有重叠,试剂背景值随更多染料与蛋白质结合而不断降低,但直线弯曲程度很轻,不影响测定。

此方法干扰物少,研究表明:NaCl,KCl,MgCl$_2$,乙醇,(NH$_4$)$_2$SO$_4$无干扰。强碱缓冲液在测定中有一些颜色干扰,这可以用适当的缓冲液对照扣除其影响。Tris、乙酸、2-巯基乙醇、蔗糖、甘油、EDTA 及微量的去污剂如 Triton X-100,SDS,玻璃去污剂有少量颜色干扰,用适当的缓冲液对照很容易除掉。但是,大量去污剂的存在对颜色影响太大而不易消除。

【注意事项】

1. 如果测定要求很严格,可以在试剂加入后的 5~20min 内测定光吸收,因为在这段时间内颜色是最稳定的。

2. 测定中,蛋白-染料复合物会有少部分吸附于比色杯壁上,实验证明此复合物的吸附量是可以忽略的。测定完后可用乙醇将蓝色的比色杯洗干净。

【思考题】

1. 根据下列所给的条件和要求,选择一种或几种常用蛋白质定量方法测定蛋白质的浓度:①样品不易溶解,但要求结果较准确;②要求很迅速地测定一系列试管(30 支)中溶液的蛋白质浓度。

2. 本实验是基于生物活性染料与蛋白质的范德华力作用,利用比耳定律测定蛋白质浓度,该方法与以荧光标记法测定蛋白质含量有何区别?请问测定蛋白质浓度的方法还有哪些?

【拓展与应用】

单向聚丙烯酰胺凝胶电泳中常用的方法有:快速考马斯亮蓝染色,InstaStain Blue 凝胶纸染色,SYPRO Ruby 荧光染色。

【参考文献】

Richard J. Simpson, Proteins and Proteomics: A Laboratory Manual. Cold Spring Harbor Laboratory Press, 2002.

实验 5.2　原子荧光光谱法测定化妆品中铅含量

【实验目的】

1. 了解原子荧光光度计的结构、性能及操作方法。

2. 了解原子荧光光谱法测定化妆品中痕量铅的测定方法。

【基本原理】

原子荧光光谱法是通过测量待测元素的原子蒸气在辐射能激发下产生的荧光发射强度来测定元素的含量。

气态自由原子吸收特征波长辐射后，原子的外层电子从基态或低能级跃迁到高能级。经过约 10^{-8} s，又跃迁至基态或低能级，同时发射出与激发波长相同或不同的辐射，称为原子荧光。原子荧光分为共振荧光、直跃荧光、阶跃荧光等。

发射的荧光强度和原子化器中单位体积该元素的基态原子数成正比：

$$I_f = \varphi I_0 A \varepsilon L N \tag{5.2-1}$$

式中，I_f 为荧光强度；φ 为荧光量子效率，表示单位时间内发射光子数与吸收激发光光子数的比值，一般小于 1；I_0 为激发光强度；A 为荧光照射在检测器上的有效面积；L 为吸收光程长度；ε 为峰值摩尔吸光系数；N 为单位体积内基态原子数。

化妆品是清洁、美化和保护人们面部、皮肤及毛发等处的日常用品。化妆品的种类、数量较多，通常按生产过程并结合产品特点可分为以下几类：护肤类化妆品，如洗面奶、润肤乳液等；美容类化妆品，如唇膏、指甲油、胭脂等；香水类化妆品，如香水、花露水等；香粉类化妆品，如香粉、爽身粉等；美发类化妆品，如洗发香波、染发类等。

铅是一种重金属，在化妆品原料和成品中都有存在的可能。长期接触含铅量高的化妆品易引起人体慢性铅中毒。因此铅含量作为化妆品中的一个重要卫生项目，有非常严格的限量要求，目前常采用原子吸收分光光度法进行测定。本实验采用原子荧光光谱法测定化妆品中铅含量，该法相对于原子吸收分光光度法则检出限更低、精密度高、准确性好、方便快捷。

【仪器与试剂】

仪器：AFS220 双道原子荧光光度计　　灯电流 30mA，负高压 360V，炉温 800℃，原子化器高度 8.0mm，读数时间 10.0s；氩气流量，载气 400mL·min^{-1}，屏蔽气 800mL·min^{-1}；测量方法，统计测量；读数方式，峰面积。

试剂：盐酸羟胺溶液（120g·L^{-1}，取盐酸羟胺 12.0g 和氯化钠 12.0g 溶解于 100mL 水），盐酸（3mol·L^{-1}），硼氢化钾（20g·L^{-1}，称取 KOH 1.00g 溶于 200mL 水中，溶解后加入 KBH$_4$ 4.0g，过滤后备用），铁氰化钾-草酸溶液（溶解铁氰化钾 20g、草酸 4g 于 120mL 水中，稀释至 200mL），铅标准溶液（1μg·mL^{-1}）。

【实验步骤】

1. 绘制标准曲线

准确移取适量铅标准溶液，分别加入 3mol·L^{-1} 盐酸 1mL、铁氰化钾-草酸溶液 2mL，定容至 10mL，配制成 0，0.020μg·mL^{-1}，0.040μg·mL^{-1}，0.080μg·mL^{-1}，0.200μg·mL^{-1} 铅标样系列。以 20g·L^{-1} 硼氢化钾为还原剂，盐酸为载流，根据仪器操作规程，并按仪器分析条件，测定标样系列溶液，以荧光强度 I_f 为纵坐标，浓度 c（μg·mL^{-1}）为横坐标，绘制标准曲线。

2. 样品的测定

准确称取 0.4g 左右试样于 10mL 比色管中，同时做试剂空白。加硝酸（优级纯）1mL、过氧化氢（30%）2mL，混匀（如出现大量泡沫，可滴加数滴辛醇），于沸水中加热 2h；取出，加入盐酸羟胺溶液 0.5mL，放置 15～20min，冷却后，用去离子水定容至 10mL。用上述方法分别测定空白溶液及样品溶液的荧光强度。

3. 计算结果

$$w_{Pb} = (c_{样} - c_{空}) \times V/m_s \tag{5.2-2}$$

式中，w_{Pb} 为样品铅含量，$\mu g \cdot g^{-1}$；$c_{样}$ 为样品溶液铅浓度，$\mu g \cdot mL^{-1}$；$c_{空}$ 为空白溶液铅浓度，$\mu g \cdot mL^{-1}$；V 为定容体积，mL；m_s 为样品质量，g。

【结果与讨论】

1. 测定标准样品系列，绘制标准曲线。
2. 根据样品溶液和空白溶液的荧光强度，从标准曲线上找出对应的铅的浓度，计算该化妆品试样中的铅含量。

【注意事项】

1. 实验前应仔细了解仪器的结构及操作，以便实验能够顺利进行。
2. 安装进样针时应严格按照教师指导进行，防止损坏。
3. 测试完成后要吸蒸馏水测试几次，以清洗管路，然后打开泵管压块，松开泵管，擦拭滴漏的酸液。
4. 注意空心阴极灯前端石英玻璃窗的清洁，严禁用手触摸石英窗。

【思考题】

1. 在实验中通入氩气的作用是什么？
2. 试样中加入硝酸和过氧化氢的作用是什么？
3. 如何运用原子荧光法测定水样中硒？

【拓展与应用】

1. 目前国家统一规定测铅的化学方法是双硫腙单色法和双硫腙混色法。它广泛应用于食品、环卫、劳卫检验。由于样品不同，所配用来去除干扰的溶液的浓度各不相同，而且所配制的各种除干扰试剂，都必须分别用双硫腙氯仿溶液提取杂质铅。

2. 原子吸收法测定铅

试剂：硝酸，高氯酸，过氧化氢，硝酸和高氯酸混合，$1.000g \cdot L^{-1}$ 铅储备液，$100.000mg \cdot L^{-1}$ 铅标准液。

分析步骤：

(1) 样品预处理 运用湿式消解法，将试样加入混合酸由低温至高温加热消解，消解至冒白烟，消解液呈淡黄色或无色溶液。浓缩消解液至 1mL 左右，同时做一空白。冷却后定量转移至 10mL 具塞比色管中。

(2) 测定 移取 0.00、0.50mL、1.00mL、2.00mL、4.00mL、6.00mL 铅标准溶液（$10\mu g \cdot mL^{-1}$），分别置于 6 个 10mL 比色管中，用水调节至刻度。分别测定标准系列、空白、样品溶液。绘制浓度-吸光度曲线，计算样品含量。

【参考文献】

1. 张剑荣，戚苓，方惠群编. 仪器分析实验. 北京：科学出版社，1999.

2. 中国质量技术监督局职业技能鉴定指导中心组编. 化学检验. 北京：中国计量出版社，2001.

3. 测铅方法的改进见 http://www.cqvip.com/qk/96901A/200504/20064038.html.

4. http://www.c2cc.cn/news/tech/tech1/2005/12/7/3260.html.

实验 5.3　火焰原子吸收分光光度法测定废水中锌、铜和镉

【实验目的】

1. 通过对废水中三种微量元素的测定，掌握火焰原子吸收法的原理及仪器使用方法。
2. 掌握原子吸收光谱分析实验技术及标准曲线法在实际分析工作中的应用。

【基本原理】

1. 原子吸收光谱法

利用气态原子吸收同种原子发射出的特征光辐射后，电子由基态跃迁至激发态所产生的光谱进行分析的方法称为原子吸收光谱法。

原子吸收的测量：在确定条件下（雾化率、原子化率等一定时），吸光度 A 与试液中待测元素的浓度 c 成正比，$A=Kc$（原子吸收定量式）。

原子吸收光谱法是一种元素定量分析方法，它可以用于测定 70 多种金属元素和一些非金属元素的含量。

2. 标准曲线法（工作曲线法）

配制一系列不同浓度的待测元素标准溶液，在选定的条件下分别测定其吸光度，以测得的吸光度 A 为纵坐标，标准溶液浓度 c 为横坐标作图，得到 A-c 标准曲线（工作曲线）。再在相同条件下测定试液的吸光度 A_x，由标准曲线上就可求得待测元素的浓度 c_x 或含量。

注意：

① 配制标准溶液时，应尽量选用与试样组成接近的标准样品，并用相同的方法处理。如用纯待测元素溶液作标准溶液时，为提高测定的准确度。可放入定量的基体元素。

② 应尽量使得测定范围在 $T=30\%\sim90\%$ 之间（即 $A=0.2\sim0.7$），此时的测量误差较小。

③ 每次测定前必须用标准溶液检查，并保持测定条件的稳定。

④ 应扣除空白值，为此可选用空白溶液调零。

3. 原子吸收分光光度计

由光源、原子化系统、分光系统及检测显示系统四个部分构成。

（1）光源　应满足的条件：①能辐射出半宽度比吸收线半宽度还窄的谱线，并且发射线的中心频率应与吸收线的中心频率相同；②辐射的强度应足够大；③辐射光的强度要稳定，且背景小。一般常用空心阴极灯做光源。空心阴极灯是一种气体放电管，由钨棒构成的阳极和一个圆柱形的空心阴极，空心阴极是由待测元素的纯金属或合金构成，或者由空穴内衬有待测元素的其他金属构成。

（2）原子化系统　原子化器是原子化系统的主要部件，是将样品中的待测组分转化为基态原子的装置。可分为以下两大类。

① 火焰原子化器　利用气体燃烧形成的火焰来进行原子化的火焰型原子化系统称为火焰原子化器。

火焰的组成：空气-乙炔火焰，温度在 2500K 左右；N_2O-乙炔火焰，温度可达到 3000K

左右；空气-氢气火焰，最高温度 2300K 左右。

② 非火焰原子化法 常用的非火焰原子化法主要有电热高温石墨管原子化法和化学原子化法。

（3）分光系统 分光系统一般用光栅来进行分光。

（4）检测显示系统 检测系统包括检测器、放大器、对数转换器、显示器等几部分。

【仪器与试剂】

仪器：TAS-990 型原子吸收分光光度计，锌、铜、镉空心阴极灯，计算机，空气压缩机，乙炔气瓶，微量注射器，容量瓶，移液管，烧杯等。

试剂：锌、铜、镉标准储备液（NCS），硝酸（G. R.），高氯酸（G. R.），盐酸。

【实验步骤】

1. 标准溶液的配制

取铜、锌、镉标准储备液配制成一系列不同浓度的标准溶液，见表 5.3-2。

注：元素标准溶液浓度的大小可根据所取不同废水样而确定。

2. 待测溶液的配制

取废水样 100mL 放入 500mL 烧杯中，加入混合酸（硝酸-高氯酸 3:1），放置 24h 后，加热消解至剩余 2mL 左右，冷却后用盐酸（2:1）将盐类溶解并倒入 10mL 容量瓶中，加纯净水稀释至刻度，待测。

注：可采用微波消解处理样品。

3. 测定吸光度

按照仪器操作规程开起仪器，并在表 5.3-1 工作条件下测定锌、铜、镉标准溶液及试液的吸光度。

表 5.3-1 火焰-原子吸收分光光度计工作条件（TAS-990）

元素	工作灯电流 /mA	光谱带宽 /nm	负高压 /V	燃气流量 /mL·min^{-1}	燃烧器高度 /mm	燃烧器位置 /mm	波长 /nm
Cu	3.0	0.4	300	2000	6.0	1.0	324.8
Zn	3.0	0.4	280	2000	6.0	1.0	213.9
Cd	3.0	0.4	300	2000	6.0	1.0	228.8

【结果与讨论】

1. 绘制锌、铜、镉元素工作曲线，见表 5.3-2 和图 5.3-1。

表 5.3-2 Zn、Cu 和 Cd 标准溶液浓度和吸光值

Zn	浓度/µg·mL^{-1}	0.50	1.00	1.50	2.00
	吸光值(A)	0.124	0.255	0.375	0.502
Cu	浓度/µg·mL^{-1}	1.00	2.00	3.00	4.00
	吸光值(A)	0.229	0.485	0.718	0.937
Cd	浓度/µg·mL^{-1}	0.50	1.00	2.00	3.00
	吸光值(A)	0.0780	0.145	0.291	0.445

2. 测定待试液吸光度，由工作曲线求得废水中锌、铜、镉含量（µg·mL^{-1}）。

3. 计算相关系数，见表 5.3-3。

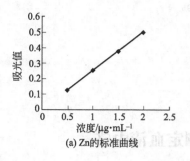
(a) Zn 的标准曲线

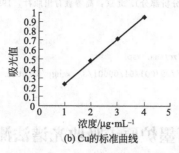
(b) Cu 的标准曲线

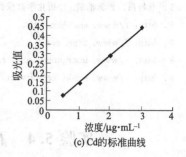
(c) Cd 的标准曲线

图 5.3-1　Zn、Cu 和 Cd 的标准曲线

表 5.3-3　Zn、Cu、Cd 的回归方程和相关系数

元　素	回　归　方　程	相 关 系 数
Zn	$y = 0.251x + 0.0002$	0.9999
Cu	$y = 0.2363x + 0.0012$	0.9994
Cd	$y = 0.1473x + 0.0003$	0.9996

【注意事项】

1. 进样时掌握好进样吸管在溶液中的位置，避免进样量忽高忽低，使测量数据不稳定。
2. 为防止废液排出管漏气，出口处要用水封。

【思考题】

1. 原子吸收分光光度计主要由哪些部分组成？各部分的功能是什么？
2. 火焰原子吸收法中有哪些干扰？如何抑制这些干扰？

【拓展与应用】

火焰原子吸收分光光度法具有快速、灵敏、准确、简便等特点，现已广泛用于农业、医药、卫生、食品及环境监测等方面的常量及微痕量元素分析。具体实例如下。

1. 火焰原子吸收分光光度法测定奶粉中钙的含量。实验中首先要掌握样品消化：准确称取奶粉 0.5～1.5g 于 250mL 高型烧杯内，加混合酸消化液 20～30mL。盖上表面皿，置于电热板上加热消化。若一次消化不完全，可再补加几毫升混合酸消化液消化直至样品溶液无色透明为止。加几毫升去离子水继续加热，待烧杯中的液体接近 2～3mL 时，取下冷却。用去离子水转移至 10mL 刻度试管中并用 2% 氧化镧溶液定容至刻度，摇匀，备用。同时取与消化样品相同量的混合酸消化液；按上述操作做试剂、空白试验测定。

2. 火焰原子吸收分光光度法测定水样中钙的含量。准确移取适量（视未知钙的浓度而定）自来水于 50mL 容量瓶中，用氧化镧定容至 50mL，摇匀。

3. 火焰原子吸收分光光度法还可测定水果中钙的含量。将水果依次用水、去离子水清洗干净，精确称取均匀样品 2.0～4.0g 按上述消化过程进行消化，用 2% 氧化镧溶液定容至 10mL 刻度试管中。

在相同的实验条件下，测定其吸光度值，并计算其含量。

【参考文献】

1. 北京师范大学化学系分析教研室编. 基础仪器分析实验. 北京：北京师范大学出版社，1985.
2. 山东大学、山东师范大学等高校合编. 仪器分析实验. 北京：化学工业出版社，2006.
3. 朱明华编. 仪器分析. 第 3 版. 北京：高等教育出版社，2006.
4. 华东理工大学化学系，四川大学化工学院编. 分析化学. 第 5 版. 北京：高等教育出版社，2003.

5．林树昌，曾泳淮编. 分析化学（仪器分析部分）. 北京：高等教育出版社，1996.

6．http：//www. analchem. cn/.

7．http：//www. 33ge. com/.

8．http：//www. instrument. com. cn/zc/aas. asp.

9．http：//www. scude. cc/software/08/09/001/01/00001/3 _ xshgp/3. html.

实验 5.4　石墨炉原子吸收光谱法测定血清中铬

【实验目的】

1. 掌握石墨炉原子吸收光谱法的原理及仪器使用方法。

2. 了解原子吸收实验分析技术及标准加入法在实际分析工作中的应用。

【基本原理】

1. 石墨炉原子吸收法

首先将试样置于石墨炉管中，利用程序升温先通小电流（100～120℃）干燥试样成固体；其次升温到 300～400℃进行样品灰化，即把复杂的物质分解为简单的化合物和使易挥发的成分排除掉；最后升温至约 2000～3000℃进行原子化。即利用石墨炉管进行原子化过程的原子吸收法称为石墨炉原子吸收法。

特点：石墨炉原子吸收法比火焰原子吸收法的分析灵敏度高几个数量级，原因是它的雾化效率和原子化效率相对高，待测液在光路中停留时间短，克服了火焰气体大量稀释的弱点。

石墨炉原子化器的原子化过程可分为：①干燥，去除溶剂，防止样品溅射；②灰化，使基体和有机物尽量挥发除去；③原子化，使待测组分化合物分解为基态原子；④净化，样品测定完成，高温去残渣，净化石墨管。

2. 标准加入法

将待测试样（浓度设为 c_x）分成等量的五份溶液，依次加入浓度为 0，c_o，$2c_o$，$3c_o$，$4c_o$ 的标准溶液（$c_o \approx c_x$），稀释到一定体积，此时，各溶液中待测元素的浓度分别为 c_x，$c_x + c_o$，$c_x + 2c_o$，$c_x + 3c_o$，$c_x + 4c_o$ 等，然后在一定仪器条件下测定吸光度。以加入待测元素的浓度为横坐标，对应的吸光度为纵坐标，绘制吸光度（A)-浓度（C）曲线，并延长曲线至与横坐标交于 c_x 点。此点与原点之间的距离，即为试样中待测元素的浓度，见图 5.4-1。

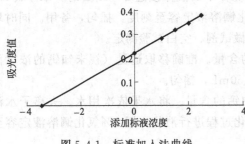

图 5.4-1　标准加入法曲线

注意事项：①曲线需线性良好；②至少做 4 个点；③本方法只消除基体效应，不消除分子和背景吸收；④曲线斜率小时误差较大。

【仪器与试剂】

仪器：TAS-990 型原子吸收分光光度计，GF-990 石墨炉电源，铜空心阴极灯，计算机，空气压缩机，乙炔气瓶，微量注射器，容量瓶，移液管，烧杯等。

试剂：铬标准储备液（NCS），硝酸（G. R.），高氯酸（G. R.），盐酸。

【实验步骤】

1. 铬标准溶液的配制

取铬标准储备液配制成浓度为 $0.5\mu g \cdot mL^{-1}$ 的铬标准溶液，备用。

2. 待测试液的配制

取样品 50mL 放入 250mL 烧杯中，加入混合酸（硝酸-高氯酸 3∶1）进行消解，用盐酸（2∶1）将盐类溶解并倒入 10mL 容量瓶中（或采用微波消解处理样品），加纯净水稀释至刻度，待测。

3. 标准加入法溶液的配制

取 5 个 10mL 容量瓶分别加入 2.00mL 的待测试液，依次加入 0.00mL、1.00mL、2.00mL、3.00mL、4.00mL 浓度为 $0.5\mu g \cdot mL^{-1}$ 的铬标准溶液，然后加纯净水稀释至刻度，待测。

4. 测定吸光度

按照仪器操作规程开起仪器，并按表 5.3-1 分析条件及表 5.4-1 石墨炉测定 Cr 元素升温程序，测定 Cr 标准溶液和试液的吸光度。

表 5.4-1　Cr 元素石墨炉升温程序

阶　段	测定 Cr 的升温程序			阶　段	测定 Cr 的升温程序		
	温度/℃	升温时间/s	保持时间/s		温度/℃	升温时间/s	保持时间/s
干燥	120	10	10	原子化	2200	0	3
灰化	400	10	10	清洗	2400	1	1

【结果与讨论】

1. 绘制标准加入法曲线，由曲线确定试液中铬的含量（$\mu g \cdot mL^{-1}$），参见图 5.4-1。

2. 计算相关系数。回归方程：$A = 0.0673c + 0.1029$，相关系数（R^2）$= 0.9999$。

3. 可做检出限、稳定性试验及回收率试验。

【注意事项】

1. 启动仪器后要预热 $20 \sim 30min$，待仪器处于稳定状态时测定。

2. 在石墨炉管上点样时要选择最佳位置，利于样品充分原子化。

3. TAS-990 型原子吸收分光光度计石墨炉加热时：干燥温度 $100 \sim 200℃$，升温时间 $5 \sim 20s$，保持时间 $5 \sim 20s$，气路流量设置为大；灰化温度 $200 \sim 2000℃$ 之间，根据待测元素确定，升温时间 $1 \sim 15s$，保持时间 $5 \sim 15s$，气路流量设置为大；原子化温度 $1400 \sim 2700℃$ 之间，根据待测元素确定，升温时间 $0 \sim 1s$，保持时间 $2 \sim 5s$，气路流量必须设置为关；净化温度略高于或等于原子化温度，升温时间 $0 \sim 1s$，保持时间 $1 \sim 2s$，气路流量设置为大。

【思考题】

1. 石墨炉原子化器的灵敏度为什么比火焰原子化器高？

2. 空心阴极灯的构造及发光机理是什么？

【拓展与应用】

石墨炉原子吸收光谱法在生化样品分析中应用较广泛，可按照实验 5.4 设计以石墨炉原子吸收光谱法测定牛奶中微量元素铜的实验方案。

【参考文献】

1. 北京师范大学化学系分析教研室编. 基础仪器分析实验. 北京：北京师范大学出版社，1985.

2．山东大学、山东师范大学等高校合编. 仪器分析实验. 北京：化学工业出版社，2006.

3．朱明华. 仪器分析. 第3版. 北京：高等教育出版社，2006.

4．华东理工大学化学系、四川大学化工学院编. 分析化学. 第5版. 北京：高等教育出版社，2003.

5．林树昌，曾泳淮编. 分析化学（仪器分析部分）. 北京：高等教育出版社，1996.

6．http：//www. analchem. cn/.

7．http：//www. 33ge. com/.

8．http：//www. instrument. com. cn/zc/aas. asp.

9．http：//www. scude. cc/software/08/09/001/01/00001/3 _ xshgp/3. html.

附 I：TAS-990 火焰型原子吸收操作步骤

1. 开机顺序

①打开抽风设备；②打开稳压电源；③打开计算机电源，进入 Windows 桌面系统；④打开 TAS-990 火焰型原子吸收主机电源；⑤双击 TAS-990 程序图标"AAwin"，选择"联机"，单击"确定"，进入仪器自检画面。等待仪器各项自检"确定"后进行测量操作。

2. 测量操作步骤

(1) 选择元素灯及测量参数

①选择"工作灯（W）"和"预热灯（R）"后单击"下一步"；②设置元素测量参数，可以直接单击"下一步"；③进入"设置波长"步骤，单击寻峰，等待仪器寻找工作灯最大能量谱线的波长，寻峰完成后，单击"关闭"，回到寻峰画面后再单击"关闭"；④单击"下一步"，进入完成设置画面，单击"完成"。

(2) 设置测量样品和标准样品

①单击"样品"，进入"样品设置向导"主要选择"浓度单位"；②单击"下一步"，进入标准样品画面，根据所配制的标准样品设置标准样品的数目及浓度；③单击"下一步"，进入辅助参数选项，可以直接单击"下一步"；单击"完成"，结束样品设置。

(3) 点火步骤

①选择"燃烧器参数"输入燃气流量为 1500 以上。②检查废液管内是否有水。③打开空压机，观察空压机压力是否达到 0.25MPa。④打开乙炔，调节分表压力为 0.05MPa；用发泡剂检查各个连接处是否漏气。⑤单击点火按键，观察火焰是否点燃；如果第一次没有点燃，请等 5~10s 再重新点火。⑥火焰点燃后，把进样吸管放入蒸馏水中，单击"能量"，选择"能量自动平衡"调整能量到 100%。

(4) 测量步骤

① 标准样品测量　把进样吸管放入空白溶液，单击 校零 键，调整吸光度为零；单击 测量 键，进入测量画面（在屏幕右上角），依次吸入标准样品（必须根据浓度从低到高的测量）。注意：在测量中一定要注意观察测量信号曲线，直到曲线平稳后再按测量键"开始"，自动读数 3 次完成后再把进样吸管放入蒸馏水中，冲洗几秒钟后再读下一个样品。做完标准样品后，把进样吸管放入蒸馏水中，单击"终止"按键。把鼠标指向标准曲线图框内，单击右键，选择"详细信息"，查看相关系数 R 是否合格。如果合格，进入样品测量。

② 样品测量　把进样吸管放入空白溶液，单击 校零 键，调整吸光度为零；单击 测量

键，进入测量画面（屏幕右上角），吸入样品，单击"开始"键测量，自动读数 3 次完成一个样品测量。注意事项同标准样品测量方法。

③ 测量完成　如果需要打印，单击"打印"，根据提示选择需要打印的结果；如果需要保存结果，单击"保存"，根据提示输入文件名称，单击"保存（S）"按钮。以后可以单击"打开"调出此文件。

（5）结束测量

① 如果需要测量其他元素，单击"元素灯"，操作同上（2. 测量操作步骤）。

② 如果完成测量，一定要先关闭乙炔，等到计算机提示"火焰异常熄灭，请检查乙炔流量"；再关闭空压机，按下放水阀，排除空压机内水分。

3. 关机顺序

① 退出 AAwin 程序：单击右上角"关闭"按钮（ X ），如果程序提示"数据未保存，是否保存"，根据需要选择，一般打印数据后可以选择"否"，程序出现提示信息后单击"确定"退出程序。

② 关闭主机电源，罩上原子吸收仪器罩。

③ 关闭计算机电源、稳压器电源。15min 后再关闭抽风设备；关闭实验室总电源，完成测量工作。

注意事项：此"操作步骤"只是简单操作顺序，具体操作步骤和详细内容请参考说明书的相关内容。由于原子吸收在分析过程中会有很多干扰因素，请查阅相关手册和资料！

附 Ⅱ：TAS-990（石墨炉）操作规程

1. 开机

打开电源（稳压器），依次打开计算机电源，自动启动 Windows 后，再打开仪器电源开关。

2. 初始化

启动 AAWIN 系统，将弹出运行模式对话框：联机、脱机、退出，选择你所需要的运行模式，一般用户选择联机就可以了。系统很快就会进入初始化，初始化成功"OK"（确定）。每次开机都必须经过初始化才能控制仪器。

3. 寻峰

① 初始化后出现元素灯选择窗口，如需更改元素灯可以根据需要进行选择，具体详见《使用手册》。

② 选择元素灯后系统将会弹出调整元素灯参数对话框，根据需要进行相关的参数设置。设置好参数后，下一步进行相应的元素灯寻峰。

③ 单击"寻峰"按钮对当前工作波长进行寻峰。当需要对当前元素的其他特征波长进行寻峰，可在"特征谱线"下拉框中选择相应的波长。当寻峰结果，波长超差±0.3nm。可以进行【应用】/【波长校正】。

（注：一般情况下，请不要频繁地进行波长校正，只需在仪器的物理位置和工作环境发生变化、重新安装 AA 软件时，对波长进行校正。）

4. 石墨炉调整

寻峰结束后，程序进入了系统测试状态，选择系统菜单"仪器"下的"原子化器位置"调节滚动条，单击"执行"并观察能量使能量达到最大值，达到能量最大值后单击"确定"。再调节原子化器的上下位置。亦使能量达到最大。（注：在火焰状态下寻峰切换到石墨炉后能量最好能够达到 80% 左右，一般情况下可以少量调节原子化器高度观察能量是否增加，如果低于 40% 请检查石墨炉是否有挡光物，位置和高度是否调节到最佳，石墨管是否安装正常。）

5. 相关设置

① 元素灯电机与波长电机"＋"、"－"正反转电机到能量最大，再选择"能量自动平衡"调整能量到 100% 左右。

② 单击"参数设置"选择"信号处理"。选择计算方式峰高、滤波系数 0.1。

③ 石墨炉加热程序设置：选择"加热"快捷键根据样品的需要，具体设置各步加热条件（干燥、灰化、原子化、净化温度），冷却时间至少 30s 以上，具体设置数值请查询分析手册或说明书。

④ 设置测量样品和标准样品。

6. 测量步骤

先打开石墨炉电源，打开氩气，打开水源，测量前先点击"开始"，空烧一下。

① 标准样品测量：用微量进样器吸入 10μL 各个标准样品，单击"测量"键，进入测量画面，单击"开始"键测量，完成一个个标准样品的测量。

② 样品测量，用微量进样器吸入 10μL 样品，单击"测量"键，进入测量画面，单击"开始"键测量。

7. 结束测量

① 如果需要测量其他元素，单击"元素灯"操作如上。

② 完成测量后，请关闭氩气、水源、电源，切换回火焰状态。

8. 关机时退出 AA 系统，再关闭主机，最后关闭电源。

另：本操作规程仅供参考，详细请参照《使用说明书》。

实验 5.5　ICP-AES 法测定矿泉水或水源水中微量元素

【实验目的】

1. 掌握电感耦合等离子体发射光谱（ICP-AES）法的基本原理。
2. 了解 ICP-AES 光谱仪的基本结构。
3. 掌握 ICP-AES 法测定水中微量元素的方法。

【基本原理】

水是生命之源，水质的好坏直接影响到人体健康。水中含有多种微量元素，有益元素含量高有利于身体健康，而有害元素超标则损害人们身体健康。随着社会的发展，人们开始饮用洁净方便的矿泉水及纯净水。但在我国广大农村，大部分地区饮用地下水，地下水中所含的微量元素是否符合国家标准目前已引起了人们的关注。传统的分析方法不能同时测定水中多种微量元素。矿泉水及水源水中微量元素的测定，多用化学法、原子吸收法、ICP-AES

法等。化学法和原子吸收法只能单元素逐个测定，分析速度慢，效率低下。ICP 的高激活效率使许多元素有较低的最低检测质量浓度，这一特点与较宽的动态线性范围，使金属多元素测定成为可能。ICP-AES 法具有多元素同时测定，分析速度快，线性范围宽等优点。

在原子发射光谱定量分析中，谱线强度 I 与待测元素浓度 c 存在下列关系：

$$I = Kc^b \tag{5.5-1}$$

式中，常数 K 与光源参数、进样系统、试样的蒸发激发过程以及试样的组成等有关；b 为自吸系数，低浓度时 $b=1$，而在高浓度时 $b<1$，曲线发生弯曲。因此在一定的浓度范围内谱线强度与待测元素浓度具有很好的线性关系。

光谱定量测定方法包括校准曲线法、标准加入法以及内标法进行。

我国目前对饮用水中有害元素镉的限量标准为 $\leq 5ng \cdot mL^{-1}$。

【仪器与试剂】

仪器：SPECTRO-ICP-AES 光谱仪；射频发生器，最大输出功率为 2.5kW，频率为 27.12MHz；工作线圈，3 匝中空紫铜管；等离子炬管，三层同心石英管，可拆卸式，外管内径 17mm，中管外径 16mm，内管喷口直径 1.5mm；等离子气（冷却气），氩气，流速 $12\sim14L \cdot min^{-1}$；辅助气，氩气，流速 $0.5\sim1L \cdot min^{-1}$；载气（雾化气），氩气，流速约 $1L \cdot min^{-1}$；观测高度，工作线圈以上 $10\sim20mm$ 处；雾化器，玻璃同心雾化器；雾化室，双管式可加热雾室。

试剂：空白溶液为 1% HNO_3 溶液；$1\sim5$ 号标准样品，含等浓度 Ca、Si、Mg、Sr、Li、Zn，分别为 $1.0g \cdot mL^{-1}$、$3.0g \cdot mL^{-1}$、$5.0g \cdot mL^{-1}$、$7.0g \cdot mL^{-1}$、$10.0g \cdot mL^{-1}$；样品溶液，市售矿泉水或水源水，加 1% HNO_3（分析纯）酸化。实验用水均为重蒸水。

【实验步骤】

本实验选用固定通道进行 Ca、Si、Mg、Sr、Li、Zn 元素的同时测定。

1. 测试前的准备工作

(1) 最佳操作条件　包括射频功率、观测位置、雾化气流速和等离子气流速等参数。

(2) 光学系统校准　在等离子体点着的前提下，将进样管插入含 Cr、Ca、S、Na 4 种元素的多道校准溶液，进行多色仪扫描系统的校准。

2. 元素峰形扫描

将进样管插入含有所测 6 种元素的 $10g \cdot mL^{-1}$ 的混合标准溶液，在多色仪中进行元素峰形扫描并进行峰形存储。

3. 标准样品的测量

将进样管依次分别插入空白溶液及 5 个混合标准溶液并测量。

4. 试样分析

将进样管插入酸化的矿泉水或水源水溶液并测量。

【结果与讨论】

1. 作出标准样品的校准曲线。

2. 分别求出矿泉水中 Ca、Si、Mg、Sr、Li、Zn 浓度（$g \cdot mL^{-1}$）。

【注意事项】

1. 应按高压钢瓶安全操作规定使用高压氩气钢瓶。

2. 仪器室排风良好，等离子炬焰中产生的废气或有毒蒸气应及时排除。

3. 点燃等离子体后，应尽量少开屏蔽门，以防高频辐射伤害身体。

4. 定期清洗炬管及雾室。

【思考题】

1. 仪器的最佳化过程有哪些重要参数？作用如何？

2. ICP-AES法定量测定的依据是什么？怎样实现这一测定？

3. 什么是等离子气与雾化气？其作用是什么？

【拓展与应用】

电感耦合等离子体发射光谱（ICP-AES）法应用非常广泛，可同时测定多种微量金属元素。除用于本实验水样中微量元素的分析，还可用于环境样，如沉积物、土壤；食品样，如饮料中微量金属元素的分析。

【参考文献】

1. 北京大学化学系分析化学教学组编. 基础分析化学实验. 北京：北京大学出版社，1998.

2. 四川大学化工学院，浙江大学化学系编. 分析化学实验. 第 3 版. 北京：高等教育出版社，2003.

3. http：//qun. 51. com/d460421056/topic. php？pid=809.

4. http：//www. instrument. com. cn/bbs/images/upfile/200552518405. pdf.

实验 5.6　紫外吸收光谱法测定水中的总酚

【实验目的】

1. 掌握紫外可见分光光度计的基本结构和使用方法。

2. 掌握测定紫外吸收光谱曲线的波长选择、吸收曲线以及标准曲线的绘制。

【基本原理】

酚类污染是国家规定的主要监测项目之一。目前，国家规定的环境监测分析方法标准中，酚类的分析方法很多，各国普遍采用的为 4-氨基安替比林光度法，高浓度含酚废水可采用溴化容量法，此法尤适于车间排放口或未经处理的总排污口废水监测。气相色谱法则可以测定个别组分的酚。

具有不饱和结构的有机化合物，特别是芳香族化合物，在近紫外区 200～400nm 有特征吸收。苯酚在此范围内有 3 个吸收峰，但吸收峰形状不对称，且灵敏度低，加入氢氧化钠后，羟基上的氢完全电离，氧原子与苯环的共轭作用加强，引起吸收带位移，吸收强度增加，能够满足水溶液中酚类的定量测定。

以同一个水样酸化后作参比液，碱化后作测定液，用 1cm 石英比色皿在 287nm 处可测定含酚量较高的水样。

【仪器与试剂】

仪器：Spectrum 756 型紫外可见分光光度计（附 1cm 石英比色皿 1 套），2mL 移液管 1 支，10mL 容量瓶若干只。

试剂：$0.05mol \cdot L^{-1}$ NaOH 水溶液，$0.0025mol \cdot L^{-1}$ HCl 水溶液，$0.250mg \cdot mL^{-1}$ 苯酚标准溶液：准确称量 25.0mg 分析纯苯酚，用少量不含酚蒸馏水溶解，移入 100mL 容量

瓶中，并稀释至刻度，混匀。

【实验步骤】

1. 开机

开机仪器完成自检后，按"MODE"，选择吸光度"A"。按"△"或"▽"将波长设定在待测范围内，预热 20min。

2. 测定吸收光谱，选择测量波长

① 用移液管移取 0.8mL 0.250mg·mL^{-1}苯酚标准溶液两份，分别放入 10mL 容量瓶中，并分别用 0.05mol·L^{-1} NaOH 和 0.0025mol·L^{-1} HCl 溶液稀释至 10mL，摇匀。

② 以酸性标样作参比，按"100％ T"，自动调至 $A=0.000$。以碱性标样作测定样，用 1cm 石英比色皿，在波长 280～320nm 范围内测定各点的吸光度，并记录。以吸光度为纵坐标，波长为横坐标绘制吸收光谱，并选择最大吸收波长为以下测定的测量波长。

3. 绘制标准曲线

用移液管分别吸取 0.00mL、0.40mL、0.80mL、1.20mL、1.60mL 和 2.00mL 0.250mg·mL^{-1}苯酚标准溶液各两份，分别放入 10mL 容量瓶中（请编上序号）并用 0.05mol·L^{-1} NaOH 和 0.0025mol·L^{-1} HCl 溶液稀释至 10mL，摇匀。此苯酚标准溶液系列对应的浓度为 0.00、10.0μg·L^{-1}、20.0μg·L^{-1}、30.0μg·L^{-1}、40.0μg·L^{-1} 和 50.0μg·L^{-1}。同样以酸性标样作参比，碱性标样作测定样，在选定的测量波长处测定各自的吸光度，作记录。以苯酚标准溶液的含量（μg·mL^{-1}）为横坐标，对应的吸光度值为纵坐标绘制标准曲线。

4. 水样的测定

含酚水样两份，一份酸化水样为参比，另一份碱化水样作测定样，在选定波长处测定吸光度，然后在标准曲线上查出对应水样中的总酚含量（μg·L^{-1}）。

【结果与讨论】

1. 记录各步测量数据。

2. 绘制吸收光谱曲线，并选择测量波长。

3. 绘制标准曲线，并由曲线上查得的数据求算水样中总酚含量（μg·L^{-1}）。

【注意事项】

1. 测定吸收光谱时，在 280～290nm 范围内间隔 2nm 或 1nm，在 290nm 后可间隔 5nm；每改变一次波长，都应该用参比溶液调"100％ T"为 100，A 为 0.00。

2. 试样和标准溶液的测定条件应保持一致。

3. 小心不要打破石英比色皿；比色皿光学玻璃面要用镜头纸擦拭。

4. 绘制吸收曲线或标准曲线应使用方格坐标纸或作图软件。

【思考题】

1. 本实验中为什么使用石英比色皿而不能使用玻璃比色皿？

2. 测定时如何选择参比溶液？

【拓展与应用】

紫外光谱法应用酚类化合物测定应用广泛。不仅用于水样中酚类化合物的测定，还可用于其他环境样，如土壤中酚类化合物的分析。

【参考文献】

1．北京师范大学化学系分析教研室编. 基础仪器分析实验. 北京：北京师范大学出版社，1985.

2．隽英华，武志杰，陈利军. 基于紫外吸收光谱的酚类衍生物含量检测研究. 光谱学与光谱分析，2009，29：2232.

3．http://www.sepa.gov.cn/image20010518/2428.pdf.

4．http://hi.baidu.com/limengdalian/blog/item/aaf99f1f0c5904cea6866936.html.

实验5.7　分光光度法测定铬和钴的混合物

【实验目的】

学习用分光光度法测定有色混合物组分的原理和方法。

【基本原理】

当混合物两组分 M 和 N 的吸收光谱互不重叠时，只要分别在波长 λ_1 和 λ_2 处测定试样

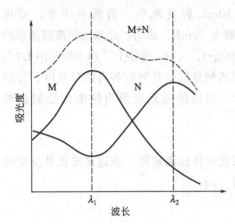

图 5.7-1　两组分混合物的吸收光谱

溶液中的 M 和 N 的吸光度，就可以得到其相应含量。若 M 及 N 的吸收光谱互相重叠，如图 5.7-1 所示，则可根据吸光度的加和性质在 M 和 N 的最大吸收波长 λ_1 和 λ_2 处测量总吸光度 $A_{\lambda_1}^{M+N}$ 及 $A_{\lambda_2}^{M+N}$。

假如采用 1cm 比色皿，则可由下列方程式求出 M 及 N 的组分含量：

$$A_{\lambda_1}^{M+N}=A_{\lambda_1}^{M}+A_{\lambda_1}^{N}=\varepsilon_{\lambda_1}^{M}c_M+\varepsilon_{\lambda_1}^{N}c_N \tag{5.7-1}$$

$$A_{\lambda_2}^{M+N}=A_{\lambda_2}^{M}+A_{\lambda_2}^{N}=\varepsilon_{\lambda_2}^{M}c_M+\varepsilon_{\lambda_2}^{N}c_N \tag{5.7-2}$$

解此联立方程，得

$$c_M=\frac{A_{\lambda_1}^{M+N}\varepsilon_{\lambda_2}^{N}-A_{\lambda_2}^{M+N}\varepsilon_{\lambda_1}^{N}}{\varepsilon_{\lambda_1}^{M}\varepsilon_{\lambda_2}^{N}-\varepsilon_{\lambda_2}^{M}\varepsilon_{\lambda_1}^{N}} \tag{5.7-3}$$

$$c_N=\frac{A_{\lambda_1}^{M+N}-\varepsilon_{\lambda_1}^{M}c_M}{\varepsilon_{\lambda_1}^{N}} \tag{5.7-4}$$

式中，$\varepsilon_{\lambda_1}^{M}$、$\varepsilon_{\lambda_2}^{M}$、$\varepsilon_{\lambda_1}^{N}$、$\varepsilon_{\lambda_2}^{N}$ 分别代表组分 M 及 N 在 λ_1 和 λ_2 处的摩尔吸光系数。

本实验中测 Cr 和 Co 的混合物。分别配制 Cr 和 Co 的系列标准溶液，在 λ_1 和 λ_2 处分别测量 Cr 和 Co 系列标准溶液的吸光度，并绘制标准曲线，两标准曲线的斜率即为 Cr 和 Co 在 λ_1 和 λ_2 处的摩尔吸光系数，代入式(5.7-3)，式(5.7-4) 即可求出 Cr 和 Co 的浓度。

【仪器与试剂】

仪器：722 型分光光度计，50mL 比色管 9 只，10mL 吸量管 2 支，5mL 吸管 1 支。

试剂：$0.700mol \cdot L^{-1}$ $Co(NO_3)_2$ 溶液，$0.200mol \cdot L^{-1}$ $Cr(NO_3)_3$ 溶液。

【实验步骤】

1. 溶液的配制

取 4 个 50mL 比色管，分别加入 2.50mL，5.00mL，7.50mL，10.00mL 浓度为 $0.700mol \cdot L^{-1}$ $Co(NO_3)_2$ 溶液。另取 4 只 50mL 比色管，分别加入 2.50mL，5.00mL，7.50mL，10.00mL 浓

度为 $0.200\text{mol}\cdot\text{L}^{-1}$ Cr(NO$_3$)$_3$ 溶液，皆用蒸馏水稀释至刻度，摇匀。

2. 测绘 Co(NO$_3$)$_2$ 和 Cr(NO$_3$)$_3$ 溶液的吸收光谱，并确定 λ_1 和 λ_2。

取步骤 1 配制的 Co(NO$_3$)$_2$ 和 Cr(NO$_3$)$_3$ 溶液各一份，以蒸馏水为参比，从 420nm 到 700nm，每隔 20nm 测一次吸光度（在吸收峰附近可多测几点），分别绘制 Cr^{3+} 和 Co^{2+} 的吸收曲线，并由曲线上找出 λ_1 和 λ_2。

3. 标准曲线的绘制

以蒸馏水为参比，在 λ_1 和 λ_2 处分别测定步骤 1 配制的 Co(NO$_3$)$_2$ 和 Cr(NO$_3$)$_3$ 系列标准溶液的吸光度，并分别绘制二者的标准曲线。

4. 未知试液的测定

取一个 50mL 比色管，加入 5.00mL 未知试液，用蒸馏水稀释至刻度，摇匀。在波长 λ_1 和 λ_2 处测量试液的吸光度 $A_{\lambda_1}^{\text{Cr}+\text{Co}}$ 和 $A_{\lambda_2}^{\text{Cr}+\text{Co}}$。

【结果与讨论】

1. 绘制 Cr^{3+} 和 Co^{2+} 的吸收曲线，并确定 λ_1 和 λ_2。

2. 分别绘制 Cr^{3+} 和 Co^{2+} 在 λ_1 和 λ_2 下 4 条标准曲线，并求出 $\varepsilon_{\lambda_1}^{\text{Cr}}$，$\varepsilon_{\lambda_2}^{\text{Cr}}$，$\varepsilon_{\lambda_1}^{\text{Co}}$，$\varepsilon_{\lambda_2}^{\text{Co}}$。

3. 由测得的未知试液 $A_{\lambda_1}^{\text{Cr}+\text{Co}}$ 和 $A_{\lambda_2}^{\text{Cr}+\text{Co}}$，求出未知试样中 Cr^{3+} 和 Co^{2+} 的浓度。

【注意事项】

作吸收曲线时，每改变一次波长，都应该用空白溶液调"100%T"，A 为 0。

【思考题】

1. 同时测定两组分混合液时，如何选择吸收波长？

2. 若同时测定三组分混合液，怎么办？

【拓展与应用】

分光光度法在处理二元有色混合溶液的定量问题时还可使用双波长分光光度法，能否采用此法设计铬、钴混合溶液的定量分析。

【参考文献】

1. 李卫华. 中级化学实验. 成都：西南交通大学出版社，2008.

2. 张剑荣，余晓冬，屠一锋等. 仪器分析实验. 第 2 版. 北京：科学出版社，2009.

实验 5.8　邻二氮菲分光光度法测定铁

【实验目的】

1. 了解 721 型分光光度计的性能、结构及其使用方法。

2. 学会绘制吸收曲线和标准曲线的方法。

3. 掌握邻二氮菲分光光度法测定试样中微量铁的原理和操作方法。

【实验原理】

邻二氮菲是光度法测定微量铁的一种较好试剂，phen 为其简式。在 pH＝2～9 的条件下，Fe^{2+} 与 phen 生成极稳定的橘红色配合物。反应式如下：

$$3phen + Fe^{2+} \longrightarrow [Fe(phen)_3]^{2+}$$

此配合物的 $lgK_{稳} = 21.3$，$\varepsilon_{510nm} = 1.1 \times 10^4 \, L \cdot mol^{-1} \cdot cm^{-1}$。

在显色前，首先用盐酸羟胺将 Fe^{3+} 还原为 Fe^{2+}，测定时控制溶液酸度 pH＝5 左右。酸度高时，反应进行慢；反之，Fe^{2+} 易水解，影响显色。Bi^{3+}、Cd^{2+}、Hg^{2+}、Ag^+、Zn^{2+} 等离子与显色剂生成沉淀，Ca^{2+}、Cu^{2+}、Ni^{2+} 等离子与显色剂形成有色配合物，因此，当有这些离子共存时，应注意它们的干扰作用。

用 721 型分光光度计进行试样测定时，比色皿的尺寸是一定的（即液层厚度是一定的），当一束平行光通过有色溶液时，溶液对光的吸收程度便与溶液的浓度成正比，即 $A = \varepsilon bc$，朗伯-比耳定律是光度法定量测定的理论依据。

光度法测定物质含量时应注意的条件主要是显色反应的条件和测量吸光度的条件。显色反应的条件有显色剂的用量、介质的酸度、显色时溶液的温度、显色时间及干扰物质的消除方法等；测量吸光度的条件包括应选择的入射光波长、吸光度范围、参比溶液等。本实验选做最大吸收波长的选择部分。

配制系列标准被测成分的显色液，测定其吸光度，绘制出标准曲线。再测出与试样溶液同法操作的显色液的吸光度，从标准曲线上查得被测组分的含量。

系列标准溶液被测成分的显色液和试样溶液的显色液在浓度上应选择恰当，尽量使试液的的显色液的吸光度值处于标准曲线的中段，以减小测量误差。

【仪器与试剂】

仪器：分光光度计（721 型），容量瓶（50mL，每组 7 只），烧杯，吸量管（10mL、每组 4 支），洗耳球，洗瓶。

试剂：铁标液（$100\mu g \cdot mL^{-1}$、$10\mu g \cdot mL^{-1}$），盐酸羟胺 10％（临用时配制），邻二氮菲溶液 0.1％（新配制），NaAc 溶液（$1mol \cdot L^{-1}$）。

【实验步骤】

1. 制备系列标准显色液

在已编号的六只 50mL 容量瓶中分别移取 0.00、2.00mL、4.00mL、6.00mL、8.00mL、10.00mL 的 $10\mu g \cdot mL^{-1}$ 铁标准溶液，然后各加入 1mL 10％盐酸羟胺溶液，摇匀，经 2min 后，再各加入 3mL 0.1％邻二氮菲溶液，5mL $1mol \cdot L^{-1}$ NaAc 溶液，以去离子水定容，摇匀。

2. 绘制吸收曲线

以 1 号试剂空白为参比溶液，用 721 型分光光度计测定 4 号显色液在不同波长下的吸光度。用 1cm 比色皿，波长从 440～570nm，每隔 10nm 测定一次吸光度。在 510nm 附近每隔 5nm 测定一次。以波长为横坐标，吸光度为纵坐标，在坐标纸上绘制吸收曲线，标明最大吸收波长。

注意：每改变一次波长都必须调 0 和"100％T"，然后再测定吸光度。

3. 绘制标准曲线

在 721 型分光光度计上，用 1cm 比色皿，在最大吸收波长（510nm）处，以 1 号试剂空白为参比溶液，用分光光度计测定 2 号、3 号、4 号、5 号、6 号显色液吸光度，以铁含量为横坐标，吸光度为纵坐标，在坐标纸上绘制标准曲线。

4. 未知液中铁含量的测定

吸取 10.00mL 未知液代替标准溶液，其他步骤同上制备显色液，测定吸光度。由未知液的吸光度在标准曲线上查出 10.00mL 试液中的铁含量,然后以每毫升试液中含铁多少微克表示结果。

【结果与讨论】

1. 数据记录

实验数据记录见表 5.8-1 和表 5.8-2。

分光光度计型号_____;编号_____;比色皿厚度_____。

表 5.8-1　吸收曲线测定数据

λ/nm	440	450	460	470	480	490	500	505
A								
λ/nm	510	515	520	530	540	550	560	570
A								

表 5.8-2　标准曲线测定数据

容量瓶编号	1	2	3	4	5	6	未知液
$V_{标液}/mL$	0.00	2.00	4.00	6.00	8.00	10.00	10.00
$m_{铁}/\mu g$	0.00	20.00	40.00	60.00	80.00	100.0	m_s
吸光度 A							

2. 绘制吸收曲线

以波长为横坐标,吸光度为纵坐标,在坐标纸上绘制吸收曲线,标明最大吸收波长。

3. 绘制标准曲线

以铁含量为横坐标,吸光度为纵坐标,在坐标纸绘制标准曲线。由试样溶液的吸光度,从标准曲线上查得被测试样中铁的含量 m_s。

$$(\mu g \cdot mL^{-1}) = m_s/V$$

计算:未知液含铁量

式中,V 为未知液的取样体积;m_s 为未知液中的铁含量。

【思考题】

1. 在本实验的各项测定中,加入哪些试剂的体积要比较准确,而哪些试剂的加入量不必准确量度?

2. Fe^{3+} 标准溶液在显色前加盐酸羟胺的目的是什么?

3. 溶液的酸度控制多少为宜?为什么?

4. 从实验测出的吸光度求铁含量的根据是什么?如何求得?

5. 如果试液测得的吸光度不在标准曲线范围之内怎么办?

实验 5.9　有机化合物红外光谱的测定与结构分析

【实验目的】

1. 掌握溴化钾压片法制备固体样品和液膜法制备液体样品的方法。

2. 掌握红外光谱仪的基本结构和使用方法。

3. 学会简单有机化合物红外光谱图的解析。

【基本原理】

利用物质的分子对红外辐射的吸收，得到与分子结构相应的红外光谱图，从而来鉴别分子结构的方法，称为红外吸收光谱法 (infrared absorption spectrometry, IR)。物质分子中的各种不同基团，在有选择地吸收不同频率的红外辐射后，发生振动能级之间的跃迁，形成具有鲜明特征性的红外吸收光谱。由于其谱带的数目、位置、形状和强度均随化合物及其聚集状态的不同而不同，因此，根据化合物的光谱，就可以像辨别人的指纹一样，确定该化合物中可能存在的某些官能团，进而推断未知物的结构。当然，如果分子比较复杂，还需要结合其它实验数据（如紫外光谱、核磁共振谱以及质谱等）来推断有关化合物的化学结构。最后可通过与未知样品相同测定条件下得到的标准样品的谱图或查阅标准谱图集（如"萨特勒"红外光谱图集）进行比较分析，作进一步证实。

对固体样品的测试，其制样是采用压片法。将固体样品与卤化碱（通常是 KBr）混合研细，并压成透明片状，然后放进红外光谱仪中进行分析，这种方法就是压片法。压片法所用碱金属的卤化物应尽可能的纯净和干燥，试剂纯度一般应达到分析纯，可以用的卤化物有 NaCl、KCl、KBr、KI 等。由于 NaCl 的晶格能较大不易压成透明薄片，而 KI 又不易精制，因此大多采用 KBr 或 KCl 作样品载体。

压片模具每使用一次都要清洗。用镊子夹着潮湿的纸巾或镜头纸将压片模具里面残留的溴化钾擦掉，然后用洗耳球吹干。如果模具里面残留有溴化钾，在压另一个片时很难将压杆从模具中拔出来。溴化钾长期残留在压片模具中，吸潮后会腐蚀模具。因此，压片工作结束后，一定要将压片模具擦洗干净，并将其保存在干燥器中。

由于氢键的作用，苯甲酸通常以二分子缔合体的形式存在。只有在测定气态样品或非极性溶剂的稀溶液时，才能看到游离态苯甲酸的特征吸收。用固体压片法得到的红外光谱中显示的是苯甲酸二分子缔合体的特征，在 $2400\sim3000cm^{-1}$ 处是 O—H 伸展振动峰，峰宽且散；由于受氢键和芳环共轭两方面的影响，苯甲酸缔合体的 C=O 伸缩振动吸收位移到 $1700\sim1800cm^{-1}$ 区（而游离 C=O 伸展振动吸收是在 $1730\sim1710cm^{-1}$ 区，苯环上的 C=O 伸展振动吸收出现在 $1500\sim1480cm^{-1}$ 和 $1610\sim1590cm^{-1}$ 区），这两个峰是鉴别有无芳核存在的标志之一，一般后者峰较弱，前者峰较强。

纯有机液体样品的测试采用液膜法制样，就是在两块窗片之间夹着一层薄薄的液膜。测试纯有机液体样品最好选用溴化钾窗片。

对于乙酰乙酸乙酯，有酮式及烯醇式互变异构：

$$CH_3-C-CH_2-C-O-C_2H_5 \rightleftharpoons CH_3-C=CH-C-O-C_2H_5$$

在红外光谱图上能够看出酮式异构体中羰基因振动偶合而裂分成两个谱峰。

【仪器与试剂】

仪器：Tensor 27 型傅里叶变换红外光谱仪（德国布鲁克公司），可拆式液体池，玛瑙研钵，压片模具，压片机，红外灯。

试剂：溴化钾盐片；苯甲酸于 80℃ 下干燥 24h，存于干燥器中；溴化钾于 130℃ 下干燥 24h，存于干燥器中；无水乙醇；苯胺；乙酰乙酸乙酯；四氯化碳；擦镜纸（除特别注明，所有试剂均为分析纯）。

【实验步骤】

1. 测绘苯甲酸的红外吸收光谱——溴化钾压片法

(1) 扫描空气本底　红外光谱仪中不放任何物品,从 $4000\sim400cm^{-1}$ 进行波数扫描。

(2) 扫描固体样品　取 $1\sim2mg$ 苯甲酸(已干燥),在玛瑙研钵中充分磨细后,再加入 $200\sim400mg$ 干燥的溴化钾粉末,继续研磨至完全混合均匀,并将其在红外灯下烘 10min 左右。取出 100mg 装于干净的压模内(均匀铺撒)于压片机上在 10MPa 压力下制成透明薄片。将此片装于样品架上,插入红外光谱仪的试样安放处,从 $4000\sim400cm^{-1}$ 进行波数扫描,得到吸收光谱。

最后,取下样品架,取出薄片,将模具、样品架擦净收好。

2. 测绘无水乙醇、苯胺、乙酰乙酸乙酯的红外吸收光谱——液膜法

(1) 扫描空气本底　红外光谱仪中不放任何物品,从 $4000\sim400cm^{-1}$ 进行扫描。

(2) 扫描液体样品　在可拆式液池的金属板上垫上垫圈,在垫圈上放置两片溴化钾盐片(无孔的盐片在下,有孔的盐片在上),然后将金属盖旋紧(注意:盐片上的孔要与金属盖上的孔对准),将盐片夹紧在其中。用微量进样器取少量液体,从金属盖上的孔中将液体注入两片盐片之间(要让液体充分扩散,充满整个视野)。把此液体池插入红外光谱仪的试样安放处,从 $4000\sim400cm^{-1}$ 进行扫描,得到吸收光谱。

取下样品池,松开金属盖,小心取出盐片。先用擦镜纸擦净液体,再滴上四氯化碳洗去样品(千万不能用水洗),并晾干盐片表面。

重复步骤 (2),得到苯胺、乙酰乙酸乙酯的红外吸收光谱。

最后,用四氯化碳将盐片表面洗净、擦干、烘干,收入干燥器中保存。

【结果与讨论】

1. 指出苯甲酸、无水乙醇、苯胺、苯甲酸、乙酰乙酸乙酯红外吸收光谱图上主要吸收峰的归属。

2. 比较分析羟基的伸缩振动峰在乙醇及苯甲酸中有何不同。

3. 解释乙酰乙酸乙酯红外吸收光谱图上 $1700cm^{-1}$ 处出现双峰的原因。

【注意事项】

1. 溴化钾盐片易吸水,取盐片时需戴上指套。扫描完毕,应用四氯化碳清洗盐片,并立即将盐片放回干燥器内保存。

2. 盐片装入可拆式液池架后,金属盖不宜拧得过紧,否则会压碎盐片。

3. 为了防潮,研磨宜在红外灯下操作。

4. 测试完毕,应及时用丙酮擦洗模具。干燥后,置入干燥器中备用。

【思考题】

1. 在含氧有机化合物中,如在 $1900\sim1600cm^{-1}$ 区域中有强吸收带出现,能否判定分子中有羰基存在?

2. 羟基的伸缩振动在乙醇及苯甲酸中为何不同?

【拓展与应用】

红外光谱法在有机合成、化学结构分析、分子间相互作用力测定、表面化学、催化及电化学等领域都具有广泛的应用。如红外光谱法跟踪研究催化反应,原子测定和鉴别表面吸附和化

学反应等。因此，红外光谱实验技术已成为化学、材料、生物等研究工作者必备的实验技能。

【参考文献】

1．北京大学化学系分析化学教学组编. 基础分析化学实验. 北京：北京大学出版社，1998.

2．蔡炳新，陈贻文主编. 基础化学实验. 北京：科学出版社，2001.

3．张剑荣，戚苓，方惠群编. 仪器分析实验. 北京：科学出版社，1999.

实验 5.10　荧光光谱法测定维生素 B_2 的含量

【实验目的】

1. 学习荧光光谱分析法的基本原理和分析技术。
2. 了解荧光光度计的构造，并掌握其使用方法。

【基本原理】

常温下，处于基态的分子吸收一定的紫外可见光的辐射能成为激发态分子，激发态分子通过无辐射跃迁至第一激发态的最低振动能级，即激发单重态 S_1，再以辐射跃迁的形式回到基态，发出比吸收光波长更长的光而产生荧光。即 $S_1 \rightarrow S_0 + h\nu$，这种辐射的寿命很短，大约只有 10^{-8} s 的数量级，所以一旦切断光源，荧光立即停止。建立在测量荧光强度和波长基础上的分析方法称为荧光分析法。荧光光谱法具有灵敏度高、选择性好、取样少、时间快等特点，现已成为医药、环境保护、化工等领域中的重要分析方法之一。

对同一物质的稀溶液而言，荧光强度 F 与该物质的浓度 c 有以下关系：

$$F = Kc \tag{5.10-1}$$

式中，K 为常数，这是荧光光谱法定量分析的理论依据。

维生素 B_2 是重要的生物活性物质，是人体必需的成分之一。在 $430 \sim 500$ nm 蓝光照射下，维生素 B_2 就会发生绿色荧光，发射波长为 524nm。在 pH$=6 \sim 7$ 的溶液中其荧光最强，在 pH$=11$ 时其荧光消失，所以可以用荧光光谱法测定样品中维生素 B_2 的含量。

【仪器与试剂】

仪器：HITACHI F-4500 型荧光光度计，50mL 容量瓶 6 个，5mL 移液管 1 支。

试剂：$10.0\mu g \cdot mL^{-1}$ 维生素 B_2 标准溶液，由 $100\mu g \cdot mL^{-1}$ 维生素 B_2 储备液稀释。

【实验步骤】

1. 仪器调试

开启计算机和主机，联机、调节参数（方法如下）。

① 按顺序打开荧光光度计 "power on"、 "Xe lamp start"（按下后 Xe 指示灯亮）、"main on" 开关，然后启动 "FL solution 2.0"，联机自检。

② 自检完毕后，点击 "method"，选择 "instrument"，在此窗口输入适当的参数（输入激发波长、发射波长、扫描速率、狭缝宽度、光源，扫描模式选择波长扫描，数据方式选择荧光），点击 "确定"，在绿色 "ready" 出现后即可进行测试。

③ 实验结束，先关闭 "FL solution 2.0"，然后依次关闭 "main on"、"power on" 开关。

2. 配制系列标准溶液

取 5 个 50mL 容量瓶，用移液管分别吸取 1.00mL，2.00mL，3.00mL，4.00mL 及

5.00mL 维生素 B_2 标准溶液，用水稀释至刻度，摇匀。

3. 标准曲线的绘制

根据维生素 B_2 激发光谱和荧光光谱，测量上述标准溶液的荧光强度，以维生素 B_2 标准溶液的含量（$\mu g \cdot mL^{-1}$）为横坐标，对应的荧光强度值为纵坐标绘制标准曲线。

4. 未知试样的测定

将未知试样溶液置于 50mL 容量瓶中，用水稀释至刻度，摇匀。用绘制标准曲线时相同的条件，测量荧光强度，然后在标准曲线上查出对应样品中维生素 B_2 的含量（$\mu g \cdot mL^{-1}$）。

【结果与讨论】

1. 记录不同浓度时的荧光强度，并绘制标准曲线。
2. 记录未知试样的荧光强度，并从标准曲线上求得其浓度。

【注意事项】

1. 荧光光度计要按操作规程使用。
2. 小心不要打破石英比色皿，比色皿光学玻璃面要用镜头纸擦拭。
3. 为了测量的准确性，在进行标准溶液荧光强度的测定时要从稀到浓测定。
4. 绘制吸收曲线或标准曲线应使用方格坐标纸或作图软件。

【思考题】

1. 在荧光测量时，为什么激发光的入射与荧光的接收不在一条直线上，而呈一定角度？
2. 实验中为什么使用石英比色皿而不能使用玻璃比色皿？
3. 具有荧光特性的有机物其分子结构有何特点？

【拓展与应用】

荧光光度法可用于测定功能饮料中维生素 B_2 的含量：将市售的功能饮料稀释到适当的浓度，在上述实验条件下，测定荧光强度，并计算其含量。对于成分较复杂的饮料样品，由于干扰物质多，影响测定结果。需要对待测样品进行前处理或采用同步荧光方法进行测定来消除干扰。

【参考文献】

1. 蔡炳新，陈贻文主编. 基础化学实验. 北京：科学出版社，2001.
2. 许金钩，王尊本主编. 荧光分析法. 北京：科学出版社，2006.
3. http：//202.118.167.91/dahua/kcsz/yqfx/syjxReadNews.asp? NewID=1213.

实验 5.11　流动注射化学发光法测定 H_2O_2

【实验目的】

1. 掌握流动注射化学发光法测定 H_2O_2 含量的基本原理。
2. 了解流动注射化学发光仪的基本构造及操作。

【基本原理】

化学发光的机理是：反应体系中的某些物质分子（如生成物、中间体或者其它荧光物质），吸收了反应释放的能量而由基态跃迁至激发态。而从激发态返回基态的能量，以光辐射的形式释放，产生化学发光。

鲁米诺（也称 3-氨基邻苯二甲酰肼）是最常见的化学发光试剂之一。在碱性溶液中与过氧化氢等氧化剂反应，可以产生蓝色的化学发光。

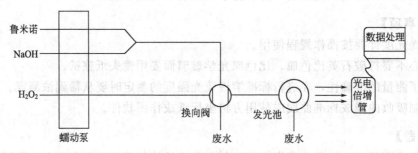

在一定的浓度范围内，化学发光的强度与氧化剂 H_2O_2 的浓度成正比。此法可用于测定 H_2O_2 的含量。

本实验流动注射流程图如图 5.11-1 所示。鲁米诺和 NaOH 溶液形成的混合液，与 H_2O_2 交替进入管路，两者在发光池混合反应。

图 5.11-1　流动注射仪结构与流程示意图

【仪器与试剂】

仪器：流动注射化学发光仪（西安瑞迈科技有限公司），移液管，容量瓶，比色管。

试剂：鲁米诺储备液 $2.5×10^{-3}\,mol\cdot L^{-1}$，氢氧化钠溶液 $0.04\,mol\cdot L^{-1}$，H_2O_2 水溶液 $10\,mg\cdot L^{-1}$，含 H_2O_2 的样品。

【实验步骤】

1. 鲁米诺浓度的优化

固定 H_2O_2 浓度为 $5.0\,mg\cdot L^{-1}$、氢氧化钠溶液浓度为 $0.04\,mol\cdot L^{-1}$，测定各种鲁米诺浓度时化学发光的强度，以选择最佳的鲁米诺浓度。

移取 $0.5\,mL$ 的 $2.5×10^{-3}\,mol\cdot L^{-1}$ 鲁米诺储备液，加入 $50\,mL$ 比色管中，配制 $25\,\mu mol\cdot L^{-1}$ 的鲁米诺溶液，再逐级稀释到 $5.0\,\mu mol\cdot L^{-1}$、$1.0\,\mu mol\cdot L^{-1}$、$0.2\,\mu mol\cdot L^{-1}$。

2. 标准曲线的绘制

准确移取一定量的 H_2O_2 标准储备液于 $50\,mL$ 的容量瓶中，配制成 $0.1\,mg\cdot L^{-1}$、$0.2\,mg\cdot L^{-1}$、$0.4\,mg\cdot L^{-1}$、$0.8\,mg\cdot L^{-1}$、$1.6\,mg\cdot L^{-1}$、$3.2\,mg\cdot L^{-1}$ 的标准系列溶液，在最佳鲁米诺浓度的实验条件下，测定各浓度的发光强度，以浓度为横坐标，以相应的化学发光强度为纵坐标，绘制标准曲线。

3. 未知溶液中 H_2O_2 含量的测定

在相同条件下测定未知样品的发光强度，由标准曲线查找出样品中 H_2O_2 的含量。

【结果与讨论】

1. 鲁米诺浓度的优化。列出不同鲁米诺浓度下所测荧光强度于表 5.11-1 中，并绘制 I-c 图，确定鲁米诺的最佳浓度。

表 5.11-1　鲁米诺浓度与荧光强度的关系

鲁米诺浓度 $c/\mu mol \cdot L^{-1}$	0.2	1.0	5.0	25
I				

2. 标准曲线的绘制及样品测定。绘制标准曲线，基于表 5.11-2 中所测样品的发光强度可查出样品中 H_2O_2 含量。

表 5.11-2　H_2O_2 浓度与信号强度的数据关系

H_2O_2 浓度 $c/mg \cdot L^{-1}$	0	0.1	0.2	0.4	0.8	1.6	3.2	样品
信号强度								
平均信号强度								
扣除空白信号强度 I								

绘制标准曲线，查出样品中 H_2O_2 含量。

【注意事项】

1. 注意各流路进样的溶液类型。

2. 实验结束后，各流路应当用蒸馏水清洗干净。

3. 检测时蠕动泵上的泵管要夹好，结束后应松开。

【思考题】

1. 化学发光与荧光的原理有何异同？化学发光法与分光光度法、荧光分析法相比为什么可以有更低的检测限？

2. 试讨论化学发光强度的影响因素。本实验所得标准曲线可否用于其它仪器上进行的 H_2O_2 含量的测定？

【拓展与应用】

1. H_2O_2 是许多生物反应的中间产物，此方法也可用于测定多种与之相关的物质。葡萄糖在葡萄糖氧化酶作用下，可产生过氧化氢。试设计化学发光法测定葡萄糖含量的实验方案。

2. 如加入催化剂，可以大大提高化学发光的强度，而有些物质对其化学发光有抑制作用。据此，可以测定一些具有催化活性物质及抑制剂的含量。钴离子对此化学发光有催化作用，试设计化学发光法测定钴离子含量的实验方案。

【参考文献】

1. 李峰，李瑛琇，朱果逸. 流动注射化学发光法测定葡萄糖. 应用化学，2002，7：705.

2. 唐守渊，徐溢. Luminol-H_2O_2 化学发光法测定汽油中铅. 理化检验-化学分册，2003，1：23.

实验 5.12　有机化合物 [1]H 核磁共振谱的测定

【实验目的】

1. 了解核磁共振波谱法测定化合物结构的基本原理。

2. 了解核磁共振波谱仪的结构与使用方法。

3. 学习核磁共振谱图的解析方法。

【基本原理】

1. 核磁共振（nuclear magnetic resonance，NMR）的基本原理

磁矩不为零的原子核存在核自旋，因而具有一定的自旋角动量，用 P 表示。由于原子核是带电的粒子，自旋时将产生核磁矩 μ。角动量和磁矩都是矢量，其方向是平行的。核磁矩大小与磁场方向的角动量 P 有关：

$$\mu = \gamma P \tag{5.12-1}$$

式中，γ 为磁旋比，每种核有其固定值。而且，

$$P = m \frac{h}{2\pi} \tag{5.12-2}$$

或

$$\mu = m \frac{\gamma h}{2\pi} \tag{5.12-3}$$

式中，h 为 Planck 常数，$6.624 \times 10^{-27} \, erg \cdot s$；$\gamma$ 对同一种核为一常数；m 为磁量子数，其大小由自旋量子数 L 决定，m 共有 $2L+1$ 个取值，换言之，角动量 P 有 $2L+1$ 个状态。对氢核来说，$L=1/2$，其 m 值只能有 $2 \times 1/2 + 1 = 2$ 个取向：

① 与外加磁场方向相同，$m = +1/2$，磁能级较低；

② 与外加磁场方向相反，$m = -1/2$，磁能级较高。

2. 核磁共振氢谱

当氢原子核处于磁场中 H_0 中时，由于受到磁场 H_0 的作用，则以角速度 ω 绕磁场运动。若改变 H_0，氢原子核（^1H）在磁场中发生了能级分裂，处在两种能级状态。如果另外再在 H_0 中的垂直方向加一个小交变磁场 H_1 引发核磁共振现象，其结果是低能态的氢原子核（^1H）吸收能量跃迁到高能态。把吸收的能量记录下来，所得的谱线，就是核磁共振氢谱。

由核磁共振氢谱可给出 4 个光谱参数：化学位移、偶合常数、谱线强度及弛豫时间。从这些参数可以得出分子中氢核的性质、数目及它与其他氢核相互作用的情况（EP 偶合情况），为推断分子结构提供非常有价值的信息，在研究立体异构、溶液中的动态平衡及化学动力学、分子间的相互作用和定量分析等方面，核磁共振都具有其独特的优越性。

【仪器与试剂】

仪器：核磁共振波谱仪；NMR 管，外径 5mm；标准样品管。

试剂：氘代氯仿（$CDCl_3$），四甲基硅烷（TMS），C_8H_{10} 样品。

【实验步骤】

1. 样品溶液的配制：以氘代氯仿为溶剂，配制浓度为 $0.01 mol \cdot L^{-1}$ 的 C_8H_{10} 氘代氯仿溶液，并装入直径 5mm 的核磁样品管中，盖上样品管帽。

2. 把装有试样的样品放在样品储槽中预热 5min。

3. 用 TMS 调节仪器分辨率（由教师事先调好）。

4. 取出样品管用纱布擦净外表面，装上转子，定好高度。放入样品仓中（注意：不能把不带转子的样品管放入样品仓中，放入转子中较松的管也不要放入样品仓中）。

5. 调谐，匀场。

6. 找信号。

7. 粗调分辨率。

8. 用信号强度表进一步调分辨率。

9. 幅度与相位调节。

10. 样品测试。

11. 扫积分线。

12. 自旋去偶。

【结果与讨论】

1. 记录样品 ^{1}H NMR 波谱图。

2. 基于 ^{1}H 核磁共振谱图，将相关特征参数列于表 5.12-1 中。分子式为 C_8H_{10}，结合表中数据推出其结构。

表 5.12-1　^{1}H NMR 谱特征参数

峰号	δ	积分线高度	质子数	峰分裂数及特征
1				
2				
3				

【注意事项】

1. 调节好磁场均匀性是提高仪器分辨率、做好实验的关键。为了调好匀场，首先，必须保证样品管以一定转速平稳旋转，转速太高，样品管旋转时会上下颤动；转速太低，则影响样品所感受磁场的平均化。其次，匀场旋转要交替、有序调节。再次，调节好相位旋钮，保证样品峰前峰后在一条直线上。

2. 仪器示波器和记录仪的灵敏度是不同的。在示波器上观察到大小合适的波谱图，在记录仪上，幅度起码衰减十倍，才能记录到适中图形。

3. 温度变化时会引起磁场漂移，所以记录样品谱图前必须经常检查 TMS 零点。

4. NMR 波谱仪是大型精密仪器，实验中应特别仔细，以防损害仪器。

【思考题】

1. 样品旋转的作用是什么？

2. 波谱图的峰高能否作为质子比的可靠量度？积分高度与结构有何关系？

3. 为什么需要匀场，使用氘代溶剂的作用是什么？

4. 氢谱和碳谱实验中谱宽的选择范围如何确定？

【拓展与应用】

通过学习上述 NMR 实验，思考如何运用核磁共振谱法测定乙酰乙酸乙酯互变异构体的相对含量。

乙酰乙酸乙酯实际上是由酮式和烯醇式两种异构体组成一个互变平衡体系。用化学法测定其两种互变异构体的相对含量，操作麻烦，条件与终点不好控制。酮式的羰甲基和烯醇式的甲基在谱图中不互相重叠，均为单峰且质子数较多，测定的准确度较好，简单快速，选择这种方法做定量测定较为合适。

仪器操作基本同上：进样，设置，自动匀场，采样，谱图处理，打印。

实验数据及结果：由于两个异构体的质量分数等于其摩尔分数，也等于峰面积比，若以

I_a 和 I_b 表示 a 和 b 两组质子的积分值，w_a 和 w_b 表示两种异构体的含量，则：

$$w_a = m_a/(m_a+m_b) \times 100\% = I_a/(I_a+I_b) \times 100\%$$

$$w_b = m_b/(m_a+m_b) \times 100\% = I_b/(I_a+I_b) \times 100\%$$

把实验数据代入上式，可求出酮式和烯醇式的各自含量。

【参考文献】

1. 武汉大学化学与分子科学学院实验中心编. 仪器分析实验. 武汉：武汉大学出版社，2005.
2. 张剑荣，戚苓，方惠群编. 仪器分析实验. 北京：科学出版社，1999.
3. 杨万龙，李文友编. 仪器分析实验. 北京：科学出版社，2008.

第6章 色谱及其他实验

实验6.1 气相色谱填充柱的制备

【实验目的】

1. 掌握气相色谱填充柱的制备方法。
2. 学习固定液的涂渍技术。
3. 了解和掌握色谱柱的老化技术。

【基本原理】

色谱柱是气相色谱仪的核心部分，样品中各个组分之间的分离就是在色谱柱中进行的。所以，制备一根分离效能较高的色谱柱是完成色谱分离的关键。

根据不同样品的极性和样品中组分的沸点，正确选择相应的固定液和载体，用涂渍法和抽气法制备填充柱。

对填充好的色谱柱必须进行加温（高于柱温，低于固定液的最高使用温度）、通气处理，这一过程称为老化。老化处理是为了更进一步除去残余溶剂和低沸点杂质，并能使固定液在载体表面有一个再分布过程，从而涂得更加均匀牢固，柱性能得到改善和趋于稳定。

【仪器与试剂】

仪器：气相色谱仪，氮气钢瓶，1m×3mm 不锈钢柱 1 根（洗净并烘干），水环真空泵 1 台，缓冲瓶 1 个，红外干燥灯 1 只，25mL、50mL 量筒各 1 只，50mL 烧杯 1 只，250mL 圆底烧瓶 1 个，培养皿 1 个，角匙 1 个，玻璃棒 1 根，小漏斗 1 个，镊子 1 把。

试剂：6201 红色硅藻土载体，邻苯二甲酸二壬酯（DNP，A.R.），丙酮（A.R.），玻璃棉，细纱布，橡胶管，标签纸。

【实验步骤】

1. 载体与固定液的称取

按下式计算色谱柱体积：

$$V = L\pi r^2 \tag{6.1-1}$$

式中，L 为柱长，cm；r 为柱内半径，cm；V 为柱体积，mL。用一只已称重的 50mL 干净量筒取体积为 $1.4V$(mL) 的载体，称其质量并求得载体的质量为 m_S（准确至 0.01g），再按液载比 10：90（固定液与载体之质量比）计算所需固定液质量 m_L（g）：

$$m_L = \frac{m_S}{9} \tag{6.1-2}$$

然后，用一个 50mL 烧杯称取 m_L（g）固定液邻苯二甲酸二壬酯。

2. 固定液的涂渍

用量筒取 20mL 丙酮，分几次倒入固定液中，搅拌溶解并转移至 250mL 圆底烧瓶中，摇匀,将已称好的载体倒入烧瓶内并摇动。此时,载体应刚好被液面浸没。然后用中心插一玻管的橡皮塞将烧瓶塞上,再通过橡胶管将烧瓶连接在水环真空泵上(中间安装缓冲瓶)。启动真空泵,在减压条件下使丙酮徐徐蒸发完(水泵形成的负压过大时,载体将被抽入缓冲瓶,而使实验失败!)。当丙酮即将挥发完毕时,载体颗粒呈分散状态而不再抱成团粒。在整个溶剂挥发过程中,应不断轻轻摇动烧瓶,以保护载体颗粒与固定液的接触机会均等。这是涂渍优劣的关键,切不可操之过急。

溶剂挥发过程结束后,将涂渍好固定液的载体转移到培养皿中,在红外灯下烘烤 0.5h(烘烤温度不要太高,以免固定液被空气氧化),以便进一步除去残留的丙酮溶剂。

3. 装填色谱柱

先用适量玻璃棉将柱子的一端塞住(玻璃棉太多会增加色谱柱的气阻和死体积;太少又无法堵牢,造成实验过程中,填料会被载气带出色谱柱),然后包数层细纱布,并接到水环真空泵缓冲瓶的橡胶管上,另一端通过橡胶管接上小漏斗。开泵,在减压条件下将称重后的固定相(即涂好的载体)按"少量多次"的方法连续加入小漏斗中,不要让固定相断流,致使装填时紧时松,甚至断层。装填过程中要用细木棒轻敲填充柱并转动,以使色谱柱填充得更为均匀密实,但不要用力过猛,以免载体破碎,而出现未活化或未涂渍的表面,降低柱效。当漏斗中固定相不再下降时,视为柱已填满。先与真空系统脱开,然后再关泵。去掉漏斗,堵上玻璃棉(约占柱头 5mm 长度),此端为柱入口端,贴上标签。称量剩余固定相的质量,计算实际装填量。

4. 色谱柱的老化

将柱入口端与色谱仪的汽化室出口连接,检漏(柱出口端在老化过程中切勿与检测器相连接,以免污染检测器!)。通入载气(流速约为 20mL·min^{-1})半小时,将系统中空气赶走,以防固定液被氧化。升高色谱柱温度,控制在 110℃左右老化 4～8h。冷却后,将柱出口与检测器接通,再次升温,直至所走基线平直为止。老化过程结束,色谱柱可供分析使用。

【结果与讨论】

1. 记录下列各项实验数据:

柱材_____, 柱长_____ m,柱内径_____ mm,
固定液名称_____, 用量_____ g,
载体名称_____, 筛目_____,
载体体积_____ mL,质量_____ g,
液载比_____, 溶剂名称_____, 用量_____ mL,
实际装填量_____ g,老化温度_____℃,时间_____ h。

2. 讨论色谱柱为什么必须老化?

【注意事项】

1. 将固定液均匀地涂覆在载体表面是一项技术性很强的工作。为了制备性能良好的填充柱,一般应遵循以下几条原则:第一,尽可能筛选粒度分布均匀的载体和固定相填料;第二,保证固定液在载体表面涂渍均匀;第三,保证固定相填料在色谱柱内填充均匀;第四,避免载体颗粒破碎和固定液的氧化作用等。

2. 装柱前在台秤上称一下填料的总质量,装完后再称剩余填料质量,以便计算实际装填量。

3. 色谱柱的老化时间因载体和固定液的种类及质量而异，2～72h 不等。老化温度也可选择为实际工作温度以上 30℃。建议以低载气流速（约 10mL·min⁻¹），采用低速率（如 2℃·min⁻¹）程序升温或台阶式升温至最高老化温度（固定液最高使用温度以下 20～30℃），然后在此温度下老化一定时间。色谱柱老化好的标志是在实际工作条件下空白运行时，基线稳定、漂移小，无干扰峰。个别固定液先在不通载气的条件下加热一定的时间，然后，再通载气老化。

4. 柱老化过程中，色谱柱尾端应放空，以免污染检测器。特别注意上述老化色谱柱的接法，不适用于以氢气为载气柱的老化，否则氢气放空于色谱仪炉箱中易发生爆炸。

【思考题】

1. 填充柱的制备应遵循哪些原则？

2. 涂渍固定液时，为使载体和固定液溶液混合均匀，可否采用强烈搅拌，为什么？

3. 老化温度如何选择？

4. 本实验采用的色谱柱老化法为什么仅适用于以 N_2 为载气柱的老化，而不适用于以 H_2 为载气柱的老化？

【拓展与应用】

毛细管色谱柱的出现是气相色谱（GC）发展中的一个重要的里程碑，它使 GC 在分离效率和分析速度两方面都大大提高。1957 年，戈雷用聚乙烯毛细管考察空气峰的分离情况，受到启发，他用玻璃管、金属管做试验，成功地在内径为 $250\mu m$ 的金属毛细管内壁用 1% 聚乙二醇的二氯甲烷溶液涂渍了一层很薄的固定液，所得到的结果比当时采用填充柱的柱效高约 7～8 倍，显示了这个新方法的优点。1979 年柔性石英毛细管柱的出现使毛细管色谱的发展推向一个新的高潮。柔性石英毛细管弹性好、不易折断，使用更为方便，应用范围更广，据统计目前所用柱子中石英毛细管已占 60% 以上。

毛细管柱因中间是空心的，对载气是无阻的，又命名为空心柱。现在常用的毛细管柱内径为 $250～530\mu m$ 左右，长度为 10～50m 左右，使用的最长的可达 100m，材质主要有金属、玻璃、石英。目前一根内径 $250\mu m$，长度为 20m 的壁涂层柱约有 10^5 理论塔板数，比长为 5～10m 的填充柱的柱效要高得多。

然而，为什么至今填充柱在大量常规分析中仍占有主导地位（尤其在我国是如此）？这主要是由于一般毛细管柱的样品负荷量比填充柱低 1～3 个数量级，要求分流进样（分流进样一般不适用于沸程超过 10 个碳数的混合物）。而 Crob 无分流进样法，虽在一定程度上克服了分流进样的不足，但操作不便，使用上也有一定限制。另外，填充柱可选用上百种固定液，以改善柱的选择，使之满足分析上的要求。这些可能就是毛细管柱至今还不能普遍替代填充柱的主要原因。

【参考文献】

1．北京大学化学系分析化学教学组编. 基础分析化学实验. 北京：北京大学出版社，1998.

2．蔡炳新，陈贻文主编. 基础化学实验. 北京：科学出版社，2001.

3．北京师范大学化学系分析教研室编. 基础仪器分析实验. 北京：北京师范大学出版社，1985.

4．张剑荣，戚苓，方惠群编. 仪器分析实验. 北京：科学出版社，1999.

实验 6.2　混合二甲苯气相色谱测定

【实验目的】

1. 通过实验了解气相色谱仪的基本结构及操作方法。

2. 掌握用保留时间定性、归一化法定量测定的方法。

3. 加深对理论塔板数、理论塔板高度及分离度等概念的理解及计算方法的运用。

【基本原理】

商品二甲苯是对、间、邻二甲苯三种异构体的混合物。这三种异构体性质极为相似，它们的沸点分别是 138.4℃、139.1℃、144.4℃，因此用一般方法很难分离及测定。用气相色谱法分析既快速又准确。

混合二甲苯在一定的色谱条件下被分离后，进入氢火焰（或热导）检测器，得到每一组分的色谱峰，与标样对照即可根据保留时间进行定性。

样品中各组分的含量（%）可用峰面积归一化法进行计算。

$$w_i = \frac{A_i f_i}{A_1 f_1 + A_2 f_2 + A_3 f_3} \times 100\% \tag{6.2-1}$$

式中，w_i 表示 i 组分的质量分数；A_i 表示 i 的组分的峰面积；f_i 为 i 组分的相对校正因子，因同分异构体相对校正因子相等或相近，因此计算公式可简化为：

$$w_i = \frac{A_i}{A_1 + A_2 + A_3} \times 100\% \tag{6.2-2}$$

由样品中某组分的保留时间 t_R 及半峰宽 $W_{1/2}$ 即可计算所用色谱柱的理论塔板数 n 及理论塔板高度 H：

$$n = 5.54 \left(\frac{t_R}{W_{1/2}}\right)^2 \tag{6.2-3}$$

t_R 及 $W_{1/2}$ 应同时采用时间单位或距离单位。

$$H = \frac{L}{n} \quad （L—柱长） \tag{6.2-4}$$

分离度 R 由相邻两峰的保留时间 t_R 及峰底宽 W 计算：

$$R = \frac{2(t_{R2} - t_{R1})}{W_1 + W_2} \tag{6.2-5}$$

式中，t_R 及 W 也应同时采用时间单位或距离单位。

【仪器与试剂】

仪器：9790 气相色谱仪，色谱工作站，GH-500B 氢气发生器，GAS-1 色谱空气源，氮气钢瓶，微量注射器（1μL）。

试剂：混合二甲苯试样，对、间、邻二甲苯标样（色谱纯）。除特别注明，所有试剂均为分析纯。

【实验步骤】

1. 实验条件

色谱柱：毛细管柱，柱长 30m，内径 0.32mm。固定液：PEG-20M。载气：N₂，

0.02MPa；空气：0.02MPa；H_2：0.1MPa（点火时调至 0.2MPa）。检测器：氢火焰离子化检测器（FID）。温度：进样口（辅助Ⅰ）200℃；柱箱 65℃；检测器 150℃。灵敏度：10000。

2. 色谱仪操作方法

① 开启载气钢瓶总阀，调节减压阀至分压 1MPa 左右。

② 开启色谱仪加热开关、电源开关。

③ 设定载气压力、柱箱温度、进样口温度、检测器温度及灵敏度。

④ 待 FID 超过 100℃时，开空气源、高纯氢发生器开关并设定其压力，用点火器点火。

⑤ 待温度达到设定值后，打开色谱工作站、电脑。点击"数据工作站"，选择通道。点击"开始"、"调零"，待基线平稳（在 0 附近波动）后，点击"停止"。

⑥ 用微量注射器进样，同时按下遥控器，采集数据。待所有峰出齐后，点击"停止"，保存文件。先进混合二甲苯样品，再分别进对、间、邻色谱纯二甲苯标样，进样量均为 0.02μL。

⑦ 打开所保存的文件，调整谱图位置，打印图谱及数据。

⑧ 实验结束后，依次关闭打印机、电脑、色谱工作站，氢气发生器，空气源。

⑨ 将柱箱、进样口（辅助Ⅰ）、检测器温度分别设定为室温（20℃），待温度下降到预定温度后，先关色谱仪加热开关和电源开关，再关闭氮气钢瓶总阀，待分压表回到零，放松钢瓶上的减压阀。

【结果与讨论】

1. 对比混合二甲苯与对、间、邻二甲苯标样的保留时间，在图谱上标出混合二甲苯中各峰的名称。

2. 由图谱及数据给出混合二甲苯中对、间、邻二甲苯各组分的含量（%），理论塔板数、理论塔板高度及相邻组分之间的分离度 R。

3. 根据所得分离度讨论分离效果。

【注意事项】

1. 吸取标样和样品溶液的微量注射器必须专用。不得将针芯拉出，否则会造成损坏。

2. 进样速度应尽量快，防止色谱峰展宽。

3. 进样的同时按下遥控器，以保证计时准确。

【思考题】

1. 气相色谱仪的基本设备包括哪几部分（用线路连接方框图表示，并注明实际所用仪器的型号）？

2. 同样的实验条件下，同一色谱柱对不同化合物的理论塔板数是否相同？

【拓展与应用】

1. 气相色谱在石油化工、医药卫生、环境监测、生物化学等领域都得到了广泛的应用。如，气相色谱法在物质含量分析的国家标准中已用于测定水质中苯系物含量（如图 6.2-1 所示）。在药物分析中可用于中成药中挥发性成分、生物碱类药品的测定。在农业分析中用于残留有机氯、有机磷农药的测定等。

2. 只有在气相色谱仪允许的条件下可以汽化而不分解的物质，都可以用气相色谱法测定。对部分热不稳定物质，或难以汽化的物质，通过化学衍生化的方法亦可用气相色谱法分析。

中华人民共和国国家标准

GB 11890—1989

水质　苯系物的测定　气相色谱法

Water quality—Determination of benzene
and its aualogies—Gas Chromatographic method

1989-12-25发布　　　　　　　　　　　1990-07-01实施

国家质量监督检验检疫总局
环　境　保　护　部　　发布

图 6.2-1　气相色谱法测定水质中苯系物含量的国家标准

【参考文献】

张剑荣，戚苓，方惠群编. 仪器分析实验. 北京：科学出版社，1999.

实验 6.3　气相色谱法分析白酒中甲醇的含量

【实验目的】

1. 掌握内标标准曲线法定量的方法。
2. 学习气相色谱分析方法建立的一般过程。

【基本原理】

白酒中含有微量的甲醇是允许的，但人饮用了超过标准允许含量的甲醇对身体是有害的，尤其是饮用了不法分子用工业酒精勾兑的白酒后，会造成眼睛失明，甚至死亡。因此，白酒中甲醛含量的测定是很重要的。

由于此实验不测白酒中的其他组分，色谱分离的关键是实现微量甲醇和大量乙醇的较好分离。如果使用强极性的固定相，如聚乙二醇，由于诱导效应指数的影响，使得强极性的固定相与甲醇的作用力较强，甲醇的保留值比较接近乙醇的保留值（偏离碳数规律），而使得微量的甲醇和大量的乙醇分离得不好，因此要使用非极性的固定相，注意当进一针白酒样品后，要等白酒中所有组分都流出后再进第二针白酒样品，否则前一针酒样中保留时间较长的组分会干扰后一针酒样的分析，可以提高柱温使保留时间较长的组分尽快流出。

【仪器与试剂】

仪器：气相色谱仪 1 套（包括上分 GC102M、色谱数据处理机、色谱柱、氢气发生器、空气发生器、氮气发生器），5μL 微量注射器 1 支。

试剂：甲醇、乙醇、水、乙酸乙酯（A. R.）。

【实验步骤】

1. 标样和试样的配制

（1）1‰甲醇标样的配制　用移液管吸取甲醇标样 1.00mL，用 60％乙醇（无甲醇）溶液定容至 100mL。

（2）1‰乙酸乙酯内标的配制　用移液管吸取乙酸乙酯标样 1.00mL，用 60％乙醇溶液定容至 100mL。

（3）标准溶液（带内标）的配制　用移液管分别吸取甲醇标样 0.20mL、0.40mL、0.60mL、0.80mL、1.00mL，加入乙酸乙酯内标溶液 0.40mL，混合后用 60％乙醇溶液定容至 100mL。

（4）白酒试样的配制　精确量取白酒试样 10mL，加入 1‰乙酸乙酯内标溶液 0.40mL，混合后用 60％乙醇溶液定容至 100mL。

2. 色谱仪的开机及参数设置

通入载气，检查气密性完好后，调节载气流量为 $20 \sim 30 \text{mL·min}^{-1}$。打开色谱仪电源，设置实验条件如下：柱温 40℃，气化室温度 200℃，检测器温度 200℃。

调节空气流量到 500mL·min^{-1}，氢气流量到 75mL·min^{-1} 以上，按点火按钮点火（如果点火成功，会听到一声清脆的爆鸣声），点火成功后，将氢气流量调到 50mL·min^{-1}。

打开色谱数据处理机，输入测量参数，走基线。

3. 内标标准曲线的制作

（1）选择进样量为 1μL，选择甲醇浓度约为 20mg·L^{-1} 的混合标样进样，记录色谱图，待组分流出后，根据色谱峰的高度，可选择适当的记录灵敏度，重新显示适当高度的色谱图。记下甲醇及内标的浓度和峰面积。重复上述操作，记下甲醇及内标的峰面积，求出两次甲醇峰面积的平均值。

（2）分别选择甲醇浓度约为 20mg·L^{-1}、40mg·L^{-1}、60mg·L^{-1}、80mg·L^{-1}、100mg·L^{-1} 的标准溶液进样，记录色谱图，记下甲醇及内标的浓度和峰面积，重复上述操作，记下甲醇及内标的峰面积，求出两次分析甲醇及内标峰面积的平均值。

4. 白酒试样的分析

选择进样量为 1μL，将白酒试样进样，记下甲醇及内标的峰面积。将柱温升至 200℃，保持一段时间，待其他组分完全流出后，再将柱温调回 40℃，稳定后重复上述操作两次，求出峰面积的平均值。

5. 结束工作

实验完成后，清洗进样器，关机，并清理仪器台面，填写仪器使用记录。

【结果与讨论】

1. 实验数据整理

按照实验结果绘制表格，将实验数据填入表格当中。

2. 内标标准曲线的绘制

以峰面积之比 A_i/A_s 为纵坐标，浓度 x_i 为横坐标，作图得一标准曲线。

3. 白酒中甲醇含量计算

根据白酒试样分析数据及内标标准曲线计算白酒中甲醇的含量。

【思考题】

1. 本实验中所有样本的内标浓度均相等，为什么要这样做？

2. 实验中气相色谱仪给出的数据重复性如何？为什么会出现这种情况？

3. 内标标准曲线法对仪器的重复性要求高吗？为什么？

【拓展与应用】

气相色谱在白酒分析中应用十分普遍，可以采用填充柱也可采用毛细管柱分析，能否设计两种以上方案分析白酒中香味物质如酯类。

【参考文献】

1. 李卫华. 中级化学实验, 成都：西南交通大学出版社, 2008.

2. 张剑荣，余晓冬，屠一锋等. 仪器分析实验. 第2版. 北京：科学出版社, 2009.

实验 6.4　高效液相色谱柱参数测定及内标法定量

【实验目的】

1. 学习高效液相色谱仪的基本结构及使用方法。

2. 掌握液相色谱柱主要性能参数的测定方法。

3. 学会色谱内标定量方法。

【基本原理】

高效液相色谱法是在经典液相色谱基础上发展起来的一种现代柱色谱分离方法。由于采用了高压输液泵、高效固定相和高灵敏度的检测器，高效液相色谱法成为最重要的色谱分离、分析技术。

色谱柱是整个高效液相色谱分离系统的核心。液相色谱柱的性能参数主要有以下几项。

1. 柱效（理论塔板数）n

$$n=5.54\left(\frac{t_R}{W_{1/2}}\right)^2 \tag{6.4-1}$$

式中，t_R 为待测物的保留时间；$W_{1/2}$ 为其色谱峰的半峰宽。测定方法与气相色谱实验中相同，计算时 t_R 与 $W_{1/2}$ 的单位须一致。

2. 分离度 R

$$R=\frac{2(t_{R2}-t_{R1})}{W_1+W_2} \tag{6.4-2}$$

式中，t_{R1}，t_{R2} 分别为所选两峰的保留时间；W_1、W_2 分别为两峰的峰底宽。

色谱内标法定量方法采用下式计算：

$$m_i = \frac{A_i f_i}{A_s f_s} m_s \qquad (6.4\text{-}3)$$

式中，m_i 为混合试样中待测组分 i 的质量；m_s 为所加内标物的质量；A_i，f_i 分别为 i 组分的峰面积和相对质量校正因子；A_s，f_s 分别为内标物的峰面积和相对质量校正因子。一般常以内标物为基准，则 $f_s = 1$，此时计算可简化为：

$$m_i = \frac{A_i}{A_s} f_i m_s \qquad (6.4\text{-}4)$$

而 f_i 可由内标标样求得：

$$f_i = \frac{A_s m_i}{A_i m_s} \qquad (6.4\text{-}5)$$

【仪器与试剂】

仪器：LC-10AT VP 高效液相色谱仪，色谱柱（15cm×4.6mm I.D.，ODS，5μm），超声波清洗机（流动相脱气用），微量注射器（25μL）。

试剂：除特别注明，所有试剂均为分析纯。

流动相：甲醇-水 3∶1。

样品Ⅰ：内标标准样。由下列三种溶液等体积混合：0.12mg·mL^{-1} 尿嘧啶的甲醇溶液，0.7mg·mL^{-1} 苯的甲醇溶液，浓度依次为 0.1mg·mL^{-1}、0.1mg·mL^{-1} 和 0.06mg·mL^{-1} 的萘、联苯、菲混合物的甲醇溶液。

样品Ⅱ：混合试样。一定量的尿嘧啶、苯、萘、菲溶于甲醇，其中加入浓度为 0.1mg·mL^{-1} 的内标物联苯。

【实验步骤】

1. 流动相的处理。用液相色谱级无水甲醇和二次去离子重蒸水配制流动相 1000mL，混合均匀后经 0.45μm 膜过滤，超声波脱气 10min。

2. 检查色谱系统各部件的连接是否正确，流动相经管路引入色谱泵，注意排除气泡，保证液路无泄漏。将检测器后面的液路出口置于废液瓶中。

3. 设置操作条件为：流动相流速 0.5mL·min^{-1}，压力上限 2×10^4kPa，检测波长 254nm，色谱柱温为室温。

4. 开机运行。待基线平稳后，用液相色谱微量注射器取 25μL 样品Ⅰ注入色谱仪进样口，记录色谱图。

5. 待 5 个色谱峰全部流出后（出峰顺序为尿嘧啶、苯、萘、联苯、菲），重复步骤 4 两次。

6. 取 25μL 样品Ⅱ进样，按照分析内标标准样的方法，重复三次。

7. 关闭检测器，停泵，进行数据处理。

【结果与讨论】

1. 根据样品Ⅰ三次实验所得结果计算色谱柱参数 n（以联苯为对象）、R（距离最近两峰），以联苯为内标物计算其他 4 个组分的相对质量校正因子。

2. 根据样品Ⅱ三次实验计算混合物中尿嘧啶、苯、萘和菲的含量（mg·mL^{-1}）。

【注意事项】

1. 严格按照液相色谱操作规程进行操作。

2．配制流动相须用液相色谱级溶剂，流动相在使用前必须经过滤和脱气。

【思考题】

1．高效液相色谱仪与气相色谱仪相比有什么相同点和不同点？

2．紫外检测器是否适用于所有有机化合物？为什么？

3．在高效液相色谱实验中，为保护色谱柱、延长其使用寿命，应注意哪些方面？

【拓展与应用】

高效液相色谱是一种十分强大的分离分析方法，二维色谱-质谱联用在蛋白质组学研究中占有重要的地位。蛋白质经过酶解，分解成较小的肽段混合溶液，进入第一维离子交换色谱预分离，洗脱液分段进入第二维反相色谱，脱盐、分离同步进行，分离组分导入质谱仪进行分子量检测，得到的结果在线与数据库搜索、对比，进行蛋白质定性，一次即可得到样品中数百种蛋白质组分的相关信息。

【参考文献】

1．北京大学化学系分析化学教学组编. 基础分析化学实验. 北京：北京大学出版社，1998.

2．四川大学化工学院，浙江大学化学系编. 分析化学实验. 第3版. 北京：高等教育出版社，2003.

实验6.5　可乐中咖啡因的高效液相色谱分析

【实验目的】

1．了解国家标准。

2．学习高效液相色谱分析方法建立的一般过程。

3．掌握标准曲线定量的方法。

【基本原理】

咖啡因（caffeine）又名咖啡碱，属甲基黄嘌呤化合物，化学名称为1,3,7-三甲基黄嘌呤，具有提神醒脑等刺激中枢神经作用，但易上瘾。为此，各国制定了咖啡因在饮料中的食品卫生标准。美国、加拿大、阿根廷、日本、菲律宾规定饮料中咖啡因的含量不得超过 $200mg \cdot L^{-1}$，南斯拉夫规定不得超过 $120mg \cdot L^{-1}$，到目前为止我国仅允许咖啡因加入到可乐型饮料中，其含量不得超过 $150mg \cdot kg^{-1}$，为了加强食品卫生监督管理，建立咖啡因的标准测定方法十分必要。

咖啡因的甲醇溶液在286nm波长下有最大吸收，其吸收值的大小与咖啡因浓度成正比，从而可进行定量。使用高效液相色谱法分析可乐中咖啡因的含量，其方法简单、快速、准确。最低检出浓度：可乐型饮料为 $0.72mg \cdot L^{-1}$；对茶叶、咖啡及其制品为 $1.8mg \cdot (100g)^{-1}$。

定量方法有归一化法、内标法、外标法（标准曲线法）等。本次实验采用标准曲线法即外标法定量。标准曲线法即外标法是配制已知浓度欲定量组分的标准溶液，测量各组分的峰高或峰面积，用峰高或峰面积对浓度作出标准曲线。将欲测组分置于与标准物完全相同的分析条件下操作，将得到的峰面积或峰高用插入法与标准物的校正曲线作对照，就可得到组分的浓度。

【仪器和试剂】

仪器：高效液相色谱（岛津 LC-10AT），紫外光度检测器（岛津 SPD-10A），色谱柱 [岛津 VP-ODS/C18/5μm（4.6mm×150mm）]，数据处理器（N2000 色谱工作站），高压六通进样阀，微量进样器（100μL），超声波清洗器及溶剂过滤系统。

试剂：甲醇、乙腈、超纯水、咖啡因标准品。

【实验步骤】

1. 样品的处理

将可乐样品适量用超声波清洗器于 40℃下超声 5min 后，取脱气试样 10.0mL 通过混纤微孔滤膜过滤，弃去最初的 5mL，保留后 5mL 备用。

2. 色谱条件

流动相：甲醇：乙腈：水＝57：29：14（每升流动相中加入 0.8mol·L^{-1}乙酸 50mL）。

流动相流速：1.5mL·min^{-1}。

检测波长：286nm。

进样量：20μL。

3. 标准曲线的绘制

用甲醇配制成咖啡因浓度分别为 0，20μg·mL^{-1}，50μg·mL^{-1}，100μg·mL^{-1}，150μg·mL^{-1}的标准系列，然后分别进样 20μL，于波长为 286nm 处测量峰面积。作峰面积-咖啡因浓度的标准曲线或求出直线回归方程。

4. 样品测定

从试样中吸取可乐饮料 20μL 进样，于 286nm 处测其峰面积。同时作试剂空白。

【结果与讨论】

1. 作峰面积-咖啡因浓度的标准曲线

用色谱工作站得到的色谱峰峰面积计算出标准曲线的回归方程和线性相关系数。

2. 计算样品浓度

根据标准曲线（或直线回归方程）得出样品的峰面积相当于咖啡因的浓度 $c(\mu g·mL^{-1})$。

3. 允许误差

同一实验室平行测定或重复测定结果的相对偏差绝对值为 5％。

【思考题】

1. 高效液相色谱仪与气相色谱仪相比有什么相同和不同之处。

2. 紫外检测器是否适用于所有样品，为什么？

【拓展与应用】

高效液相色谱是一种十分有效的分离分析方法，相对于气相色谱法来说具有分离能力强、适用范围广等优点。众所周知的牛奶中的三聚氰胺事件就是由于传统凯氏定氮法无法区分蛋白质和其他有机物中的氮而产生的，能否设计利用高效液相色谱法分析牛奶中蛋白质含量。

【参考文献】

1．李卫华．中级化学实验．成都：西南交通大学出版社，2008.

2．张剑荣，余晓冬，屠一锋等．仪器分析实验．第 2 版．北京：科学出版社，2009.

实验 6.6　毛细管电泳法对氨基酸混合物的定量分析

【实验目的】

1. 了解毛细管电泳法的基本原理及实验技术。
2. 掌握毛细管电泳-间接紫外吸收法分析氨基酸混合物的方法。

【基本原理】

电泳是指带电粒子在电场作用下定向运动的现象。毛细管电泳（capillary electrophoresis，CE）以毛细管柱为分离通道，采用直流高压电源驱动分离，具有高效、快速、灵敏、运行成本低等优点。

毛细管电泳的应用极广，除适用于各种带电或中性的小分子及离子外，还广泛用于生物

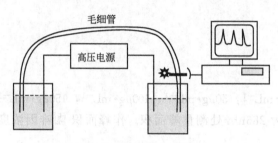

毛细管

高压电源

图 6.6-1　毛细管电泳示意图

大分子如肽、蛋白质、DNA、糖类等的分离分析，甚至可分离各种颗粒，如硅胶颗粒等。由于大多数氨基酸紫外吸收较弱，需要衍生或进行间接检测，而衍生操作比较复杂，且易污染样品。毛细管电泳-间接紫外吸收检测方法快捷方便，是一种快速分离测定氨基酸的方法。

1. 毛细管电泳装置

如图 6.6-1 所示，毛细管电泳装置包括直流高压电源、作为分离通道的毛细管（内径 25～100μm，长度 10～100cm）、正负极缓冲溶液、检测器、计算机（数据采集及处理）等部分。样品注入毛细管中，在直流电场的作用下向正极或负极泳动，通过检测窗口时给出信号。

2. 电渗流

使用石英毛细管进行电泳实验时，存在电渗流现象。在 pH 大于一定值的缓冲溶液中（通常 pH＝2.5），毛细管内壁的硅羟基（ ≡Si—OH ）电离为 ≡Si—O$^-$，管壁荷负电，吸引缓冲溶液中的阳离子，在固液界面形成双电层，宏观上表现为缓冲溶液外被覆一荷正电的液膜，如液体柱直径足够小（CE 中毛细管满足此条件），在电场的作用下，缓冲溶液会整体向阴极方向移动。

电渗流速率与电场强度及缓冲溶液性质有关。电压越大、pH 越大、溶液黏度越小，电渗流速率越大，反之越小。

3. 分离原理

毛细管电泳有多种模式，不同模式其分离机理并不相同。以毛细管区带电泳（capillary zone electrophoresis，CZE）为例，带电粒子在外加电场作用下向电荷相反的电极移动，不过通常电渗流速率要远大于离子迁移速率，因此正、负离子均会向同一方向运动。由于各组分迁移速率不同，经过一定时间后在毛细管中呈现出系列分离的区带。样品区带经过检测器给出与色谱图类似的电泳图，可以采用与色谱相同的方法对其进行处理。

4. 定量分析

采用峰面积或峰高定量：

$$c_i = \frac{A_i}{A_s} c_s \tag{6.6-1}$$

式中，A_i 和 A_s 分别为样品和标样中被测组分的峰面积（或峰高）值；c_i、c_s 为相应浓度。

【仪器与试剂】

仪器：P/ACE™ MDQ System 毛细管电泳仪（美国 Beckman Coulter 公司），紫外检测器，熔融石英毛细管（内径 $100\mu m$，总长 37cm，有效长度 30cm；河北省永年锐沣色谱器件有限公司）。

试剂：所有试剂为色谱纯或分析纯。氨基酸标准样品，配制成约 $20mg\cdot L^{-1}$ 的溶液。苯甲醇溶于样品中，使其浓度为 $5mmol\cdot L^{-1}$。缓冲溶液，$30mmol\cdot L^{-1}$ 硼砂，pH10.5。试样进入毛细管之前，均用 $0.45\mu m$ 微孔滤膜过滤。

【实验步骤】

正确连接电极、信号线。高差法进样：20cm/（2～10s）。电极置于缓冲溶液中，试加电压，如未出现放电现象，正式加上电压进行电泳并同时开启数据采集与记录，否则停止加载电压并检查原因。待组分全部出峰后停止电泳，使电压恢复至 0V 再进行下一步操作，如更换缓冲溶液、取出电极、再次进样等。

进样方式：阳极端高差进样，10cm/10s。电泳分离电压为 25kV，入口为正极，紫外检测波长为 214nm。

每次进样前用 $1mol\cdot L^{-1}$ 氢氧化钠、蒸馏水、缓冲溶液各冲洗 2～3min。

标准品、试样均采用相同电泳条件，平行测定 3 次。

【结果与讨论】

基于式(6.6-1)，取 3 次平均值进行定量计算。

【注意事项】

1. 实验中涉及高压电源的使用，必须注意人身及设备安全。

2. 正、负极缓冲液的液面应保持在同一水平面，且毛细管柱两端高度应一致，以避免柱两端产生压力差。

3. 电泳实验过程中，离子不断发生迁移，阴极和阳极缓冲液的 pH 值将升高或降低，缓冲溶液的组成和性能会发生变化，因此两端缓冲剂必须适时更新。

【思考题】

1. 分析毛细管电泳中电渗流成因及作用。

2. 根据实验结果并查阅相关资料，试比较 CE 与 HPLC 对氨基酸分离的特点。

3. 比较间接紫外吸收法与其他定量方法（直接紫外吸收、荧光法）的区别。

【拓展与应用】

1. 食品或饲料中水解氨基酸的分析测定。样品通过酸或碱催化水解，得到氨基酸混合溶液，经过滤除杂，利用相应操作进行分析。

2. 蛋白质含量是食品或饲料中的重要检验指标，通过添加三聚氰胺等物质可以提高凯氏定氮法测定蛋白质的"含量"，蛋白质水解产物是氨基酸，如果通过测定氨基酸的含量来检验蛋白质，在氨基酸检测技术准确无误的情况下，添加三聚氰胺的伎俩不再有效。

【参考文献】

1．Kuhr W G, Yeung E S. Optimization of Sensitivity and Separation in Capillary Zone Electrophoresis with Indirect Fluorescence Detection. Anal Chem, 1988, 60: 2642.

2．Soga T, Ross G A. Simultaneous Determination of Inorganic Anions, Organic Acids, Amino Acids and Carbohydrates by Capillary Electrophoresis. J Chromatogr A , 1999, 837: 231.

3．傅崇岗，杨冬芝，王立新. 毛细管电泳间接紫外检测酱油中的游离氨基酸. 食品科学，2005，26：196.

4．陈冰，李小戈，何萍，项小兰. 高效毛细管电泳-间接紫外吸收检测法测定食品中的氨基酸. 色谱，2004，22：74.

实验 6.7　薄层色谱与柱色谱

【实验目的】

1. 了解薄层色谱与柱色谱分离和鉴定物质的原理、微乳液展开剂的特点；
2. 掌握薄层色谱法操作技术。

【基本原理】

薄层色谱（thin layer chromatography，TLC）是一种快速而简单的色谱法，既可用于少量样品（$0.01\mu g$～数十微克）的分离，又可用于制备（数百毫克数量级）。

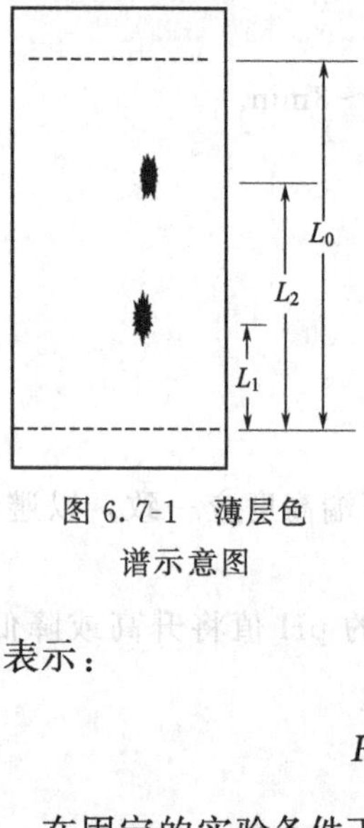

图 6.7-1　薄层色谱示意图

薄层色谱具有多种分离模式，如吸附、分配、离子交换。现以吸附法为例，把一层吸附剂均匀地铺在一块支撑板上，试样滴加在薄层一端，置于展开槽中，流动相沿固定相移动，样品组分（部分）溶于流动相，会随之在固定相上不断进行吸附-解吸作用，其间与固定相作用弱者运动快，反之则慢。经过一定时间，组分在薄层固定相上得到分离，（经染色）呈现出距离不同的色斑（见图 6.7-1）。柱色谱与薄层色谱原理一致，为区别于高效液相色谱法，经常称其为"层析"技术。

不同组分在展开过程中移动的速率不同，可以用比移值 R_f 来表示：

$$R_f = \frac{组分离开样品原点的距离(cm)}{溶剂前沿离开样品原点的距离(cm)} = \frac{L_i}{L_0} \tag{6.7-1}$$

在固定的实验条件下，一种物质具有相对固定的 R_f 值，因此可用于定性。

氨基酸的分析十分重要，已可由自动化的氨基酸分析仪完成。薄层色谱法因其具有设备简单、操作方便、迅速的特点，仍在许多实验室应用。

传统薄层色谱法所用流动相，对氨基酸展开效果不好，易拖尾、重现性差。在水、有机溶剂中添加表面活性剂，可以形成微乳液，它具有独特的增溶、降低表面张力等作用，是一种良好的氨基酸薄层色谱展开剂。在此情况下，氨基酸在固定相、油（或水）连续相、界面膜等相之间进行多种作用的吸附或分配，导致各组分迁移速率不同，最后得到分离。

【仪器与试剂】

仪器：玻璃板 12cm×12cm（要求光滑、平整），玻璃研钵，涂布器（玻璃棒），毛细管（点样器），展开槽，喷雾器。

固定相或载体：硅胶 G，直径为 10～40μm。

试剂：L-丙氨酸，L-缬氨酸，L-亮氨酸，L-异亮氨酸，L-丝氨酸，L-苏氨酸，L-赖氨酸，L-精氨酸，L-组氨酸，L-天冬氨酸，L-谷氨酸，L-天冬酰胺，L-谷酰胺，L-半胱氨酸，L-蛋氨酸，DL-苯丙氨酸，L-酪氨酸，L-色氨酸，L-脯氨酸，L-羟脯氨酸，L-鸟氨酸等为分析或色谱纯，配成混合溶液（浓度均约 1g/L）。

展开剂 A：正丁醇 13.5g，十二烷基硫酸钠（SDS）3.0g，正己烷 2.0g，水 28.0g。展开剂 B：水 17.0g，其它成分与展开剂 A 相同。

显色剂：0.5％茚三酮正丁醇溶液（约含 1％醋酸）。

【实验步骤】

1. 薄层板的制备

玻璃板洗净，不附水珠，晾干。取 1 份固定相，加入 3 份水在研钵中研磨混合均匀。将调匀的糊状物倒在玻璃板上，用手摇晃。薄层应尽量铺均匀，厚度在 0.2～0.5mm 之间为佳。铺好的薄层板水平放置晾干，然后 110℃烘烤 30min，置干燥箱中备用。

2. 点样

用毛细管点样器约取试液 10μL 点样，样点直径≤3μm，距底边 1.0～1.5cm。

3. 展开

将展开剂 A 倾入展开室，点好样品的薄层板放入其中，浸入展开剂的深度为 0.5～1.0cm（勿将样点浸入展开剂！），盖上展开槽。待展开剂上升到 7～10cm 时，取出层析板，标明溶剂前沿，冷风吹干展开剂。

4. 显色

向除去展开剂的层析板均匀喷上茚三酮显色剂，80℃烘烤 20～30min，可观察到紫色斑点。

5. 第二向分离

如样品有色斑点数少于组分数，表明氨基酸未达到完全分离，需进行第二向分离，以展开剂 B 进行展开。

【结果与讨论】

根据组分色斑距原点的距离计算其 R_f 值，并对不同氨基酸分离结果进行比较分析。

【注意事项】

1. 薄层涂制好后，或使用前，均须经反射光及透射光检视，保证表面应均匀、平整、无疤点、无气泡、无污染现象。

2. 点样时注意勿损伤薄层表面，毛细管最好不要接触层析板。

【思考题】

1. 薄层色谱的分离原理是什么？

2. 为什么用 R_f 值能鉴定未知物？

3. 结合 R_f 值与氨基酸的性质（亲水、疏水性等），说明展开剂中表面活性剂的作用。

【拓展与应用】

1. 中成药组分测定。样品经过破碎、乙醇提取，配成薄层色谱所需溶液，进行一向或二向分离，计算 R_f 值并与标准品比较，判断未知试样中存在的物质。

2. 植物中含有相当复杂的成分，其中许多是有色物质，不用显色即可进行分析。在具备标准品（或参照物）的情况下，薄层色谱、柱层析以及纸色谱法不失为方便、快捷、低成本的适用技术。

【参考文献】

田大听，但悠梦，王辉，王联芝，谢洪泉. 十二烷基硫酸钠/正丁醇/正己烷/水微乳液在氨基酸薄层色谱中的应用. 应用化学，2001，18：329.

实验6.8　乙酰苯胺碳氢氮元素分析

【实验目的】

1. 了解元素分析仪的工作原理。

2. 掌握元素分析实验技术和元素分析仪的使用方法。

【基本原理】

元素分析仪的工作原理是样品在高温、催化剂存在的条件下，发生氧化还原反应，生成的气体在高温下被还原剂还原，然后进入分离柱分离成各组分的气体后，经过热导池进行检测，得到各元素的含量（%）。

反应示意图如图6.8-1所示。

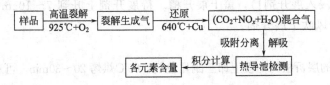

图6.8-1　元素分析流程示意图

【仪器与试剂】

仪器：2400 SERIESⅡ型元素分析仪（美国PE公司）；AD-6电子天平（美国PE公司）；燃烧管：CHN模式装填，还原管：CHN模式装填。

试剂：元素分析用乙酰苯胺标准物质，乙酰苯胺试样，高纯氦气，高纯氧气，高纯氩气。

【实验步骤】

1. 开机

① 通气：开载气（He 0.14MPa）、气动气（Ar 0.4MPa）、氧气（0.1MPa）。

② 通电：开打印机、开主机、开电子天平。

③ 检漏。

④ 开炉子。

⑤ 设定模式。

⑥ 检查氧气阀是否关闭。

通过以上操作，仪器开机完毕，等待仪器稳定2.5h（He条件）后，再进行以下操作。

2. 空白试验

① 载气空白。不开氧气阀，连续设定空白运行，不进任何样品，直至空白平行。

② 载气与氧气空白。按"PARAMETER"键，输入"20"，点击"ENTER"，输入"1"，点击"ENTER"，则氧气阀打开。连续设定空白运行，不进任何样品，直至空白平行。

3. 设定 K 因子

设定 K 因子和空白交替运行（即运行一个 K 因子后，运行一个空白，再运行一个 K 因子），运行 K 因子时，进标样（乙酰苯胺），直至 K 因子平行性达到 C：± 0.15，H：± 3.75，N：± 0.16，仪器标定完成。

4. 分析标样

乙酰苯胺的理论值为：$C = 71.09\%$，$H = 6.71\%$，$N = 10.36\%$。

设定 2 次以上样品运行，样品进标样，比较所测结果和理论值，看是否达到允许的误差要求。He 时，各元素准确度≤0.3%，精度≤0.2%

5. 试样分析

称量好待测试样，设定样品运行，可直接得到试样的元素含量。建议每个试样测定两次以上，以确保结果的可信性。

6. 关机。

【结果与讨论】

计算样品中碳、氢、氮的含量（%），将平均值与理论值比较。

【注意事项】

1. 开机时必须先给气，再给电。

2. 载气和氧气的纯度必须大于 99.995%。

3. 燃烧管、还原管不能有破损，否则会漏气，造成测定结果失效。

4. 应选择与所测样品组成及元素含量相近的标准物质，以减小误差。

【思考题】

1. 该仪器除了 CHN 模式外，还有哪几种模式可供选用？

2. 举例说明元素分析技术在精细化工产品开发、能源科学等领域有哪些应用？

【参考文献】

PerkinElmer 2400 SERIES Ⅱ CHNS/O 元素分析仪使用说明书。

实验 6.9 香料花椒化学成分分析

【实验目的】

1. 掌握利用 GC-MS 进行有机物定性分析方法。

2. 了解天然产物样品的处理方法。

【基本原理】

花椒中挥发性成分分子极性较小，易溶于石油醚中，经石油醚浸泡后，挥发性成分即进入石油醚中。花椒中麻辣成分易溶于乙醇中，用乙醇回流，即进入乙醇中。花椒分别经石油醚和乙醇处理后，进行 GC-MS 分析，即可得易挥发成分和麻辣成分的分析结果。

【仪器与试剂】

仪器：Agilent 5795/7890 GC-MS，萃取装置。

试剂：市售花椒，石油醚（A. R. 级），乙醇（A. R. 级）。

【实验步骤】

1. 花椒中挥发性成分的提取

称取花椒 10g，粉碎并置于具塞锥形瓶中，加石油醚浸泡，石油醚用量以能浸没花椒为宜。搅拌 5min，静置过滤，滤液待用。

2. 花椒中麻辣成分的提取

称取花椒 20g，粉碎，提取挥发性成分。然后，用滤纸包裹提取过挥发性成分之后的花椒粉，置于索式提取器中，用 95％的乙醇回流提取 2h，溶液过滤浓缩待用。

3. 定性分析

（1）挥发性成分分析　设置 GC 条件，设置 MS 条件。取花椒中挥发性成分，进样 0.5μL（可根据样品浓度调节进样量），得到总离子色谱图，对总离子色谱图中的每个峰进行库检索，打印质谱图和检索结果。

（2）麻辣成分的分析　重新设置 GC 条件，设置 MS 条件。取花椒中麻辣成分进行定性分析。

【结果与讨论】

由总离子流图中各个组分的质谱信息进行 NIST 谱库检索，得到定性分析结果，并给出各组分的面积百分比含量。

【注意事项】

挥发性成分和麻辣成分分析条件不同，要注意改变条件。

【思考题】

1. 质谱法定性分析主要依靠库检索，影响检索结果可靠性的因素有哪些？
2. 挥发性成分和麻辣成分的提取，为什么采用不同的方法？

【拓展与应用】

1. 气相色谱法（GC）分离能力强，分离效率极高，但其定性、确定结构的能力较差；质谱法（MS）对未知纯化合物有很强的鉴别能力。GC 与 MS 联用技术（GC-MS）综合气相色谱和质谱的优点，弥补各自的缺陷，特别适用于复杂组成的有机混合物分离与鉴别。

2. 实验中采用了两种提取方法对样品进行前处理，能否设计其他方案并比较优缺点。

【参考文献】

1. 李卫华. 中级化学实验. 成都：西南交通大学出版社，2008.
2. 张剑荣，余晓冬，屠一锋等. 仪器分析实验. 第 2 版. 北京：科学出版社，2009.

实验 6.10　热重分析法测定水合硫酸铜的失重过程

【实验目的】

1. 了解热重法的基本原理及其应用。

2. 掌握热重分析仪的基本结构与使用方法。

【基本原理】

热重法（thermogravimetry，TG）是在程序控温和一定气氛下，测量试样的质量与温度或时间关系的技术，广泛应用于塑料、橡胶、涂料、药品、催化剂、无机材料、金属材料与复合材料等各领域的研究开发、工艺优化与质量监控。

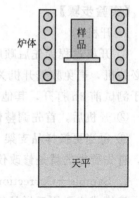

利用热重分析法（thermogravimetry analysis，TGA），可以测定材料在不同气氛下的热稳定性与氧化稳定性，可对分解、吸附、解吸附、氧化、还原等物化过程进行分析（包括利用 TG 测试结果进一步作表观反应动力学研究），可对物质进行成分的定量计算，测定水分、挥发成分及各种添加剂与填充剂的含量。

热重分析仪的基本原理如图 6.10-1 所示。

炉体（furnace）为加热体，在由微机控制的一定的温度程

图 6.10-1　热重分析仪的基本结构与原理示意图

序下运作，炉内可通以不同的动态气氛（如 N_2、Ar、He 等保护性气氛，O_2、空气等氧化性气氛及其他特殊气氛等），或在真空或静态气氛下进行测试。在测试进程中样品支架下部连接的高精度天平随时感知到样品当前的质量，并将数据传送到计算机，由计算机画出样品质量对温度/时间的曲线（TG 曲线）。当样品发生质量变化（其原因包括分解、氧化、还原、吸附与解吸附等）时，会在 TG 曲线上体现为失重（或增重）台阶，由此可以得知该失/增重过程所发生的温度区域，并定量计算失/增重比例。若对 TG 曲线进行一次微分计算，得到热重微分曲线（DTG 曲线），可以进一步得到质量变化速率等更多信息。

以一水合草酸钙为例，典型的热重曲线如图 6.10-2 所示。

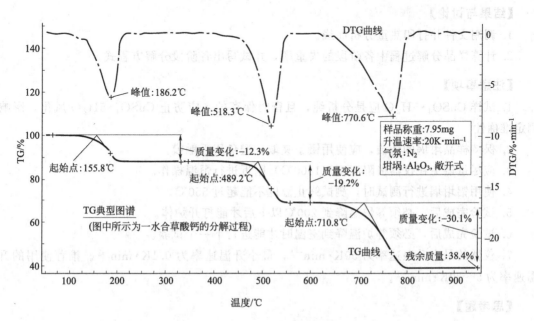

图 6.10-2　一水合草酸钙的热重曲线

【仪器与试剂】

仪器：同步热分析仪 STA 409C。

试剂：$CuSO_4 \cdot 5H_2O$（A.R.）。

【实验步骤】

1. 开机

① 开机过程无先后顺序。为保证仪器稳定精确的测试，除长期不使用外，所有仪器可不必关机，避免频繁开机关机。STA 409CD 的天平主机最好一直处于带电状态。恒温水浴应于测试前 3h 打开，其他仪器应至少于测试前 1h 打开。

② 开机后，首先调整保护气及吹扫气体输出压力及流速并待其稳定。

③ 每当更换样品支架（TG-DSC 换成 TG-DTA 或反之）或由于测试需要更换坩埚类型后，首先要做的就是修改仪器设置（instrument setup）使之与仪器的工作状况相符。

2. Sample＋Correction 测试模式

该模式主要用于样品的测量。

① 进入测量运行程序。选 "File" 菜单中的 "Open"，打开所需的测试基线进入编程文件。

② 选择 Sample＋Correction 测量模式，输入识别号、样品名称并称重。点 "Continue"。

③ 选择标准温度校正文件。

④ 选择标准灵敏度校正文件。当使用 TG-DTA 样品支架进行测试时，选择 "Senszero. exx" 然后打开。

⑤ 选择或进入温度控制编程程序（即基线的升温程序）。应注意的是：样品测试的起始温度及各升降温、恒温程序段完全相同，但最终结束温度可以等于或低于基线的结束温度（即只能改变程序最终温度）。

⑥ 仪器开始测量，直到完成。

【结果与讨论】

1. 调用文件并打印热重分析曲线。

2. 计算样品分解过程中各阶段的失重率，并试写出各阶段分解方程式。

【注意事项】

1. 试样 $CuSO_4 \cdot 5H_2O$ 应是分析纯，且密封保存的，应防止 $CuSO_4 \cdot 5H_2O$ 风化，影响测定准确性。

2. 保持样品坩埚的清洁，应使用镊子夹取，避免用手触摸。

3. 应尽量避免在仪器极限温度（1500℃）附近进行恒温操作。

4. 使用铝坩埚进行测试时，测试终止温度不能超过 550℃。

5. 试验完成后，必须等炉温降到 200℃ 以下后才能打开炉体。

6. 试验完成后，必须等炉温降到室温时才能进行下一个试验。

7. 仪器的最大升温速率为 $50K \cdot min^{-1}$，最小升温速率为 $0.1K \cdot min^{-1}$。推荐使用的升温速率为 $5 \sim 30K \cdot min^{-1}$。

【思考题】

1. TG 的基本原理是什么？它有哪些应用？

2.TG 的曲线可给出哪些热力学特征参数？

【参考文献】

1．热分析术语（GB/T 6425—2008）. 北京：中国标准出版社，2008.

2．刘振海，徐国华，张洪林编著. 热分析仪器. 北京：化学工业出版社，2006.

实验 6.11　差示扫描量热法测定 PET 树脂玻璃化转变温度

【实验目的】

1. 了解差示扫描量热法基本原理。

2. 掌握差示扫描量热实验技术和差示扫描量热仪使用方法。

【基本原理】

差示扫描量热法（differntial scanning calorimetry，DSC）就是在程序控温和一定气氛下，测量输给试样和参比物的热流速率或加热功率（差）与温度或时间关系的技术。

对于不同类型的 DSC，"差示"一词有不同的含义，对于功率补偿型，指的是功率差；对于热流型，指的是温度差；扫描是指程序温度的升降。差示扫描量热仪（differential scanning calorimeter）可以分为功率补偿型和热流型两种基本类型，其结构如图 6.11-1 所示。

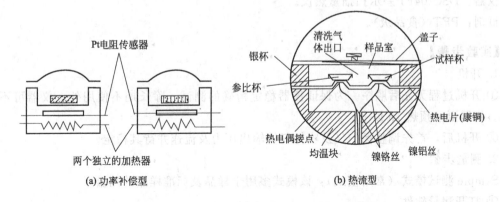

图 6.11-1　差示扫描量热仪的基本原理示意图

功率补偿型差示扫描量热仪的基本原理是：基于两个控制电路进行监控、其中一个控制温度，样品和参比物在预定的速度下升温和降温；另一个用于补偿样品和参比物间所产生的温度差，这个温度差是由于样品的放热和吸热效应所产生的。通过功率补偿电路使样品和参比物的温度保持相同，这样就可以从补偿的功率直接求算出热流率。其主要特点是样品和参比物分别具有独立的加热器和传感器。

热流型差示扫描量热仪的基本原理是：在程序温度（线性升温、降温、恒温及其组合等）过程中，当样品发生热效应时，在样品端与参比端之间产生了与温差成正比的热流差，通过热电偶连续测定温差并经灵敏度校正转换为热流差。

图 6.11-2 是以 PET 树脂为例所测的典型 DSC 曲线。

DSC 的基本应用包括：熔点测定、结晶度测定、热历史研究、油和蜡的热分析、原材

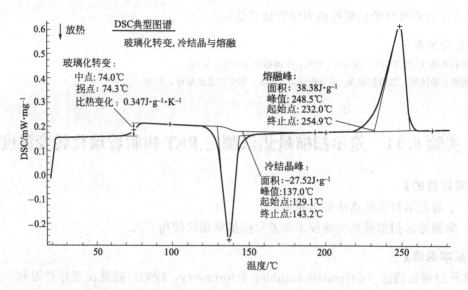

图 6.11-2   PET 树脂 DSC 曲线

料分析、固化转变、玻璃化转变温度的测量、氧化诱导时间测量、等温结晶及等温动力学研究、比热测量、纯度测量等。

【仪器与试剂】

仪器：DSC204F1 差示扫描量热仪。

试剂：PET（食品级）。

【实验步骤】

1. 开机

① 开机过程无先后顺序。为保证仪器稳定精确的测试，除长期不使用外，仪器可不必关机。仪器要求预热 1h 以上。

② 开机后，首先调整保护气及吹扫气体输出压力及流速并待其稳定。

2. 测量步骤

Sample 测试模式（常用模式）：该模式多用于样品及标准样品的测量。

① 打开测量软件。

② 选"File"菜单中的"New"进入编程文件。

③ 选择测量模式，一般选择"Sample"（样品）。

注：Baseline（修正）—测量基线，使用两个空坩埚，不需要输入样品重量。

Sample＋Correction（样品＋修正）—测量结果自动减去基线。

Sample（样品）—不考虑基线的影响。

④ 输入样品名称、样品编号、样品重量。然后点"Continue"，进入下一步。

⑤ 选择标准温度校正文件（＊＊＊.tdd），然后打开。

⑥ 选择标准灵敏度校正文件（＊＊＊.edd），然后打开。

⑦ 此时进入温度控制编程程序编程。可以程序升温、等温、程序降温及测量气氛等。

⑧ 采样速率（point/K 或 point/min）一般为 40～60point。

⑨ 定义测量文件名，确认后按"START"开始测量。

⑩ 实验结束，自动保存测量结果，进入分析程序。

【结果与讨论】

1. 计算样品的玻璃化转变温度。

2. 根据实验结果，分析该玻璃化转变温度的影响因素。

【注意事项】

1. 保持样品坩埚的清洁，应使用镊子夹取，避免用手触摸。

2. 应尽量避免在仪器极限温度附近进行恒温操作。

3. 试验完成后，必须等炉温在室温～100℃以内才能打开炉盖。

4. 在测量过程中，可以按控制仪上的"Heater"键停止炉子加热，但按"Heater"键停止炉子加热后绝对不能再按该键重新加热，否则会损坏仪器。因此应尽量避免或不使用控制仪上的"Heater"键来控制炉子加热。

5. 仪器的最大升温速率为 $100K \cdot min^{-1}$，最小升温速率为 $0.1K \cdot min^{-1}$。推荐使用的升温速率为 $5 \sim 30K \cdot min^{-1}$。

6. 测试过程中，如果被测样品有腐蚀性气体产生，仪器所使用的保护气体及吹扫气的密度应大于所生成的腐蚀性气体，或加大吹扫气的流速以利于将腐蚀性气体带出去。

【思考题】

1. DSC 的基本原理是什么？它有哪些应用？

2. 根据 DSC 曲线，可以得到哪些特征参数？

【参考文献】

1. 热分析术语（GB/T 6425—2008）. 北京：中国标准出版社，2008.

2. 刘振海，徐国华，张洪林编著. 热分析仪器. 北京：化学工业出版社，2006.

附　录

附录 1　色环电阻的标识

固体电阻的电阻值及其误差可用颜色表示。用四个色环表示，从端起第一、第二色环表示数字，第三色环表示此二位数字的幂乘数（单位欧姆），第四色环表示误差，各色环的意义见附表 1-1。

附表 1-1　电阻色环颜色的含义

颜色	数字色环（第一、二条）	倍数色环（第三条）	误差色环（第四条）	颜色	数字色环（第一、二条）	倍数色环（第三条）	误差色环（第四条）
黑	0	10^0	$\pm 20\%$	紫	7	10^7	$\pm 7\%$
褐	1	10^1	$\pm 1\%$	灰	8	10^8	$\pm 8\%$
赤	2	10^2	$\pm 2\%$	白	9	10^9	$\pm 9\%$
橙	3	10^3	$\pm 3\%$	金	—	10^{-1}	$\pm 5\%$
黄	4	10^4	$\pm 4\%$	银	—	10^{-2}	$\pm 10\%$
绿	5	10^5	$\pm 5\%$	无色	—	—	$\pm 20\%$
青	6	10^6	$\pm 6\%$				

附录 2　一些物理和化学常数及换算因子

1. 物理和化学常数

阿伏伽德罗常数	$N_A = 6.022136 \times 10^{23} \, mol^{-1}$
真空光速	$c = 2.99792458 \times 10^8 \, m \cdot s^{-1}$
单位电荷	$e = 1.6021892 \times 10^{-19} \, C$
电子的质量	$m = 0.9109389 \times 10^{-30} \, kg$
质子的质量	$m_p = 0.1626231 \times 10^{-26} \, kg$
法拉第常数	$F = 9.648456 \times 10^4 \, C \cdot mol^{-1}$
普朗克常数	$h = 6.626176 \times 10^{-34} \, J \cdot s$
玻尔兹曼常数	$k = 1.380658 \times 10^{-23} \, J \cdot K^{-1}$
气体常数	$R = N_A k = 8.31441 \, J \cdot K^{-1} \cdot mol^{-1}$
里德堡常数	$R_\infty = 1.097373177 \times 10^7 \, m^{-1}$
玻尔磁子	$\mu_B = 9.274015 \times 10^{-24} \, J \cdot T^{-1}$
万有引力常数	$G = 6.6720 \times 10^{-11} \, N \cdot m^2 \cdot kg^{-2}$
重力加速度	$g = 9.80665 \, m \cdot s^{-2}$

2. 换算因子

(1) 压力换算

压力单位	Pa	$kg \cdot cm^{-2}$	atm	bar	mmHg
Pa	1	1.01972×10^{-5}	9.86923×10^{-6}	1×10^5	7.5006×10^{-3}
$kg \cdot cm^{-2}$	9.80665×10^4	1	0.967841	0.980665	735.559
atm	1.01325×10^5	1.03323	1	1.01325	760.0
bar	1×10^5	1.019716	6.986923	1	750.062
mmHg	133.3224	1.35951×10^{-3}	1.315789×10^{-3}	1.3332×10^{-3}	1

(2) 能量换算

能量单位	J	$L \cdot atm$	eV	cal
J	1	9.86894×10^{-3}	6.2414503×10^{18}	0.23901
$L \cdot atm$	101.328	1	6.32434×10^{20}	24.2176
eV	$1.6021917 \times 10^{-19}$	1.581193×10^{-21}	1	3.82942×10^{-20}
cal	4.1839	0.041292	2.61136×10^{19}	1

(3) 其他换算

$$1L = 1000.028 cm^3$$
$$\ln x = 2.302585 \lg x$$
$$1kgf = 9.80665N = 9.80665 \times 10^5 dyn$$
$$1P = 100cP = 0.1Pa \cdot s = 1dyn \cdot s \cdot cm^{-2}$$

附录3   部分物理化学常用数据表

附表 3-1　镍铬-镍硅（分度号 EU-2）热电偶毫伏值与温度换算表（冷端为 0℃）

$t/℃$	0	10	20	30	40	50	60	70	80	90
	E/mV									
	0	−0.39	−0.77	−1.14	−1.50	−1.86				
0	0	0.40	0.80	1.20	1.61	2.02	2.43	2.85	3.26	3.68
100	4.10	4.51	4.92	5.33	5.73	6.13	6.53	6.93	7.33	7.73
200	8.13	8.53	8.93	9.34	9.74	10.15	10.56	10.97	11.38	11.80
300	12.21	12.62	13.04	13.45	13.87	14.30	14.72	15.14	15.56	15.99
400	16.40	16.83	17.25	17.67	18.09	18.51	18.94	19.37	17.79	20.22
500	20.65	21.08	21.50	21.93	22.35	22.78	23.21	23.63	24.05	24.48
600	24.90	25.32	25.75	26.18	26.60	27.03	27.45	27.87	28.29	28.71
700	29.13	29.55	29.97	30.39	30.81	31.22	31.64	32.06	32.46	32.87
800	33.29	33.69	34.10	34.51	34.91	35.32	35.72	36.13	36.53	36.93
900	37.33	37.73	38.13	38.53	38.93	39.32	39.72	40.10	40.49	40.88
1000	41.27	41.66	42.04	42.43	42.83	43.21	43.59	43.97	44.34	44.72
1100	45.10	45.48	45.85	46.23	46.60	46.97	47.34	47.71	48.08	48.44
1200	48.81	49.17	49.53	49.89	50.25	50.61	50.96	51.32	51.67	52.02
1300	52.37									

附表 3-2　镍铬-考铜（分度号 EA-2）热电偶毫伏值与温度换算表（冷端为 0℃）

t/℃	0	10	20	30	40	50	60	70	80	90
					E/mV					
		−0.64	−1.27	−1.89	−2.50	−3.11				
0	0	0.65	1.31	1.98	2.66	3.35	4.05	4.76	5.48	6.21
100	6.95	7.69	8.43	9.18	9.93	10.69	11.46	12.24	13.03	13.84
200	14.66	15.48	16.30	17.12	17.95	18.76	19.59	20.42	21.24	22.07
300	22.90	23.74	24.59	25.44	26.30	27.15	28.01	28.88	29.75	30.61
400	31.48	32.34	33.21	34.07	34.94	35.81	36.67	37.54	38.41	39.28
500	40.15	41.02	41.90	42.78	43.67	44.45	45.44	46.33	47.22	48.11
600	49.01	49.89	50.76	51.64	52.51	53.39	54.26	55.12	56.00	56.87
700	57.74	58.57	59.47	60.33	61.20	62.06	62.92	63.78	64.64	65.50
800	66.36									

附表 3-3　水的蒸气压

温度/℃	蒸气压 mmHg	蒸气压 Pa	温度/℃	蒸气压 mmHg	蒸气压 Pa	温度/℃	蒸气压 mmHg	蒸气压 Pa	温度/℃	蒸气压 mmHg	蒸气压 Pa
0	4.579	610.5	26	25.209	3360.9	52	102.09	13611	78	327.3	43636
1	4.926	656.7	27	26.739	3564.9	53	107.20	14292	79	341.0	45463
2	5.294	705.8	28	28.349	3779.5	54	112.51	15000	80	355.1	47343
3	5.685	757.9	29	30.043	4005.3	55	118.04	15737	81	369.7	49289
4	6.101	813.4	30	31.824	4242.8	56	123.80	16505	82	384.9	51316
5	6.543	872.3	31	33.695	4492.3	57	129.82	17308	83	400.6	53409
6	7.013	935.0	32	35.663	4754.7	58	136.08	18143	84	416.8	55569
7	7.513	1001.6	33	37.729	5030.1	59	142.60	19012	85	433.6	57808
8	8.045	1072.6	34	39.898	5319.3	60	149.38	19916	86	450.9	60155
9	8.609	1147.8	35	42.175	5622.9	61	156.43	20856	87	468.7	62488
10	9.209	1227.8	36	44.563	5941.2	62	163.77	21834	88	487.1	64941
11	9.844	1312.4	37	47.067	6275.1	63	171.38	22849	89	506.1	47474
12	10.518	1402.2	38	49.692	6625.0	64	179.31	23906	90	525.76	70095
13	11.231	1497.3	39	52.442	6991.7	65	187.54	25003	91	546.05	72801
14	11.987	1598.1	40	55.324	7375.9	66	196.09	26043	92	566.99	75592
15	12.788	1704.9	41	58.34	7778.0	67	204.96	27326	93	588.60	78473
16	13.634	1817.7	42	61.50	8199.3	68	214.17	28554	94	610.90	81446
17	14.530	1937.2	43	64.80	8639.3	69	223.73	29828	95	633.90	84513
18	15.477	2063.4	44	68.26	9100.6	70	233.7	31157	96	657.62	87675
19	16.477	2196.7	45	71.88	9583.2	71	243.9	32517	97	682.07	90935
20	17.535	2337.8	46	75.65	10086	72	254.6	33944	98	707.07	94268
21	18.650	2486.5	47	79.60	10612	73	265.7	35424	99	733.24	97757
22	19.827	2643.4	48	83.71	11160	74	277.2	36957	100	760.00	101325
23	21.068	2808.8	49	88.02	11735	75	289.1	38543			
24	22.377	2983.3	50	92.51	12334	76	301.4	40183			
25	23.756	3167.2	51	97.20	12959	77	314.1	41876			

附表 3-4 不同温度下一些液体的密度 单位：g·cm^{-3}

温度/℃	水	苯	甲苯	乙醇	氯仿	汞	醋酸
0	0.9998425	—	0.886	0.806	1.526	13.596	1.0718
5	0.9999668	—	—	0.802	—	13.583	1.0660
10	0.9997026	0.887	0.875	0.798	1.496	13.571	1.0603
11	0.9996081	—	—	0.797	—	13.568	1.0591
12	0.9995004	—	—	0.796	—	13.566	1.0580
13	0.9993801	—	—	0.795	—	13.563	1.0568
14	0.9992474	—	—	0.795	—	13.561	10.557
15	0.9991026	0.883	0.870	0.794	1.486	13.559	1.0546
16	0.9989460	0.882	0.869	0.793	1.484	13.556	1.0534
17	0.9987779	0.882	0.867	0.792	1.482	13.554	1.0523
18	0.9985986	0.881	0.866	0.791	1.480	13.551	1.0512
19	0.9984082	0.880	0.865	0.790	1.478	13.549	1.0500
20	0.9982071	0.879	0.864	0.789	1.476	13.546	1.0489
21	0.9979955	0.879	0.863	0.788	1.474	13.544	1.0478
22	0.9977735	0.878	0.862	0.787	1.472	13.541	1.0467
23	0.9975415	0.877	0.861	0.786	1.471	13.539	1.0455
24	0.9972995	0.876	0.860	0.786	1.469	13.536	1.0444
25	0.9970479	0.875	0.859	0.785	1.467	13.534	1.0433
26	0.9967867	—	—	0.784	—	13.532	1.0422
27	0.9965162	—	—	0.784	—	13.529	1.0410
28	0.9962365	—	—	0.783	—	13.527	1.0399
29	0.9959478	—	—	0.782	—	13.524	1.0388
30	0.9956502	0.869	—	0.781	1.460	13.522	1.0377
40	0.9922187	0.858	—	0.772	1.451	13.497	—
50	0.9880393	0.847	—	0.763	1.433	13.473	—
90	0.9653230	0.836	—	0.754	1.411	13.376	—

附表 3-5 几种常用物质的蒸气压

物质的蒸气压 p(mmHg) 按下式计算：

$$\lg p = A - \frac{B}{C+t}$$

式中，t 为摄氏温度，A、B、C 在一定温度范围内为常数，并列于下表中。

名　称	分子式	温度范围/℃	A	B	C
氯仿	$CHCl_3$	$-30 \sim +150$	6.90328	1163.03	227.4
乙醇	C_2H_6O	$-30 \sim +150$	8.04494	1554.3	222.65
丙酮	C_3H_6O	$-30 \sim +150$	7.02447	1161.0	224
醋酸	$C_2H_4O_2$	$0 \sim 36$	7.80307	1651.2	225
醋酸	$C_2H_4O_2$	$36 \sim 170$	7.18807	1416.7	211
乙酸乙酯	$C_4H_8O_2$	$-20 \sim +150$	7.09808	1238.71	217.0
苯	C_6H_6	$-20 \sim +150$	6.90565	1211.033	220.790
汞	Hg	$100 \sim 200$	7.46905	2771.898	244.831
汞	Hg	$200 \sim 300$	7.7324	3003.68	262.482

附表 3-6　不同温度下水的折射率

$t/℃$	η_D	$t/℃$	η_D	$t/℃$	η_D	$t/℃$	η_D
10	1.33370	16	1.33331	22	1.33281	28	1.33219
11	1.33365	17	1.33324	23	1.33272	29	1.33208
12	1.33359	18	1.33316	24	1.33263	30	1.33196
13	1.33352	19	1.33307	25	1.33252		
14	1.33346	20	1.33299	26	1.33242		
15	1.33339	21	1.33290	27	1.33231		

附表 3-7　几种常用液体的折射率（η_D^t）

物　质	$t/℃$		物　质	$t/℃$	
	15	20		15	20
苯	1.50439	1.50110	四氯化碳	1.46305	1.46044
丙酮	1.38175	1.35911	乙醇	1.36330	1.36139
甲苯	1.4998	1.4968	环己烷		2.0250
醋酸	1.3776	1.3717	硝基苯	1.5547	1.5524
氯苯	1.52748	1.52460	正丁醇	—	1.39909
氯仿	1.44853	1.44550	二硫化碳		1.62546

附表 3-8　乙醇-水溶液的表面张力 σ　　　单位：dyn·cm^{-1}

乙醇体积分数/%	5.00	10.00	24.00	34.00	48.00	60.00	72.00	80.00	96.00
20℃	—	—	—	33.24	30.10	27.56	26.28	24.91	23.04
40℃	54.92	48.25	35.50	31.58	28.93	26.18	24.91	23.43	21.38
50℃	53.35	46.77	34.32	30.70	28.24	25.50	24.12	22.56	20.40

附表 3-9　水-空气界面的表面张力

$t/℃$	−8	−5	0	5	10	15	18	20
$\sigma/dyn·cm^{-1}$	77.0	76.4	75.6	74.9	74.22	73.49	73.05	72.75
$t/℃$	25	30	40	50	60	70	80	100
$\sigma/dyn·cm^{-1}$	71.97	71.18	69.56	67.91	66.18	64.4	62.6	58.9

附表 3-10　不同温度下高纯水的电导率

$t/℃$	−2	0	2	4	10	18	26	34	50
$\kappa×10^6/S·m^{-1}$	1.47	1.58	1.80	2.12	2.85	4.41	6.70	9.62	18.9

附表 3-11　不同温度下水的黏度

$t/℃$	18	19	20	21	22	23	24
$\eta/10^{-3}kg·m^{-1}·s^{-1}$	1.0530	1.0270	1.0020	0.9779	0.9548	0.9325	0.9111
$t/℃$	25	26	27	28	29	30	31
$\eta/10^{-3}kg·m^{-1}·s^{-1}$	0.8904	0.8705	0.8513	0.8327	0.8148	0.7975	0.7808
$t/℃$	32	33	34	35	36	37	
$\eta/10^{-3}kg·m^{-1}·s^{-1}$	0.7647	0.7491	0.7340	0.7194	0.6529	0.5960	

附表 3-12　293.15K 时乙醇-水溶液的折射率（η_D^{20}）

乙醇含量/%	c/mol·L^{-1}	折射率	乙醇含量/%	c/mol·L^{-1}	折射率
0.50	0.108	1.3333	32.00	6.601	1.3546
1.00	0.216	1.3336	34.00	6.988	1.3557
1.50	0.324	1.3339	36.00	7.369	1.3566
2.00	0.432	1.3342	38.00	7.747	1.3575
2.50	0.539	1.3345	40.00	8.120	1.3583
3.00	0.646	1.3348	42.00	8.488	1.3590
3.50	0.754	1.3351	44.00	8.853	1.3598
4.00	0.860	1.3354	46.00	9.213	1.3604
4.50	0.967	1.3357	48.00	9.568	1.3610
5.00	1.074	1.3360	50.00	9.919	1.3616
5.50	1.180	1.3364	52.00	10.265	1.3621
6.00	1.286	1.3367	54.00	10.607	1.3626
6.50	1.393	1.3370	56.00	10.944	1.3630
7.00	1.498	1.3374	58.00	11.277	1.3634
7.50	1.604	1.3377	60.00	11.606	1.3638
8.00	1.710	1.3381	62.00	11.930	1.3641
8.50	1.816	1.3384	64.00	12.250	1.3644
9.00	1.921	1.3388	66.00	12.565	1.3647
9.50	2.026	1.3392	68.00	12.876	1.3650
10.00	2.131	1.3395	70.00	13.183	1.3652
11.00	2.341	1.3403	72.00	13.486	1.3654
12.00	2.550	1.3410	74.00	13.748	1.3655
13.00	2.759	1.3417	76.00	14.077	1.3657
14.00	2.967	1.3425	78.00	14.366	1.3657
15.00	3.175	1.3432	80.00	4.650	1.3658
16.00	3.382	1.3440	82.00	14.927	1.3657
17.00	3.589	1.3447	84.00	15.198	1.3656
18.00	3.795	1.3455	86.00	15.464	1.3655
19.00	4.00	1.3462	88.00	15.725	1.3653
20.00	4.205	1.3469	90.00	15.979	1.3650
22.00	4.613	1.3484	92.00	16.226	1.3646
24.00	5.018	1.3498	94.00	16.466	1.3642
26.00	5.419	1.3511	96.00	16.697	1.3636
28.00	5.817	1.3524	98.00	16.920	1.3630
30.00	6.211	1.3535	100.00	17.133	1.3614

附表 3-13　不同温度下 KCl 溶液的电导率

单位：$t/℃$；$\kappa/S\cdot m^{-1}$；$c/mol\cdot dm^{-3}$

t ＼ c	0.01	0.02	0.1	0.5	1.0	1.5	2.0	3.0
0	0.0776	0.1521	0.715	—	6.541	—	—	—
1	0.0800	0.1566	0.736	—	6.713	—	—	—
2	0.0824	0.1612	0.757	—	6.886	—	—	—
3	0.0848	0.1659	0.779	—	7.061	—	—	—
4	0.0872	0.1705	0.800	—	7.237	—	—	—
5	0.0896	0.1752	0.822	—	7.414	—	—	—
6	0.0921	0.1800	0.844	—	7.593	—	—	—
7	0.0945	0.1848	0.866	—	7.773	—	—	—
8	0.0970	0.1896	0.888	—	7.954	—	—	—
9	0.0995	0.1945	0.911	—	8.139	—	—	—
10	0.1020	0.1994	0.933	—	8.319	—	—	—
11	0.1045	0.2043	0.956	—	8.504	—	—	—
12	0.1070	0.2093	0.979	—	8.389	—	—	—
13	0.1095	0.2142	1.002	—	8.876	—	—	—
14	0.1121	0.2193	1.025	—	9.063	—	—	—
15	0.1147	0.2243	1.048	—	9.252	—	—	—
16	0.1173	0.2294	1.072	—	9.441	—	—	—
17	0.1199	0.2345	1.095	—	9.631	—	—	—
18	0.1225	0.2397	1.119	—	9.822	—	—	—
19	0.1251	0.2449	1.143	—	10.014	—	—	—
20	0.1278	0.2501	1.167	—	10.207	—	—	—
21	0.1305	0.2553	1.191	—	10.400	—	—	—
22	0.1332	0.2606	1.215	—	10.554	—	—	—
23	0.1359	0.2659	1.239	—	10.789	—	—	—
24	0.1386	0.2712	1.264	—	10.984	—	—	—
25	0.1413	0.2765	1.288	—	11.180	—	—	—
26	0.1441	0.2819	1.313	—	11.377	—	—	—
27	0.1468	0.2873	1.337	—	11.574	—	—	—
28	0.1496	0.2927	1.362	—	—	—	—	—
29	0.1524	0.2981	1.287	—	—	—	—	—
30	0.1552	0.3036	1.412	—	—	—	—	—
31	0.1581	0.3091	1.437	—	—	—	—	—
32	0.1609	0.3146	1.462	—	—	—	—	—
33	0.1638	0.3201	1.488	—	—	—	—	—
34	0.1667	0.3256	1.513	—	—	—	—	—
35	—	0.3312	1.539	—	—	—	—	—
36	—	0.3368	1.564	—	—	—	—	—
40	—	—	—	7.450	14.116	20.447	26.131	36.636
50	—	—	—	8.560	16.164	23.322	29.719	41.389

附表 3-14 一些强电解质的活度系数

M—质量摩尔浓度，$mol \cdot kg^{-1}$

物质名称 \ M	0.001	0.002	0.005	0.01	0.02	0.05	0.1	0.2	0.5
KCl	0.965	0.952	0.927	0.901	—	0.815	0.769	0.719	0.651
NaCl	0.966	0.953	0.929	0.904	0.875	0.823	0.780	0.73	0.68
NH_4Cl	0.961	0.944	0.911	0.88	0.84	0.79	0.74	0.69	0.62
$ZnCl_2$	0.88	0.84	0.77	0.71	0.64	0.56	0.50	0.45	0.38
NH_4NO_3	0.959	0.942	0.912	0.88	0.84	0.78	0.73	0.66	0.56
$NaNO_3$	0.966	0.953	0.93	0.90	0.87	0.82	0.77	0.70	0.62
K_2SO_4	0.89	—	0.78	0.71	0.64	0.52	0.43	0.36	—
$ZnSO_4$	0.70	0.61	0.48	0.39	—	—	0.15	0.11	0.065
$CuSO_4$	0.74	—	0.53	0.41	0.31	0.21	0.16	0.11	0.068
HCl	0.966	0.952	0.928	0.904	0.875	0.830	0.796	0.767	0.758
HNO_3	0.965	0.951	0.927	0.902	0.871	0.823	0.785	0.748	0.715
H_2SO_4	0.830	0.757	0.639	0.544	0.453	0.340	0.265	0.209	0.154